Pythonによる
クローラー&スクレイピング入門
設計・開発から収集データの解析・運用まで

加藤勝也、横山裕季 著

SE SHOEISHA

本書内容に関するお問い合わせについて

本書に関するご質問、正誤表については、下記のWebサイトをご参照ください。

正誤表　　　　http://www.shoeisha.co.jp/book/errata/
刊行物Q&A　　http://www.shoeisha.co.jp/book/qa/

インターネットをご利用でない場合は、FAXまたは郵便で、下記にお問い合わせください。

〒160-0006　東京都新宿区舟町5
㈱翔泳社 愛読者サービスセンター
FAX番号：03-5362-3818
電話でのご質問は、お受けしておりません。

※本書に記載されたURL等は予告なく変更される場合があります。
※本書の出版にあたっては正確な記述につとめましたが、著者や出版社などのいずれも本書の内容に対して何らかの保証をするものではなく、内容やサンプルに基づくいかなる運用結果に関してもいっさいの責任を負いません。
※本書に掲載されているサンプルプログラムやスクリプト、および実行結果を記した画面イメージなどは、特定の設定に基づいた環境にて再現される一例です。
※本書に記載されている会社名、製品名はそれぞれ各社の商標および登録商標です。
※本書の内容は、2017年7月から9月執筆時点のものです。

はじめに

　インターネットの普及が加速度的に進み、巷には情報が溢れかえるようになりました。いかに効率的に自分の必要な情報を集めるか、情報を集めてそれらを有効に活用するか、という視点が重要になってきています。それらを行う1つの手段が「クローラーの開発とスクレイピング」です。

　本書の読者層としては、業務でクローラーの開発とスクレイピングの知識を求めている方を想定していますが、個人的な用途（好きなアーティストの新譜情報やライブ情報を集める、興味のある分野の技術ブログのリンクを自動的に収集するなど）で学びたい方も大歓迎です。

　本書ではクローラーの開発とスクレイピングについてPythonの書き方から始まり、実践的な内容まで網羅して解説しています。

　クローラーを作るのが初めてという方も基礎編から順番に読んで頂くことでクローラーの開発とスクレイピングについて理解できる内容となっています。

　Pythonについても簡単に触れているので、他の言語を習得している人であれば本書だけで学習を始めることができます。

　もしプログラミング自体が初めてという方は、何か一冊Pythonの入門書も合わせて読むと、スムーズに読み進めることができます。

　応用編ではクローラーを作成する際に注意すべきことや実際に運用する際に必要になる管理方法についても解説しています（本書では、Chapter 1、3、4そしてChapter 9の一部、Appendixを執筆しました）。

　本書が読者の皆様のお役に立てば幸いです。

2017年10月吉日
加藤 勝也

私がはじめてクローラーの開発を経験した開発言語はPHPでした。複数のページをクロールし、各ページのHTML構造がマークアップ的に適切かどうかを評価し、レポートを生成するシステムを開発するプロジェクトでした。

　当時のPHPはマルチプロセスやマルチスレッドを利用した並列処理のサポートが弱く、複数サイトの同時処理に苦労したのを覚えています。

　HTMLの解析には正規表現を駆使していましたが、当時私が記述した正規表現では、HTMLタグ内で属性の位置が変わっただけで要素の抽出に失敗するという、とても貧弱なものでした。

　クローラーの開発と聞いて、当初イメージした要件は「特定のURLに対しHTTPリクエストしてデータを取得し、取得したデータをパースして要素を抽出する」といった漠然としたものでした。しかしクローラーの開発を進め、実際に運用してみると、ログ出力や管理画面など、当初イメージできていなかった要件の重要性に気付きました。その都度、機能追加をしていきましたが、そのたびにシステムは複雑化していきました。

　もし最初から必要な機能の概略がイメージできていれば、ある程度の複雑化は避けられたかもしれないという思いが残りました。

　幸いにも現職では、過去に経験したそれらの課題をクリアした優れたクローラーの開発に携わることができました。そのクローラーの開発にはPythonが使われています。Pythonを取り巻く豊富なライブラリ群は、クローラーの開発を強力に支援し、開発上の課題を解決するための強い味方となります。

　本書にはそういった経験から得られたノウハウを盛り込みました(本書では、Chapter 2、Chapter 5～9、Appendixの一部を執筆しました)。本書を通じて得られた知識・技術が、皆様のクローラー開発の一助となれば幸いです。

2017年10月吉日
横山 裕季

CONTENTS

はじめに 003
本書の対象読者とダウンロードファイルについて 008

Part 1 基本編

Chapter 1 クローラーとスクレイピングを体験する … 011
01 クローリングとスクレイピング 012
02 Wgetで始めるクローラー 016
03 UNIXコマンドでスクレイピング 026

Chapter 2 クローラーを設計する … 039
01 クローラーの設計の基本 040
02 クローラーの持つ各処理工程ごとの設計と注意点 050
03 バッチ作成の注意点 057

Chapter 3 クローラーおよびスクレイピングの開発環境の準備とPythonの基本 … 065
01 Pythonがクローリング・スクレイピングに向いている理由 066
02 クローラーおよびスクレイピング用の開発環境を準備する 068
03 Python基礎講座 073

Chapter 4 スクレイピングの基本 … 085
01 ライブラリのインストール 086
02 Webページをスクレイピングする 089
03 RSSをスクレイピングする 099
04 データをデータベースに保存して解析する 105

Part 2 応用編

Chapter 5 クローラーの設計・開発（応用編） 119

- 01 クローラーをもっと進化させるには ... 120
- 02 print関数でログを出力する ... 121
- 03 loggingモジュールでログを出力して管理する ... 128
- 04 ログ出力ライブラリでログを管理する ... 138
- 05 並列処理を行う ... 142
- 06 並列処理を行う上での注意点 ... 161

Chapter 6 スクレイピングの開発（応用編） 163

- 01 クロールしたデータを構造化データに変換する ... 164
- 02 XMLに変換する ... 167
- 03 JSONに変換する ... 178
- 04 CSVに変換する ... 182
- 05 Scrapyを使ってスクレイピングを行う ... 186
- 06 リンクを辿ってクロールする ... 207
- 07 データベースに保存する ... 211
- 08 デバッグを行う ... 218
- 09 自作プログラムにScrapyを組込む ... 221
- 10 Chromeデベロッパーツールを利用する ... 223

Chapter 7 クローラーで集めたデータを利用する 227

- 01 フィードを作る ... 228
- 02 FlaskでWeb APIを作る ... 250
- 03 DjangoでWeb APIを作る ... 265
- 04 タグクラウドを作る ... 283

Chapter 8 クローラーの保守・運用 … 289

- 01 定時的な実行・周期的な実行 … 290
- 02 多重起動の防止 … 301
- 03 管理画面の利用 … 306
- 04 通知機能を加える … 328
- 05 ユニットテストの作成 … 339

Chapter 9 目的別クローラー&スクレイピング開発手法 … 345

- 01 JavaScriptで描画されるページをスクレイピングする … 346
- 02 ソーシャルブックマークで気になる話題を自動ブックマーク … 355
- 03 公的なオープンデータの利用 … 376
- 04 文化施設のイベントを通知する … 382
- 05 Tumblrのダッシュボードをクロールして全文検索可能にする … 395

Appendix クローラー&スクレイピングに役立つライブラリ … 411

- 01 プロセス管理にSupervisorを使う … 412
- 02 PyCharmを利用する … 417
- 03 NumPyとSciPyを利用する … 425

INDEX … 430

本書の対象読者とサンプルファイルについて

本書について

　本書は、データ収集・解析などの仕事を請け負うプログラマーや、クローラー開発を請け負う分析会社のエンジニアに向けて、クローラーの開発手法から実際のクローリングおよびスクレイピング手法ついて解説した入門書です。データ分析の現場でニーズの高まってきているPythonを利用して、クローラーの設計から始まり、クローリング、スクレイピングの基本から応用手法、そして運用まで、基本から応用手法まで丁寧に解説します。最終章では目的別のクローラー開発手法を解説しています。

対象読者

　・データの収集、解析などの仕事を請け負うプログラマー　・クローラー開発を請け負うエンジニア

サンプルファイルのテスト環境

　・OS：macOS Sierra（10.2.x）　・Python：3.6.2

ライブラリのバージョン

　本書でインストールしているライブラリのバージョンは、本書執筆時点（2017年7月から9月）のものです（最新バージョンとは限りません）。書籍で利用したライブラリのバージョン情報は、本書の書籍情報サイトの「追加情報」で参照してください。

書籍で利用したライブラリのバージョン情報

　URL　http://www.shoeisha.co.jp/book/detail/9784798149127

　なお、ライブラリをインストールする際のバージョン指定は以下の通りです。

```
$ pip install ライブラリ名==バージョン番号　（複数の場合はスペース連結）
```

サンプルファイルのダウンロード先

　本書で使用するサンプルファイルは、下記のサイトからダウンロードできます。適時必要なファイルをご使用のパソコンのハードディスクにコピーしてお使いください。

サンプルプログラムのダウンロードサイト

　URL　http://www.shoeisha.co.jp/book/download/

免責事項について

　サンプルファイルは、通常の運用において何ら問題ないことを編集部および著者は認識していますが、運用の結果、万一いかなる損害が発生したとしても、著者および株式会社翔泳社はいかなる責任も負いません。すべて自己責任においてお使いください。

2017年10月

株式会社翔泳社　編集部

Part 1

基本編

Part1では、Pythonによるクローラー開発とスクレイピングの基本を解説します。

Chapter 1	クローラーとスクレイピングを体験する	011
Chapter 2	クローラーを設計する	039
Chapter 3	クローラーおよびスクレイピングの開発環境の準備とPythonの基本	065
Chapter 4	スクレイピングの基本	085

Chapter 1

クローラーとスクレイピングを体験する

本章では、クローラーおよびスクレイピングについての説明から始まり、実際にクローラーを利用したスクレイピングについて、簡単なサンプルをもとに体験してもらいます。

01 クローリングとスクレイピング

本書で扱うクローリングとスクレイピングについて、その概要を紹介します。

クローリングとスクレイピングについて

クローラーとクローリング

　クローラーとは自動的にWebページ上の情報を収集するためのプログラムです。クローラーは、人間がブラウザでWebページを閲覧し情報を集めるのとは比べ物にならないくらい膨大な情報を短時間に集めてくれます。クローラーは別名「ボット」「ロボット」「スパイダー」などとも呼ばれますが、本書では「クローラー」に統一します。また、クローラーで情報を収集することを「クローリング」と言います。

　クローラーで一番身近なものはGoogleなどの検索エンジンです。検索エンジンはクローラーを使って世界中のWebページの情報を集め、蓄積します。そして検索したいキーワードを入力すると、蓄積された膨大な情報から該当するWebページを表示します(図1-1)。

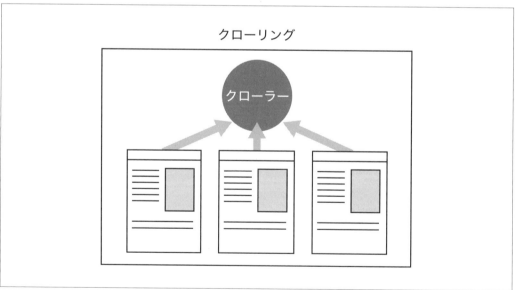

図1-1：クローリング

スクレイピングとは

それではスクレイピングとは何でしょうか？ クローラーは情報を収集します。スクレイピングはその収集した情報を解析して必要な情報を抜き出すことを指します。例えば通販サイトのWebページをクローラーでダウンロードしたとします。そしてそのWebページの情報から商品名と価格を抽出することをスクレイピングと言います（図1-2）。

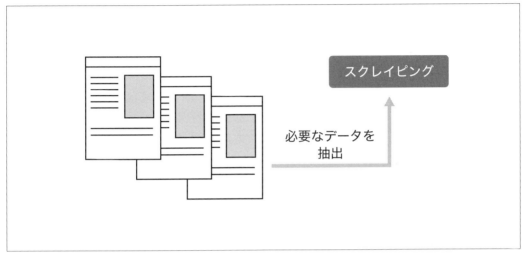

図1-2：スクレイピング

クローリングとスクレイピングは切り離せないものでWebページの情報を「収集→解析→抽出→加工→保存→出力」という一連の流れになります（図1-3）。

図1-3：クローリング・スクレイピングの一連の流れ

クローラーが注目されている理由

　ある会社はクローラーでSNSやブログなどで自社製品に関してどのようなことが書かれているかを収集しています。また別の会社では、クラッシュレポートを解析してくれるサービスから、自社のリリースしたアプリのクラッシュ情報をクローラーで取得して社内のチャットシステムに投稿するということをしています。

　このように人力で行うと膨大な時間がかかる作業を自動化するのにクローラーを使います。人力で行うとコストがかかることはもちろんのこと、ビジネスにおいて迅速な判断をするために必要なスピードで情報を集めることは困難です。このような理由からビジネスではクローラーが注目されています。

　もちろんビジネスだけでなく、個人用途でもクローラーを用いることはあります。例えばエンジニアがPythonに関する情報を求めている場合、空き時間にお気に入りの技術系のWebページを見て回るという手段もありますが、クローラーを使って複数のWebページを巡回し、特定のキーワードが含まれている場合のみSNSのDMで自分に通知することをすれば時間が短縮されて効率的です。

クローリング・スクレイピングする際の注意点

　クローリング・スクレイピングの際には情報の取り扱いなどについて意識する必要があります。

Webサイトにアクセスする際に気を付けること

　Webサイトにアクセスする際には最低限、次のことについて気を付けましょう。

- Webサイトの利用規約を確認して規約を守る
- robots.txt/robotsメタタグのアクセス制限内容を守る
- 制限されていない場合でもサーバーの負荷を考えて適切なアクセス頻度にする
- rel="nofollow"が設定されているリンクはクローラーで辿らない
- クロールする際にアクセス制限など情報収集を禁止する措置が取られていた場合は、即刻クロール処理を止め、既に取得していた情報を含めて削除する

収集したデータの取り扱いについて

収集したデータは著作権を守って利用する必要があります。

- 著作権上問題がある場合は個人での使用に留める
- 収集したデータをもとに検索サービスなどを提供する場合は、Webサイト・APIなどの利用規約を確認し、問題ない場合のみ提供する
- 利用規約が書かれていない場合でも勝手に公開するのではなく先方に確認を取る

法律違反を行わないことはもちろんのこと、Webサイト・API提供元に迷惑をかけないことも非常に重要です。

02 Wgetで始めるクローラー

クローラーを実際にコマンドで実行して、体験してみてください。

初めてのクローラー

　クローリング・スクレイピングを行うために必ずしも、特別なプログラムを作成する必要はありません。もちろん目的に沿ったプログラムを作ることで、効率的にクローリングできるようになります。本書はそれらを学ぶことができる書籍ですが、まずは既存のコマンド（ソフトウェア）でクローラーを作成して、クローリングとスクレイピングがどのようなものか体験してみましょう。

Wgetとは

　ここではWgetコマンドを使うことにします。WgetとはHTTP/FTPを使ってサーバーからファイルをダウンロードするためのオープンソースソフトウェアです。Linuxを使っている読者であれば使ったことがある人もいるかと思います。

　Wgetはただ単にファイルをダウンロードするダウンローダの役割をするだけでなく、Webページを再帰的にダウンロードしたり、HTML内のリンクをローカルに変換できたりします。また、特定の拡張子だけを指定してダウンロードすることや、ダウンロードの間隔を設定することもできます。このようにWgetはクローラーとして見ても数多くの機能を持っています。

Wgetのインストール

　Linuxのディストリビューションによっては、OSをインストールした時点でWgetを使うことができるようになっている場合がありますが、macOSやOSのインストール時点でWgetがインストールされていないLinuxディストリビューションでは、別途インストールする必要があります。

　まずはwhichコマンドでWgetがインストールされているか確認してみましょう。次のようにwgetのフルパスが表示されていればインストールされていますが、表示されない場合はインストールが必要になります。

```
$ which wget
/usr/local/bin/wget
```

macOSにインストールする

macOSでWgetをインストールするには、Homebrewなどのパッケージマネージャーを利用する方法と、ソースコードをコンパイルする方法の2つがあります。

Homebrewを利用する

HomebrewでWgetをインストールするには、brew installコマンドを実行します。

```
$ brew install wget
```

ソースコードをコンパイルする

ソースコードをコンパイルする場合は、http://ftp.gnu.org/gnu/wget/ からパッケージをダウンロードします（図1-4）。ここでは詳細を省きます。

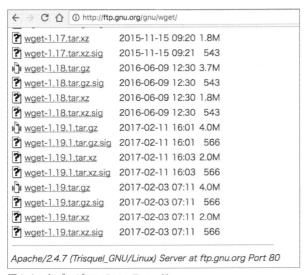

図1-4：各バージョンのソースコード

Linuxにインストールする

LinuxでWgetをインストールするには、Linuxの各ディストリビューションで使われているパッケージマネージャーを利用します。

```
yum install wget
```

や、

```
apt-get install wget
```

など環境に合わせてパッケージマネージャーでインストールします。もちろんソースコードをビルドしてインストールする方法も可能です。

Wgetの使い方

前述のとおりWgetはただ単にファイルをダウンロードするだけでなく、Webページを再帰的にダウンロードしたり、HTMLソース内のリンクをローカルに変換したりすることができます。

基本的な使い方

まずは簡単な使い方として1つのファイルをダウンロードしてみましょう。コマンドラインの引数にダウンロードしたいファイルのURLを指定することで、ダウンロードできます。

```
$ wget ダウンロードしたいファイルのURL
```

例えば http://ftp.gnu.org/gnu/wget/wget-1.19.tar.gz をダウンロードするコマンドを実行した場合の結果は、次のようになります。

```
$ wget http://ftp.gnu.org/gnu/wget/wget-1.19.tar.gz
--2017-07-02 15:24:07--  http://ftp.gnu.org/gnu/wget/wget-1.19.tar.gz
Resolving ftp.gnu.org... 208.118.235.20, 2001:4830:134:3::b
Connecting to ftp.gnu.org|208.118.235.20|:80... connected.
HTTP request sent, awaiting response... 200 OK
Length: 4202290 (4.0M) [application/x-gzip]
Saving to: 'wget-1.19.tar.gz.1'


wget-1.19.tar.gz.1  100%[===================>]   4.01M  96.6KB/s    in 64s
```

```
2017-07-02 15:25:12 (64.2 KB/s) - 'wget-1.19.tar.gz.1' saved [4202290/4202290]
```

ダウンロードされたファイルは、次のようにカレントディレクトリに保存されます。

```
$ ls
wget-1.19.tar.gz
```

ダウンロードする先やファイル名を指定する場合は、-O 保存したいPATHとファイル名 のように -O オプションを使います。クローラーとして使う場合は、ダウンロードしたファイルを解析することになるので、その際に何のファイルかわかりやすいような名前にするとよいでしょう。

カレントディレクトリの下にあるdownloadディレクトリにsource.tar.gzという名前で保存する場合は、-O ./download/source.tar.gz と指定するので次のようになります。

```
$ wget -O ./download/source.tar.gz http://ftp.gnu.org/gnu/wget/wget-1.19.tar.gz
```

ファイルに保存せずにダウンロードする

Wgetではダウンロードした内容をファイルに保存するのではなく、標準出力に出力することもできます。例えば、本書の発行元である株式会社翔泳社のトップページを標準出力で出力してみましょう。標準出力で出力するには -O オプションにハイフンを指定します。

```
$ wget -O - http://www.shoeisha.co.jp/
--2017-07-02 21:51:54--  http://www.shoeisha.co.jp/
Resolving www.shoeisha.co.jp... 114.31.94.139
Connecting to www.shoeisha.co.jp|114.31.94.139|:80... connected.
HTTP request sent, awaiting response... 200 OK
Length: unspecified [text/html]
Saving to: 'STDOUT'

-                          [<=>                    ]       0  --.-KB/s
<!DOCTYPE HTML>
<html>
  <head>
        <meta name="viewport" content="width=device-width, initial-scale=1">
    <meta name="format-detection" content="telephone=no">
    <meta http-equiv="Content-Type" content="text/html; charset=utf-8">
    <meta http-equiv="Content-Script-Type" content="text/javascript">
    <meta http-equiv="Content-Style-Type" content="text/css">
    <meta http-equiv="Imagetoolbar" content="no">
```

```
    <meta name="format-detection" content="telephone=no">

(…中略…)

    <p id="page-top" style="display: block;">
      <a href="#top">
        <span class="glyphicon glyphicon-chevron-up"></span>
      </a>
    </p>
    <!-- TemplateEnd -->
  </body>
</html>
-                     [ <=>                       ]  35.75K   172KB/s    in 0.2s

2017-07-02 21:51:54 (172 KB/s) - written to stdout [36612]
```

　標準出力で出力すると、どのようなメリットがあるのでしょうか？ 一番の大きな利点は、パイプ（MEMO参照）で他のコマンドに渡してダウンロードした内容をそのまま引き継いで処理を行える点です。Wgetでクローリングして、他のコマンドでスクレイピングを行うことが簡単にできます。

> **MEMO　パイプ**
>
> コマンドの標準出力を次のコマンドに渡す処理です。

Wgetコマンドのオプション

　ここまでは -O オプションを使ってファイル名を指定してダウンロードしたり、標準出力に出力したりしましたが、他にもWgetコマンドのオプションはあります。Wgetのオプションの中でよく使われるものを表1-1にいくつか挙げてみます。

オプション	機能
-h	ヘルプを表示する
-q	進捗情報などのメッセージを表示しない
-o	進捗情報などのメッセージをファイルに保存する
-O	ファイルに保存する
-c	前回の続きからダウンロードを再開する
-t	再試行の回数を指定する
-r	再帰的にリンクを辿ってダウンロードする

つづき

-l	再帰的にダウンロードする時にリンクを辿る深さを制限する
-w	再帰的にダウンロードする時のダウンロード間隔を指定する
-np	再帰的にダウンロードする時に親ディレクトリをクロールしない
-I	再帰的にダウンロードする時に指定したディレクトリのみを辿る
-N	ファイルが更新されている時のみダウンロードする
--user=ユーザー名	ユーザー名を指定する
--password=パスワード	パスワードを指定する
--referer=URL	リファラーを指定する
--spider	ファイルをダウンロードせず存在確認だけを行う
-A	指定した拡張子のファイルのみダウンロードする
-k	リンクや画像などの参照を絶対パスから相対パスに変換する

表1-1：Wgetコマンドのオプション（一部）

Wgetをクローラーとして使う準備をする

表1-1のオプションを見るとWgetはただダウンロードするだけでなく、クローラーとしても十分に役に立つことが想像できるかと思います。ここからはクローラーとしてWgetを見ていきましょう。

再帰的にダウンロードする

再帰的にダウンロードする（MEMO参照）には、-rオプションを指定します。デフォルトでは再帰的に5階層まで辿ってダウンロードします。しかし5階層というのはかなり深く、ダウンロードする際の時間もかかってしまいます。そこで-lオプションでどの階層まで辿るかを指定できます。例えば-l1だと1階層の深さまで辿ることになります。つまり指定されたURL内のリンク先はダウンロードしますが、そのリンク先で指定されているリンクはダウンロードしないということです。多くの場合は1階層辿ればこと足りるので、基本的に-l1を指定するようにし、不必要にサーバーに負荷を与えないようにしましょう。

```
$ wget -r -l1 http://example.com/
```

MEMO　再帰的にダウンロードする

再帰的にダウンロードするとはダウンロードしたファイルにリンクが含まれていた場合に、そのリンク先を辿ってダウンロードすることをいいます。そのリンク先にもさらにリンクがあった場合は、それらもダウンロードします。

なお、「○階層まで再帰的に辿るか」というのは「何個先までダウンロードするか」ということを意味します。

> **MEMO** URL http://example.com/ について
>
> URL http://example.com/はソフトウェアドキュメント用のドメインのため、上記のコマンドを実行してもindex.htmlファイルしかダウンロードされません。後ほど実際のサイトをクローリングするため、ここでは実行せずにこのように記述するということだけを理解してください。

ダウンロード間隔を指定する

再帰的にダウンロードする時はダウンロードの間隔も気にする必要があります。というのも、再帰的に複数のファイルをダウンロードしにいくため、アクセスを集中させることになってしまうからです。

Wgetにはこのようなダウンロード間隔を指定する-wオプションが用意されています。-wオプションは、「ダウンロードを開始するまでに指定した秒数待つ」というオプションです。例えば-w3とオプションを付けることで3秒間隔でダウンロードするようになります。

```
$ wget -r -l1 -w3 http://example.com/
```

特定の拡張子のファイルだけダウンロードする

クローラーを使って画像を収集することを考えた場合、「拡張子がJPGだけのファイルをダウンロードしたい」ということがあると思います。-Aオプションを使うことで、指定した拡張子のファイルのみをダウンロードできます。-A jpgとオプションを付けると、拡張子がjpgのファイルのみをダウンロードします。複数の拡張子を指定したい場合は、-A jpg,png,gifのようにカンマで区切って指定します。

```
$ wget -r -l1 -A jpg,png,gif http://example.com/
```

特定の拡張子のファイルをダウンロード対象から外す

逆に特定の拡張子のファイルをダウンロードさせない(除外する)というオプションで指定もできます。このオプションは例えば「画像ファイルはサイズが大きいので、ネットワークの負荷を考えて省きたい」という場合に利用できます。

除外するには-Rオプションを使います。-Aオプションと同じように複数の拡張子を指定する場合は、カンマで区切って指定します。

```
$ wget -r -l1 -R jpg,png,gif http://example.com/
```

親ディレクトリをクローリングの対象から外す

サイトの特定のディレクトリより下をクロールしたい場合は、親ディレクトリをクローリングの対象から外すオプションを使います。例えばメーカーサイトで特定の商品種別の情報だけダウンロードしたい場合、http://example.com/cameraのように特定のディレクトリ以下だけを対象にする場合があります。-npオプションで親ディレクトリを除外することができます。

```
$ wget -r -np http://example.com/camera
```

実際にクローリングしてみる

クローラーとしてのWgetの使い方を学んだところで、実際のサイトをクローリングしてみましょう。株式会社翔泳社の書籍紹介サイト（図1-5）を対象として、Wgetでクロールします。

・翔泳社の本
URL http://www.shoeisha.co.jp/book/

図1-5：翔泳社の本トップページ

先ほど解説した-rオプションで再帰的にダウンロードを行います。その際には-lオプションと-wオプションでリンクを辿る深さとダウンロードする間隔を指定して、サーバーに負荷がかかりすぎないように配慮します。ここでは親ディレクトリを-npオプションで、画像ファイルは-Rオプションで除外しておきます。

```
$ wget -r -l1 -w3 -np -R jpg,png,gif http://www.shoeisha.co.jp/book/
```

上記のコマンドを実行してみましょう。実際には、ファイルが多いので少し時間がかかります。実行するとカレントディレクトリにwww.shoeisha.co.jpというディレクトリが作成され、その下にbookディレクトリ、そしてその下に複数のファイル・ディレクトリがダウンロードされます。

treeコマンドでツリー表示をする

Homebrewでtreeをインストールします。

```
brew install tree
```

treeコマンドを利用すれば、ディレクトリ構成を簡単に確認できます。ここでは-Rオプションで画像ファイルを除外したため、サムネイルについてはダウンロードされていないこともわかります。

```
$ tree www.shoeisha.co.jp/
www.shoeisha.co.jp/
├── book
│   ├── app
│   │   └── index.html
│   ├── audio
│   │   └── index.html
│   ├── detail
│   │   ├── 901706
│   │   ├── 9784798126494
│   │   ├── 9784798134659
│   │   ├── 9784798137148
│   │   ├── 9784798137568
│   │   ├── 9784798138770
│   │   ├── 9784798141954
│   │   ├── 9784798143057
│   │   ├── 9784798144160
│   │   ├── 9784798146737
(…中略…)
```

　このようにWgetを使うことで、簡単にサイトの情報をクロールできます。くれぐれもクロールする際にはサーバーに負荷を与えないように注意してください。ダウンロードができれば、次はそれらを解析して必要なデータを抽出します。

03 UNIXコマンドでスクレイピング

ここではUNIXのコマンドでスクレイピングする手法を紹介します。

コマンドラインシェルを利用する

　次はクロールしたサイトのHTMLファイルをスクレイピングします。Pythonなどの強力なライブラリを使うことでしかスクレイピングできないわけではなく、UNIXコマンドでもスクレイピングを行うことは可能です。UNIXコマンドはコマンドを組み合わせることでテキストを処理して、データを抽出できます。

　コマンドを組み合わせるにはコマンドラインシェル（MEMO参照）の機能を使います。パイプ｜を使うことで、あるコマンドの処理結果を別のコマンドに渡すことができます。例えばpsコマンドにxオプションを付けて、実行中のプロセスを表示する例で見てみます。

> **MEMO　コマンドラインシェル**
>
> コマンドラインシェル（シェル）とは文字でコマンドを打ち込んで操作するインターフェースを提供するソフトウェアのことです。BashやZ Shell(zsh)などが有名です。

```
$ ps x
  PID   TT  STAT      TIME COMMAND
  303   ??  S      0:47.50 /usr/libexec/UserEventAgent (Aqua)
  305   ??  S      1:56.09 /usr/sbin/distnoted agent
  307   ??  S      0:17.49 /usr/libexec/lsd
  309   ??  S      7:31.57 /System/Library/CoreServices/Dock.app/Contents/
MacOS/Dock
  311   ??  S      2:07.60 /System/Library/CoreServices/SystemUIServer.app/
Contents/MacOS/SystemUIServer
  313   ??  S     16:46.11 /System/Library/CoreServices/Finder.app/Contents/
MacOS/Finder
 〜中略〜
 32048 s000  S      0:00.20 -bash
 43865 s000  R+     0:00.00 ps x
```

コマンドの実行結果を見てもわかるように、かなりの行数が表示されました。実行中のプロセスの中から/usr/libexec/に関するプロセスだけ抽出するには、次のようにpsコマンドの結果をパイプでgrepコマンドに渡すことで可能になります。

```
$ ps x | grep /usr/libexec/
```

実行してみましょう。環境によって詳細は異なりますが、/usr/libexec/以下にあるコマンドのプロセスだけが表示されました。これはパイプによってpsコマンドの実行結果をgrepコマンドに受け渡し/usr/libexec/が存在する行だけを抽出したことになります。

```
$   ps x  |  grep /usr/libexec/
   303    ??   S      0:47.69 /usr/libexec/UserEventAgent (Aqua)
   307    ??   S      0:17.50 /usr/libexec/lsd
   318    ??   S      0:01.62 /usr/libexec/pboard
   351    ??   S      1:23.89 /usr/libexec/sharingd
   370    ??   S      2:13.20 /usr/libexec/nsurlsessiond
   736    ??   S      0:00.19 /usr/libexec/USBAgent
  5077    ??   S      0:02.58 /usr/libexec/keyboardservicesd
 18348    ??   S      0:03.65 /usr/libexec/secinitd
 18349    ??   S      2:08.28 /usr/libexec/trustd --agent
 18353    ??   S      0:46.28 /usr/libexec/secd
 18363    ??   S      0:28.26 /usr/libexec/nsurlstoraged
 34973    ??   S      0:02.04 /usr/libexec/pkd
 35284    ??   S      0:00.31 /usr/libexec/networkserviceproxy
 35286    ??   S      0:00.14 /usr/libexec/videosubscriptionsd
 36292    ??   S      0:01.07 /usr/libexec/WiFiVelocityAgent
 38714    ??   S      0:00.04 /usr/libexec/spindump_agent
 42957    ??   S      0:00.06 /usr/libexec/swcd
 45167   s000  S+     0:00.00 grep /usr/libexec/
```

ここで気が付いた読者の方もいるかもしれませんが、Wgetの-Oオプションにハイフンを指定して標準出力した結果を、パイプによって他のUNIXコマンドに渡せば、クロールした結果をそのまま処理できてしまいます。もちろんパイプでさらに3つ目のコマンドに渡すことも可能です。

スクレイピングに役立つUNIXコマンド

スクレイピングに役立つUNIXコマンドを見ていきましょう。「スクレイピング」とは対象とするデータを抽出したり整形したりすることです。対象となるデータは基本的にはテキストであることが多いです。つまりテキスト処理を行うためのUNIXコマンドがスクレイピングに役立つと言えます。ここではgrepコマンドとsedコマンドを解説します。

- grep
- sed

grep

grepコマンドは標準入力もしくは、ファイルからパターンに当てはまる行のみを標準出力に出力するコマンドです。正規表現についてはP.070で解説します。ファイル名を指定しなかった場合は標準入力から検索します。

```
$ grep [パターン][ファイル名(複数指定可能)]
```

先ほど実行した次のコマンドはps xで標準出力に実行中のプロセスを出力し、その出力をgrepコマンドが標準入力から受け取り、パターンとして指定した/usr/libexec/に当てはまる行を標準出力にするという処理になります。

```
$ ps x | grep /usr/libexec/
```

sed

sedはとても強力なテキスト処理を行うことができるコマンドです。文字列を置換したり、行単位での抽出をしたりすることができます。ファイル名を指定すれば、そのファイルを処理して、ファイル名を指定しない場合は標準入力を処理対象とします。

```
$ sed [オプション] コマンド [ファイル名]
```

例えばリスト1-1のような内容のテキストファイルがあったとします。

第1章 アプリ内課金の概要
第2章 アプリ内課金の成功モデルと三大課金モデル
第3章 androidアプリ内課金の基本的な実装手法
第4章 管理対象のアイテムを販売するアプリ内課金プログラミング(android編)
第5章 定期購入のアイテムを販売するアプリ内課金プログラミング(android編)
第6章 androidアプリ内課金のテスト方法

リスト1-1：対象とするテキストファイル (sample.txt) の内容

このテキストファイルはAndroidと記述したかったところを誤ってすべて小文字のandroidと記述してしまいました。これをsedコマンドを利用して置換したいと思います。次のコマンドを実行してみましょう。

```
$ sed s/android/Android/ sample.txt
```

実行した結果は次のようになります。

```
$ sed s/android/Android/ sample.txt
第1章　アプリ内課金の概要
第2章　アプリ内課金の成功モデルと三大課金モデル
第3章　Androidアプリ内課金の基本的な実装手法
第4章　管理対象のアイテムを販売するアプリ内課金プログラミング（Android編）
第5章　定期購入のアイテムを販売するアプリ内課金プログラミング（Android編）
第6章　Androidアプリ内課金のテスト方法
```

androidがAndroidに置換され標準出力に出力されました。sコマンドは置換処理を行うコマンドでs/android/Android/はandroidをAndroidにするということを意味します。ここではandroidというふうに、特定の文字列を指定しましたが、正規表現を使ってパターンにマッチしたものを対象とすることもできます。正規表現については次項およびChapter 2で解説します。

　sedコマンドの結果をファイルに保存したい場合は、シェルのリダイレクトという機能を使います。sedなどのコマンドの後に ＞ ファイル名 とすると、コマンドの結果がファイルに出力されます。

　次のようにするとnew_sample.txtというファイルがカレントディレクトリに作成され、中身を確認すると先ほど標準出力に出力された内容が書かれていることがわかります。

```
$ sed s/android/Android/ sample.txt > new_sample.txt
$ cat new_sample.txt
第1章　アプリ内課金の概要
第2章　アプリ内課金の成功モデルと三大課金モデル
第3章　Androidアプリ内課金の基本的な実装手法
第4章　管理対象のアイテムを販売するアプリ内課金プログラミング（Android編）
第5章　定期購入のアイテムを販売するアプリ内課金プログラミング（Android編）
第6章　Androidアプリ内課金のテスト方法
```

正規表現について

正規表現とは通常の文字 (a～z) とメタ文字と言われる特殊文字を組み合わせることで特定の文字列のパターンを記述するための言語です。また、この言語で記述されたパターンのことも正規表現と呼ぶことがあります。正規表現はUNIXコマンドだけでなく、Pythonや他の言語でも使うことができるため、一度覚えると活用できる場面が広がります。

正規表現の種類

正規表現はプログラミング言語などによって仕様が異なることもありますが、POSIXによって標準規格が定められています。

- simple regular expressions（SRE）
- 基本正規表現：basic regular expression（BRE）
- 拡張正規表現：extended regular expression（ERE）

SREは廃止が予定されています。grepやsedなどのUNIXコマンドでは、基本正規表現(BRE)と拡張正規表現(ERE)の2つを使うことができます。標準では基本正規表現を使うようになっており、-Eオプションを指定することで、拡張正規表現を使えるようになります。

メタ文字

正規表現とは通常の文字 (a～z) とメタ文字と言われる特殊文字を組み合わせると前述しましたが、どのようなメタ文字があるか表1-2で確認しましょう。

文字	内容
.	任意の1文字にマッチする
[…]	括弧内に含まれる1文字にマッチする。[xyz]はxまたはyまたはzにマッチする
[^…]	括弧内に含まれない1文字にマッチする。[^xyz]はx、y、z以外の1文字にマッチする
^	行の先頭にマッチする
$	行の末尾にマッチする
*	直前のパターンと0回以上マッチする。xy*はx、xy、xyyなどにマッチする
+	直前のパターンと1回以上マッチする。xy+はxy、xyyなどにマッチする
?	直前のパターンと0回もしくは1回マッチする。xy?はxとxyにマッチする
|	|で区切られたパターンのいずれかにマッチする。abc|d|xyはabcまたはdまたはxyにマッチする
(n)	直前のパターンをn回繰り返したものにマッチする。xy(3)はxyyyにマッチする
(…)	()で囲んだパターンを一塊としてみなす。(xy)+はxy、xyxyなどにマッチする

表1-2：拡張正規表現の主なメタ文字

UNIXコマンドでスクレイピングを行う

それでは実際にUNIXコマンドを使ってスクレイピングしてみましょう。スクレイピングの対象はHTMLファイルです。

スクレイピングする対象

スクレイピングの対象は先ほどWgetコマンドでクロールした翔泳社の本のサイト URL http://www.shoeisha.co.jp/book/ の下にあるindex.htmlとします。ここではスクレイピングを試すのに何度もアクセスするのはサーバーに負荷を与えることになるのでローカルにあるファイルをスクレイピングします。

まずはブラウザで URL http://www.shoeisha.co.jp/book にアクセスしてみましょう。ページの中央あたりにパブリシティ情報がいくつか並んでいます。閲覧する時期によって表示される内容は異なりますが本書執筆時点（2017年7月現在）では図1-6のようになっています。

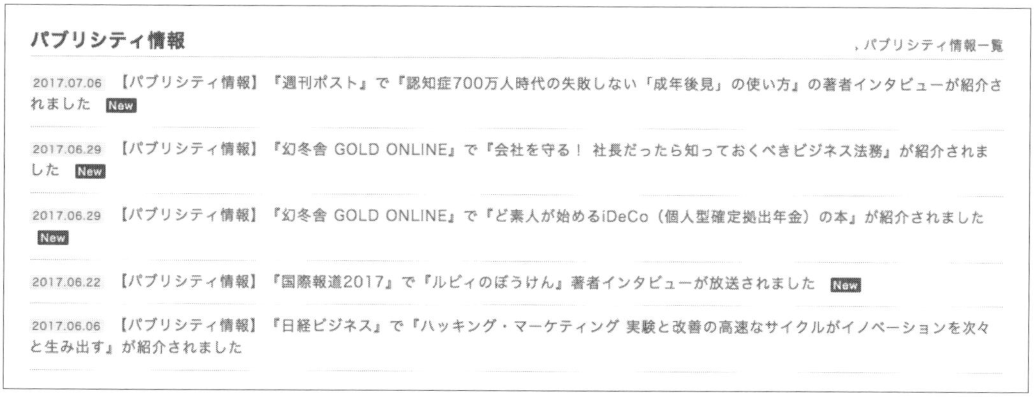

図1-6：http://www.shoeisha.co.jp/book 内のパブリシティ情報欄

これらの近日刊行される書籍のタイトルとリンク先となる書籍の詳細ページのURLを抽出したいと思います。

Chromeで必要としている箇所を見つける

クロールしてindex.htmlを取得しているのでテキストエディタで開いて探すという方法もありますが、ブラウザの開発者ツールを使えばより効率的に探すことができます。

ここではChromeの開発者ツールを使います。Chromeの開発者ツールについては、Chapter 6で解説しますので、ここでは簡単な機能だけに絞って利用します。 URL http://www.shoeisha.co.jp/book を開いた状態でメニューから[表示]→[開発/管理]→[デベロッパーツール]を選択します（図1-7①②③）。

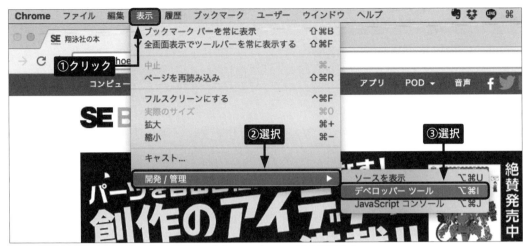

図1-7：メニューから[表示]→[権利/開発]→[デベロッパーツール]を選択する

　[デベロッパーツール]を選択すると、画面が分割されてHTMLの要素などが表示されるビューが表示されます(図1-8)。

図1-8：デベロッパーツールのビュー

　HTMLのソースの適当な要素をクリックしてみましょう。するとその要素に該当する箇所がハイライトされます(図1-9①②)。

図1-9：要素をハイライトさせる

　HTMLファイルのソースコード上の要素がどれに相当するのか、画面上をハイライトして確認する方法を試しましたが、逆に画面上の要素からソースコード上ではどれに相当するか確認する方法もあります。

　近日刊行の欄の最初の書籍のリンクを右クリックして（[control]キー＋クリック）、コンテキストメニューを開き、[検証]を選択します（図1-10①②）。

図1-10：ソースコードを確認したい要素のコンテキストメニューで[検証]を選択する

　[検証]を選択するとソースコードの該当する箇所が選択された状態になります（図1-11）。この機能は抽出したい情報がソースコード上のどの箇所か見つけるのにとても便利です。

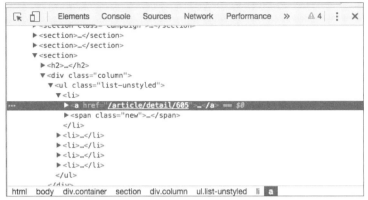

図1-11：検証を選択した結果

safariで必要としている箇所を見つける

前述ではChromeの開発者ツールを使いましたが、Chromeだけでなく他のブラウザにも開発者ツールが用意されている場合があります。例えば（詳細は割愛しますが）、Safariの開発者ツールにも同じような機能があります（図1-12）。普段使っているブラウザの開発者ツールについて調べてみるとよいでしょう。

図1-12：Safariの開発者ツール

スクレイピングを行う

パブリシティ情報のタイトルを抽出します（リスト 1-2）。先ほど Chrome の検証機能を使い、該当部分のあたりをつけました。

```
<section>
  <h2>パブリシティ情報
      <div class="links pull-right">
        <ul>
          <li><a href="/book/pub">パブリシティ情報一覧</a></li>
        </ul>
      </div>
  </h2>
  <div class="column">
    <ul class="list-unstyled">
            <li> <a href="/article/detail/603"><span class="date">2017.06.29
</span>【パブリシティ情報】『幻冬舎 GOLD ONLINE』で『会社を守る！ 社長だったら知っておくべきビジネス法
務』が紹介されました</a>
              <span class="new"></span>
            </li>
            <li> <a href="/article/detail/602"><span class="date">2017.06.29
</span>【パブリシティ情報】『幻冬舎 GOLD ONLINE』で『ど素人が始めるiDeCo(個人型確定拠出年金)の本』
が紹介されました</a>
              <span class="new"></span>
            </li>
            <li> <a href="/article/detail/601"><span class="date">2017.06.22
</span>【パブリシティ情報】『国際報道2017』で『ルビィのぼうけん』著者インタビューが放送されました</a>
              <span class="new"></span>
            </li>
            <li> <a href="/article/detail/599"><span class="date">2017.06.06
</span>【パブリシティ情報】『日経ビジネス』で『ハッキング・マーケティング 実験と改善の高速なサイクルがイノ
ベーションを次々と生み出す』が紹介されました</a>
              <span class="new"></span>
            </li>
            <li> <a href="/article/detail/598"><span class="date">2017.06.06
</span>【パブリシティ情報】『福祉新聞』で『ちょっとしたことでうまくいく 発達障害の人が上手に働くための本』
が紹介されました</a>
              <span class="new"></span>
            </li>
        </ul>
```

```
        </div>
    </section>
```
リスト1-2：index.htmlの該当部分（2017年7月執筆時点の情報）

パブリシティ情報の見出しだけを抽出するコマンドを考える

さて、ここからパブリシティ情報の見出しだけを抽出するために実行するUNIXコマンドを考えてみましょう。本当に抜き出したい行だけに注目すると次のようになっています。

```
<li> <a href="/article/detail/603"><span class="date">2017.06.29</span>【パブリシティ情報】『幻冬舎 GOLD ONLINE』で『会社を守る! 社長だったら知っておくべきビジネス法務』が紹介されました</a>
```

liタグでリストの一部ということはわかります。ただし、リスト1-2を見ると、ulタグにパブリシティ情報と識別できるidやclassは指定されておらず、パブリシティ情報のリストをul/liタグから特定することは難しそうです。

ページ全体を見ると、近日刊行などのリストもパブリシティ情報と同じデザインのため、classが指定されていないのは仕方ありません。何か別の方法で特定できないか考えてみます。

grepコマンドで見出しを抽出する

見出しには【パブリシティ情報】が必ず含まれていることに気付きます。まずは【パブリシティ情報】が含まれている行をgrepコマンドで抽出しましょう。

index.htmlファイルがあるディレクトリに移動して、次のコマンドを実行します。

```
$ grep 【パブリシティ情報】 index.html
            <li> <a href="/article/detail/603"><span class="date">2017.06.29
</span>【パブリシティ情報】『幻冬舎 GOLD ONLINE』で『会社を守る! 社長だったら知っておくべきビジネス法
務』が紹介されました</a>
            <li> <a href="/article/detail/602"><span class="date">2017.06.29
</span>【パブリシティ情報】『幻冬舎 GOLD ONLINE』で『ど素人が始めるiDeCo(個人型確定拠出年金)の本』
が紹介されました</a>
            <li> <a href="/article/detail/601"><span class="date">2017.06.22
</span>【パブリシティ情報】『国際報道2017』で『ルビィのぼうけん』著者インタビューが放送されました</a>
            <li> <a href="/article/detail/599"><span class="date">2017.06.06
</span>【パブリシティ情報】『日経ビジネス』で『ハッキング・マーケティング 実験と改善の高速なサイクルがイノ
ベーションを次々と生み出す』が紹介されました</a>
            <li> <a href="/article/detail/598"><span class="date">2017.06.06
</span>【パブリシティ情報】『福祉新聞』で『ちょっとしたことでうまくいく 発達障害の人が上手に働くための本』
が紹介されました</a>
Wildcat:Chapter1 katsuya$ grep 【パブリシティ情報】 index.html
```

```
                <li> <a href="/article/detail/603"><span class="date">2017.06.29
</span>【パブリシティ情報】『幻冬舎 GOLD ONLINE』で『会社を守る! 社長だったら知っておくべきビジネス法
務』が紹介されました</a>
                <li> <a href="/article/detail/602"><span class="date">2017.06.29
</span>【パブリシティ情報】『幻冬舎 GOLD ONLINE』で『ど素人が始めるiDeCo(個人型確定拠出年金)の本』
が紹介されました</a>
                <li> <a href="/article/detail/601"><span class="date">2017.06.22
</span>【パブリシティ情報】『国際報道2017』で『ルビィのぼうけん』著者インタビューが放送されました</a>
                <li> <a href="/article/detail/599"><span class="date">2017.06.06
</span>【パブリシティ情報】『日経ビジネス』で『ハッキング・マーケティング 実験と改善の高速なサイクルがイノ
ベーションを次々と生み出す』が紹介されました</a>
                <li> <a href="/article/detail/598"><span class="date">2017.06.06
</span>【パブリシティ情報】『福祉新聞』で『ちょっとしたことでうまくいく 発達障害の人が上手に働くための本』
が紹介されました</a>
```

*2017年7月執筆時点の情報

　上記のように【パブリシティ情報】を含む行を抽出できました。次は各行からタイトルだけを抜き出します。次はsedコマンドを使います。もう一度、1行だけを確認しましょう。

```
<li> <a href="/article/detail/603"><span class="date">2017.06.29</span>【パブリ
シティ情報】『幻冬舎 GOLD ONLINE』で『会社を守る! 社長だったら知っておくべきビジネス法務』が紹介されま
した</a>
```

　見出しは</span>と</a>との間に挟まれています。まず</span>より手前を取り除きます。行の先頭からspan>までをマッチさせることで目的を達成できます。

```
$ grep 【パブリシティ情報】 index.html | sed -E 's/^.*span>//'
```

　実行してみましょう(2017年7月執筆時点の情報)。

```
$ grep 【パブリシティ情報】 index.html | sed -E 's/^.*span>//'
【パブリシティ情報】『幻冬舎 GOLD ONLINE』で『会社を守る! 社長だったら知っておくべきビジネス法務』が紹介
されました</a>
【パブリシティ情報】『幻冬舎 GOLD ONLINE』で『ど素人が始めるiDeCo(個人型確定拠出年金)の本』が紹介さ
れました</a>
【パブリシティ情報】『国際報道2017』で『ルビィのぼうけん』著者インタビューが放送されました</a>
【パブリシティ情報】『日経ビジネス』で『ハッキング・マーケティング 実験と改善の高速なサイクルがイノベーション
を次々と生み出す』が紹介されました</a>
【パブリシティ情報】『福祉新聞』で『ちょっとしたことでうまくいく 発達障害の人が上手に働くための本』が紹介さ
れました</a>
```

上記を見てわかるように、</span>より手前が取り除かれました。後は末尾のaタグの終了タグを取り除けば見出しだけになります。sedコマンドはセミコロンを使うことで複数のパターンを指定することもできます。終了タグのスラッシュは、メタ文字のため\でエスケープする必要があります。

```
$ grep 【パブリシティ情報】 index.html | sed -E 's/^.*span>//;s/<\/a>//'
```

　次のように、実行してみましょう(2017年7月執筆時点の情報)。

```
$ grep 【パブリシティ情報】 index.html | sed -E 's/^.*span>//;s/<\/a>//'
【パブリシティ情報】『幻冬舎 GOLD ONLINE』で『会社を守る! 社長だったら知っておくべきビジネス法務』が紹介されました
【パブリシティ情報】『幻冬舎 GOLD ONLINE』で『ど素人が始めるiDeCo(個人型確定拠出年金)の本』が紹介されました
【パブリシティ情報】『国際報道2017』で『ルビィのぼうけん』著者インタビューが放送されました
【パブリシティ情報】『日経ビジネス』で『ハッキング・マーケティング 実験と改善の高速なサイクルがイノベーションを次々と生み出す』が紹介されました
【パブリシティ情報】『福祉新聞』で『ちょっとしたことでうまくいく 発達障害の人が上手に働くための本』が紹介されました
```

　このように見出しだけを抽出することができました。UNIXコマンドだけを組み合わせることで、クローリングとスクレイピングを体験できました。

　簡単なクローリングとスクレイピングであれば、UNIXコマンドだけでも十分かもしれません。しかし実際にはダウンロード制御をする必要があることもあれば、スクレイピングしづらいHTMLソースの場合もあります。

　ここで紹介した例では、対象となるデータが1行に書かれていました。しかし複数行に分かれていると、ここで紹介した方法ではスクレイピングするのは難しくなります。そこでPythonの出番となります。Pythonにはクローリングやスクレイピングのための強力なライブラリ群が揃っています。

　Chapter 2からクローラーの設計について学び、実際にPythonでクローリング、スクレイピングする方法を解説します。

Chapter 2

クローラーを設計する

本章ではクローラーを設計する際に重要なこと、注意すべき点を解説します。具体的に目的と対象を定めて設計していく流れを見ていきましょう。

01 クローラーの設計の基本

ここでは、クローラーの設計に必要な前提知識と設計手法について解説します。

クローラーの種類

　一口にクローラーと言っても、その形態は様々です。クローラーという言葉自体は検索エンジンの登場により一躍メジャーになりました。検索エンジンの代表格であるGoogleは世界中のあらゆるデータをインデックスするための高度なクローラーを開発しており、日々収集されるデータは想像もできないほど巨大です。

　さて、ここで読者の方に質問です。もし、都内の美術館の新着イベントを検知・収集することが、あなたの目的である場合、Googleが使用しているようなクローラーは必要でしょうか？

　お察しの通り、目的と対象によってクローラーに必要な機能は異なります。もし、動画サイトから好きな選手の格闘技動画のみを自動的にダウンロードしたい場合、必要なのは、あらゆるデータの収集をするクローラーではなく、動画のみをダウンロードしてくれるクローラーであり、その機能はGoogleのクローラーにもありません。

　目的と対象に応じて必要十分な機能のみを持ったクローラーを設計し、開発しましょう。

目的と対象を明確にする

　目的が「あるサイトの全画像をダウンロードすることだけ」であれば、wgetで十分です。それでは、解散することになったバンドのサイトを丸ごとバックアップする場合はどうすればよいでしょうか？　この場合も、wgetで目的を果たせます。

　それでは、あるサイトに新着記事があった場合のみ、そしてその新着記事に特定のキーワードが含まれている場合のみ、メールやSlack(MEMO参照)で通知することを目的とした場合であればどうでしょう。さらには、そのサイトのリンクが動的に構築されていて、リンク先URLがaタグのhref属性に入っておらず、data-url属性にしか入っていないページだとしたら、どうすればよいでしょうか(リスト2-1)。

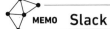

MEMO　Slack

グループや1対1でのチャットが行えるコミュニケーションツールです。API経由でグループチャットにメッセージを投稿する機能の他、Googleドライブなどの外部サービスとの連携機能も充実しており、多くの利用者がいます。

```
<ul>
  <li data-url="/category/1/2017-1202-002.html"><a href="javascript:jump();">屋外イベントのお知らせ</a></li>
  <li data-url="/category/2/2017-1201-003.html"><a href="javascript:jump();">交流会情報</a></li>
</ul>
```

リスト2-1：リンクが特殊なHTMLソースの例

　このようなケースはwgetだけで対応するのは難しいでしょう。data-url属性値やキーワードの抽出はgrepと組み合わせることで、できなくはないでしょうが、「新着記事があった場合のみ」というケースに対応するには、前回の状態を保存しておかなければなりません。

　単純なHTMLソースであれば、前回のHTMLソースを保存しておいて、取得したHTMLソースと全文比較することで変更の検知はできますが、様々なブロックを組み合わせた複雑なレイアウトを持つサイトの場合、新着記事はないのに、新着記事ブロック以外の要素に変化があったりして、全文比較するだけでは前回保存した内容との比較が正しく行えません。

　独自にクローラーを開発する前に、既製ツール、ライブラリではできないことは何かを明らかにしておくとよいでしょう。とは言え、何も「独自クローラーを開発してはいけない」というわけではありません。本書にはデータ収集を目的とする読者の方も多いと思います。特定のデータをサイトから抽出することを目的とした時点で、おおよそ独自のクローラーを開発する必要があるでしょう。大事なことは、開発の前に、目的を明確にし、対象を十分に調べることです。

URL構造を確認する

対象サイトの特定の話題のみ収集したい場合、全ページをクロールしてから、特定の話題に関連したページのみにフィルタリングするのは非効率です。現代的なサイトはWebフレームワークやCMS（Contents Management System：コンテンツ管理システム）を使って作られることが多く、それらは構造的なURL階層を持ちます。目的とするデータが特定の階層下にあることがわかっていれば、その階層のみをクロールするほうが効率的です。そのような時、サイトマップがあれば、そのツリー構造が確認しやすいでしょう。

サイトマップをツリー構造（ページ）で提供しているサイト

例として、東京都の公式サイトから（図2-1）、サイトマップの一部を確認してみましょう。

図2-1：東京都公式サイトのサイトマップの一部
URL http://www.metro.tokyo.jp/sitemap.html

リストにすると次のようになっています。参考のために、防災・防犯のみ、さらに1階層下を調べてあります。

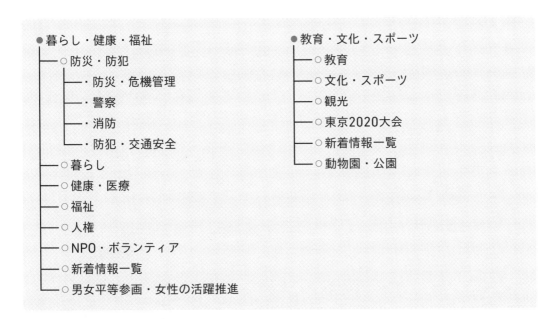

次にURLはどうでしょうか。幸い、東京都のサイトは階層名をローマ字で命名しているので、URLのパスのみ列挙してみます(ここでは、わかりやすくするため、index.htmlは省いています)。

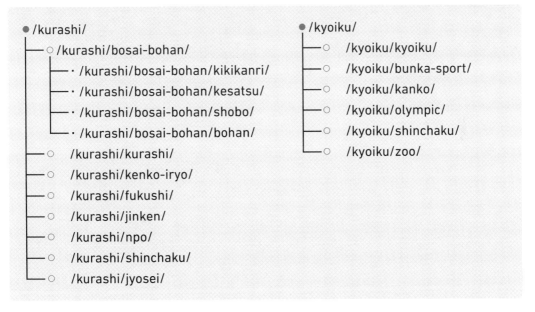

これらを見ると、例えば新着情報は/何らかのカテゴリ/shinchaku/の下に置かれていることがわかります。複数のカテゴリから新着情報だけをクロールすることが目的の場合は、この規則に従うと効率的に情報を収集できそうなことがわかりました。

サイトマップをXMLで提供しているサイト

一方、サイトマップをページとして提供していないサイトも多くあります。検索エンジン最適化(Search Engine Optimized = SEO)を意識したサイトであれば、HTMLページとしてサイトマップを提供していなくとも、XMLでサイトマップを提供している可能性があります。これは、検索エンジンからのクロールを申請する際に、サイトマップXMLを通知し、インデックスしてもらうのに使われています。

ここでは例として、米国の公式サイト(図2-2)を見てみましょう。

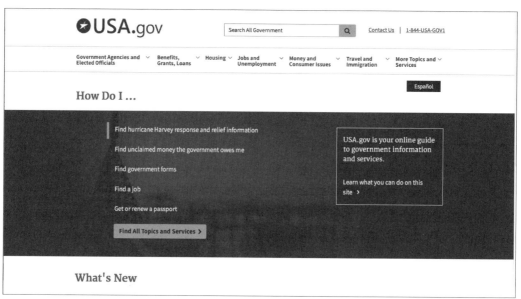

図2-2：米国の公式サイト
URL https://www.usa.gov

サイトマップのXMLをどこにどのように配置するかは特に定められていませんが、典型的なパスとしては/sitemap.xmlが多く、このサイトも URL https://www.usa.gov/sitemap.xml にアクセスすることでサイトマップXMLが得られます(リスト2-2)。

```
<urlset xmlns="http://www.sitemaps.org/schemas/sitemap/0.9">
    <!--
      created with Integrity from http://peacockmedia.software
    -->
    <url>
        <loc>https://www.usa.gov/</loc>
        <changefreq>monthly</changefreq>
        <priority>1.0</priority>
    </url>
```

```xml
<url>
    <loc>https://www.usa.gov/agencies</loc>
    <changefreq>monthly</changefreq>
    <priority>0.5</priority>
</url>
<url>
    <loc>https://www.usa.gov/jobs-and-unemployment</loc>
    <changefreq>monthly</changefreq>
    <priority>0.5</priority>
</url>
(…中略…)
<url>
    <loc>
    https://www.usa.gov/federal-agencies/customer-contact-center
    </loc>
    <changefreq>monthly</changefreq>
    <priority>0.2</priority>
</url>
</urlset>
```

リスト2-2：sitemap.xml

　ただし、sitemap.xmlはあくまで検索エンジンに、「自サイトのどこをどのくらいの頻度でインデックスしてほしいか」を知らせるためのものなので、サイトによってはすべてのページ階層が含まれていない場合もあることに注意しましょう。

サイトマップが得られない場合

　サイトマップが得られない場合は、カテゴリ一覧ページへのリンクがないか、サイト内を探しましょう。URL構造を把握することは無駄なデータの収集を防ぐことに繋がります。もし手作業で各ページをダウンロードすることがあっても、収集対象が特定のカテゴリに限定されていれば、サイト全体から収集することに比べれば大幅に無駄な時間を削減できます。プログラムで自動化した場合は、サイトへのリクエスト数が減らせるので、相手サーバーへの負担が減らせます。

目的とするデータの提供がないか確認する

　サイトによっては不特定多数のクローラーからのアクセス負荷を避けるため、公式にアーカイブデータを提供している場合があります。例えば、Wikipediaであれば不定期にデータベースをダンプしたアーカイブを提供しています。

　公開データについての説明にはクローラー使用への注意が書かれています。

・「Wikipedia」の「Wikipedia:データベースダウンロード」より引用
　URL https://ja.wikipedia.org/wiki/Wikipedia：データベースダウンロード

> "クローラーを使わない
>
> 記事を大量にダウンロードするためにクローラーを使わないでください。強引なクローリングは、ウィキペディアが劇的に遅くなる原因となります。
>
> ウィキペディアのデータベースから自動的にデータの収集がなされた場合、システム管理者によってあなたのサイトからウィキペディアへのアクセスを禁止する措置が取られることもあります。またウィキメディア財団が法的措置を検討することもあります。"

　このように、サイト上にクローラーアクセスへの注意が書かれている場合があるので、そのようなページがある場合は注意事項をよく読み、サイトに迷惑がかからないようにしましょう(図2-3)。

・データベースアーカイブ提供ページ
　URL https://dumps.wikimedia.org/jawiki/

```
Index of /jawiki/

../
20170301/         08-Mar-2017 05:15    -
20170320/         25-Mar-2017 03:08    -
20170401/         17-Apr-2017 07:37    -
20170420/         24-Apr-2017 07:35    -
20170501/         09-May-2017 08:57    -
20170520/         23-May-2017 18:15    -
20170601/         09-Jun-2017 13:24    -
20170620/         23-Jun-2017 20:51    -
20170701/         03-Jul-2017 22:51    -
latest/           03-Jul-2017 22:51
```

図2-3：Wikipediaのように公式にアーカイブデータが提供されていない場合でも、Web APIやフィードによりデータが提供されていれば、HTMLスクレイピングの手間が省ける

WebAPI

　Web APIを利用して、特定のURLに決められたパラメーターでアクセスすれば、XMLやJSONといった構造化されたデータを得られます。例えば、ITエンジニア向けのナレッジ共有サイト「Qiita」はWeb APIによるJSON形式のデータと、各タグに紐付けられた投稿のAtomフィードを提供しています。

・Qiita API v2の仕様
　URL http://qiita.com/api/v2/docs

・Qiita：Web APIアクセスサンプル
　URL http://qiita.com/api/v2/items?page=1&per_page=20

　JSON形式のデータはブラウザ上で表示すると、そのままでは構造がわかりにくく、jqなどのJSONユーティリティを使うと見やすくなります。brew installコマンドでjqをインストールして、構造をわかりやすく表示してみましょう。

```
$ brew install jq
$ curl 'http://qiita.com/api/v2/items?page=1&per_page=20' | jq .
[
  {
    "rendered_body": "...",
    "coediting": false,
    "created_at": "2017-07-09T06:10:15+09:00",
    "group": null,
    "id": "bac15df35fe7bb53e7a6",
    "private": false,
    "tags": [
      {
        "name": "JMeter",
        "versions": []
      },
      {
        "name": "俺でもわかるシリーズ",
        "versions": []
      }
    ],
```

```
    "title": "Windows JMeter clientからLinuxな JMeter Serverでremote testする時の
tips",
    "updated_at": "2017-07-09T06:10:15+09:00",
    "url": "http://qiita.com/gamisan9999/items/bac15df35fe7bb53e7a6",
    "user": {
      "description": "俺です。\r\n物体xが特技です",
      "facebook_id": "",
      "followees_count": 24,
      "followers_count": 21,
      "github_login_name": "gamisan9999",
      "id": "gamisan9999",
      "items_count": 37,
      "linkedin_id": "",
      "location": "",
      "name": "",
      "organization": "cloudpack",
      "permanent_id": 42755,
      "profile_image_url": "https://qiita-image-store.s3.amazonaws.
com/0/42755/profile-images/1473689275",
      "twitter_screen_name": null,
      "website_url": ""
    }
  },
  (…中略…)
]
```

ブラウザで次のURLにアクセスすると、Pythonタグに紐付けられた投稿は、次のように出力されます。

・Pythonタグが付けられた新着投稿
　URL http://qiita.com/tags/python/feed.atom

```
<?xml version="1.0" encoding="UTF-8"?>
<feed xml:lang="ja-JP" xmlns="http://www.w3.org/2005/Atom">
  <id>tag:qiita.com,2005:/tags/python/feed</id>
  <link rel="alternate" type="text/html" href="http://qiita.com"/>
  <link rel="self" type="application/atom+xml" href="http://qiita.com/tags/
python/feed.atom"/>
```

```
  <title>Pythonタグが付けられた新着投稿 - Qiita</title>
  <description>QiitaでPythonタグが付けられた新着投稿</description>
  <updated>2017-07-09T01:38:34+09:00</updated>
  <link>http://qiita.com/tags/Python</link>
  <entry>
    <id>tag:qiita.com,2005:PublicArticle/507112</id>
    <published>2017-07-09T01:38:34+09:00</published>
    <updated>2017-07-09T01:38:34+09:00</updated>
    <link rel="alternate" type="text/html" href="http://qiita.com/ymko/
items/69402752877553 72d869"/>
    <url>http://qiita.com/ymko/items/69402752877553 72d869</url>
    <title>JSONからPythonオブジェクトを生成する方法</title>
    <content type="html">
      (…中略…)
    </content>
    <author>
      <name>ymko</name>
    </author>
  </entry>
  (…中略…)
</feed>
```

　データや、関連付けられたタグが提供されていない場合、リンクをHTMLソースから抽出することになります。つまり、クロールしながら、スクレイピングをし、得られたリンクに対してまたクロールするということです。

02 クローラーの持つ各処理工程ごとの設計と注意点

クローラーには、それぞれの処理工程があります。処理工程を意識した設計とその際の注意点について解説します。

設計の勘所

　対象サイトのデータ提供形式がWeb API・フィードであれ、HTMLであれ、典型的な工程はChapter 1で述べた通りです。

　「収集」→「解析」→「抽出」→「加工」→「保存」→「出力」の流れを辿ります。

　「出力結果として何が欲しいか」が「目的」になるでしょう。スプレッドシートに特定の数値のみを反映するのか、他のシステムと連携するためのAPIを作るのか、自分のサイトで読み込むためのフィードを作るのか、出力結果のイメージを明確にしておくことで必要十分な設計が行えます。

　各工程は、表2-1のように言い換えることができます(図2-4)。

工程	内容
収集	ネットワーク上のデータにリクエストする。リンクがあれば収集し、さらにそれらリンクに対してもリクエストする
解析	パース。テキストデータを構造化データに変換する
抽出	対象データを構造化データの特定のキーから取り出したり、スクレイピングや正規表現を使って抽出する
加工	利用形態に合わせて、抽出したデータからノイズを取り除いたり、正規化したり、画像処理をしたりする
保存	収集したページや、抽出・加工したデータをデータストレージに保存する

表2-1：クローラーの各処理工程

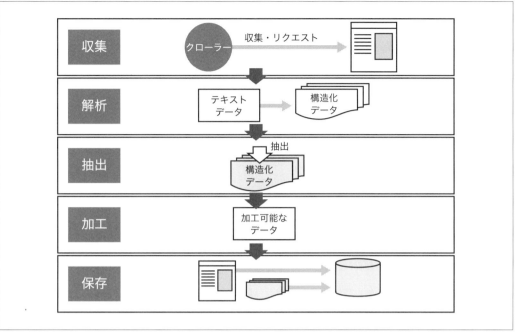

図2-4：処理工程のイメージ

ネットワークリクエスト

間隔を設ける

　例えば、同じサイトに1秒間に100ページ分、連続的にリクエストすると、静的なページで構成されたサイトであっても、ましてや、サイトのページが動的に生成されている場合、非常に高負荷になってしまいます。少なくとも1秒は間隔を空けるようにしましょう。

タイムアウト

　サイトの応答が著しく悪い場合があります。そのような場合は、タイムアウトを設定しましょう。クロールしたタイミングが偶然、サイトが高負荷になりやすい時間帯の場合、例えば、3秒待って応答がなければタイムアウトし、データの収集を諦める方が効率的です。

リトライ

　普段のサイトの応答が悪くなくとも、タイミングによってはエラーが返されることがあります。なるべくクロール時に同時性を持ったデータを収集したい場合は、リトライする仕組みを入れるとよいでしょう。

　ただし、リトライも何度も無制限にしてはいけません。普段は応答性が高いサイトでも、本当

にエラーを起こしている場合、多すぎるリトライは負荷になりますし、クロールの時間も長大化してしまいます。1～3回程度にしておくのがよいでしょう。

また、リトライの間隔を空けましょう。Exponential Backoff（MEMO参照）と呼ばれる手法を使うのがよいとされています。通信に失敗する回数が多いほど、間隔を空けるアルゴリズムで、1秒後、2秒後、4秒後、8秒後、…のように2のn乗で間隔を増やすことで、エラーからの回復を待ち、負担をかけにくくなっています。

MEMO　Exponential Backoff

リトライまでの最適な時間をシステムが計算することです。

パース（解析）

文字コード

Web APIやRSSフィードではUTF-8がほとんどですが、HTMLソースの場合は様々な文字コードで記述されている場合があり、注意が必要です。例えば、Shift-JISで書かれたページに対してそのまま文字列抽出処理をかけると、文字化けした抽出結果になることがあります。レスポンスヘッダーのContent-Encodingヘッダーで文字コードが提供されている場合は、それをヒントにすることができます。しかしながら、困ったことに、このヒントをそのまま鵜呑みにできないケースも多々あります。

一番よい方法は、サイトごとの文字コードをあらかじめ調べておき、決め打ちで処理することです。それができない場合は、文字コード判別ライブラリを使います。このライブラリも誤認識する場合があります。対象が日本語のサイトであれば、判別結果にLatin1、Latin2が出てくることはおかしいので、Latin系に判別されたらUTF-8にフォールバック（MEMO参照）するようにしておくとよいでしょう。

MEMO　フォールバック

システム障害時に最低限の仕様でシステムを維持することです。

HTML/XML解析

Webページの中には、タグが欠けていたり、属性値のダブルクォーテーションが閉じられていなかったりする場合があります。大体のケースでは、ライブラリ側で欠損の修復を行ってくれますが、そうでない場合は、修復プログラムを通してから利用するようにしましょう。

HTMLの修復が行える有名なオープンソースとしては、HTML Tidyがあります。

・HTML Tidy Legacy Website
URL http://tidy.sourceforge.net/

　Pythonの代表的なHTML/XML解析プログラムであるBeautiful Soupやlxmlには壊れたHTMLソースでも内部的に修復する仕組みが備わっていますが、もし、これらのライブラリで意図したデータが得られない場合、また、他の手法で解析を行う場合は、HTML/XMLに欠損がある可能性を気に留めておくとよいでしょう。

・Beautiful Soup
URL https://www.crummy.com/software/BeautifulSoup/

・lxml
URL http://lxml.de/index.html

JSONデコーダー

　現代的なプログラム言語には、JSONデコーダーがライブラリとして提供されていると思います。JSONデコーダーを使うことで、プログラム言語が持つ辞書型（連想配列型）のデータに変換できます。

　Web APIにはまだまだXMLでデータを返却するタイプのものも多いですが、新しいWeb APIにはJSON形式でのデータの返却を行えるものもあります。XMLのパースは複雑なことが多く、もしJSONでのデータ提供を選択できる場合は解析工程の見通しがよくなるため、積極的に利用するとよいでしょう。

スクレイピングと正規表現

URL正規化

リンクの抽出を行う場合、リンクが相対リンクの場合があります。相対リンクのままだと、対象をダウンロードする際に、ネットワークリクエストライブラリが不適切なURLとみなし、エラーになってしまうので、プロトコル、ホスト名を含んだ絶対リンクに修正しておきましょう。

- /kurashi/index.html

↓

- http://www.metro.tokyo.jp/kurashi/index.html

現在クロール中のURLディレクトリがhttp://www.metro.tokyo.jp/kurashi/の場合、次のようになります。

- /bosai-bohan/index.html

↓

- http://www.metro.tokyo.jp/kurashi/bosai-bohan/index.html

テスト

CSSセレクターやXPathが使えるスクレイピングライブラリを使う場合でも、正規表現を使う場合でも、一度の作業で欲しいデータを抽出できることは稀です。大抵、失敗しながら抽出処理を修正していくことになります。修正のたびに、目視で結果を確認するのは大変なので、テストコードを書くことをおすすめします。テストコードを書くことで、収集処理との分離がしやすくなりますし、目視での確認も毎回行わずにすみます。

入力としてページのHTMLやXML、JSONがあり、望む結果が例えば、株価などの数値である場合、

> スクレイピング関数（入力HTML） ＝ 抽出結果として期待する株価の数値

の結果が真になるかどうかをテストコードとして記述しておくことで、スクレイピング関数が正しく動作しているかをプログラムで自動的に確認することができます。

また、スクレイピングライブラリのバージョンが上がったり、ライブラリ自体を他のライブラリに差し替えた時も、プログラムに確認させることで、目視確認での見落としを減らすことが期待できます。

具体的なテスト例については後のChapter 8の05節で紹介します。

データストレージの選定と構造

データストレージには、次のように様々な種類があります。

- ファイル
- リレーショナルデータベース
- キーバリューストア
- ドキュメントデータベース
- オブジェクトデータベース

実際は、これらを組み合わせて使うことになるでしょう。案件の規模が小さい場合や目的によっては、ファイルだけで十分な場合もあります。

ファイル

最も基本的なデータ保存先として考えられるのは、ファイルです。クロールするURLを改行区切りのテキストファイルで持ったり、ダウンロードしたファイルを特定のディレクトリに保存したりします。

ダウンロードした内容を直接見るには、そのままデータ形式に対応するアプリケーションでファイルを開くだけでよいので、非常に都合がよいのですが、ファイル数が膨大になれば、システム側でうまく扱えなくなります。日付ごとにディレクトリを分けたり、保存ファイル名にハッシュを使ったり、工夫しましょう。

「ダウンロードされたファイルがどのページに紐付くファイルか」などの属性的な情報が不要で、ファイル数が数万を超えてくるようであれば、保存ファイル名をSHA-1形式に（MEMO参照）ハッシュ化し、先頭2文字でサブディレクトリを分けるなど工夫をしましょう。

1つのディレクトリに数万ファイルを保存すると、ファイル一覧を取得する処理などで不具合が生じることがありますが、ディレクトリをうまく分散させることで、不具合を避けることができます。

> **MEMO　SHA-1形式**
>
> SHAとは、Secure Hash Algorithmの略。同規格の暗号を用いたハッシュ関数の形式の1つ。

データベース

ダウンロードしたページやファイルが、どのインデックスページに紐付くか、リクエスト時のレスポンスヘッダーがどのようであったかなど、付帯情報を細かく記録・保存していく場合、大体のケースではMySQLなどのリレーショナルデータベースが向いています。

例えば、MySQLデータベースにはバイナリを保存できるカラム型BLOBが用意されています。ここにダウンロードしたファイルの中身を保存すれば、ディレクトリ当たりのファイル数上限を

考慮する必要がなくなります(図2-5)。

　ファイルの中身をKVS、ドキュメントDB、オブジェクトストレージに分けて保存する場合でも、そのキー名はMySQLに保存するようにしておけば、管理しやすいでしょう。

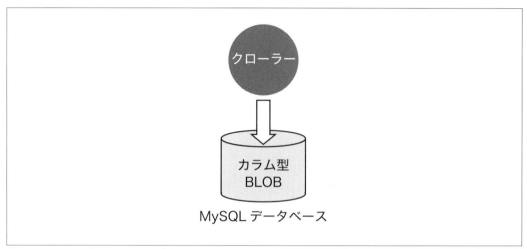

図2-5：MySQLデータベースに用意されているカラム型BLOB

データの存在確認

　クロールしていると同じURLに対してクロールすることが発生します。同じURLが何度も出てくる場合、毎回リクエストして保存し直すのは非効率です。既に対象URLが保存済みの場合は、リクエストしないようにするとよいでしょう。

　対象URLがデータベース内に存在するかどうかをチェックする場合は、URLで検索をかけますが、URLが長大な場合もあり、インデックスの文字長制限を超える時があります。このような時に備えて、URLとは別にURLのハッシュ（SHA-1など）を別のカラムに保存しておき、存在確認はそのカラムに対して行うのがよいでしょう。

03 バッチ作成の注意点

データベースの更新など、バッチを利用するケースが多いと思います。スクレイピングの工程でも留意しておくべきバッチ作成時の注意点を解説します。

バッチとは

　バッチ(バッチプログラム)とはあらかじめ定められた一連の処理の流れを一度に行うことです。クローラーのバッチ処理では、工程ごとの処理を必要に応じて呼び出し、最終的なデータを得ます。

工程ごとの分離

　例えば、ネットワークリクエストとスクレイピング部分は別の関数やクラスになるように、各工程は分離しているのが理想的です。対象ページが分割されていて、リクエストするURLが複数になる場合は「次のページ」を抽出するために、スクレイピングを伴う場合がありますが、目的ファイルを抽出するためのスクレイピング処理と分けておきましょう。

　ネットワークリクエスト処理とスクレイピング処理が一緒になっていると、例えばスクレイピングに失敗してやり直す時に相手サーバーへのリクエストからやり直すことになり、相手サーバーに負荷がかかる上、開発効率も悪くなります。

　また、あまり細かくリクエストとスクレイピングを分割しすぎると、パーツ間の連携の流れが見えにくくなり、保守が困難になるので、分離する粒度のバランスは必要ですが、最低限、すべての処理が同時に行われてしまう設計は避けましょう。

　各工程がうまく分割できていれば、Chapter 5の05節で解説するクローラーを並行化する際にも対応しやすくなります。

中間データを保存しておく

　各工程を分割するために、ネットワークリクエストしたデータは保存するようにしたほうがよいでしょう(図2-6)。あるページのみ、スクレイピングに失敗した場合、もとのHTMLソースが手元にダウンロードされていれば、スクレイピングプログラムのみを修正して、再実行することで、ネットワークリクエストを省略してデバッグできます。

ネットワークリクエストは時間がかかるものなので、リクエストに失敗したページがあれば、失敗したページのみをリクエストし直せる仕組みにしておけば、データの補填を行う時も時間の短縮に繋がります。

また、どうしてもスクレイピングの対象データがプログラムで取れなかった場

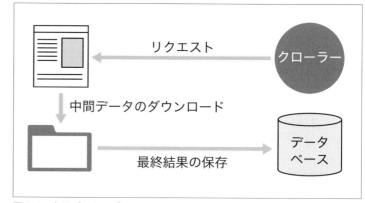

図2-6：中間データのダウンロード

合、最悪、手動でそのデータのみダウンロードして、中間データを埋め合わせれば、その次の工程に回すことができます。

実行時間と経過がわかるようにする

対象サイトに何百ページもある場合、実行時間がわかると効率化を図れます。例えば、次回、同じようにクロールする時に、どのくらいの時間がかかりそうかがわかることで、クロールが何かの原因でいつもより時間がかかった時に、どこかのサイトでエラーが起きているかもしれないなどの判断に結びつけることができます。

クローラーの開発時は、クローリングの経過もわかるようにしたほうがよいでしょう。現在処理中のURLや工程のラベルを表示することで、自分の思った通りにプログラムが動いているか、または、思った通りに動いていないかが、わかります。

クロール対象の状況をステータスとして保存しておくと後の判断に役立ちます。ネットワークリクエストにおいては、HTTPステータスコードを保存しておけば、例えば、対象データが取得できなかった場合、リンク切れだったのか、サーバーエラーが起きていたのか、メンテナンス中だったのかを後から判断することができます。

停止条件を明確にする

再帰的にリンクを取得したり、再帰的にスクレイピングしたりする場合は、停止条件を明確にしておかないと無限ループしてしまい、プログラムがいつまで待っても終わらなくなってしまいます。クロールする階層やドメインを限定したり、ダウンロードするファイル数の上限を決め、条件に応じてクロールを終了するようにしておくとよいでしょう。

関数の引数をシンプルにする

デバッグする際に、工程の処理を部分的に再現する必要が出てきます。この時、複雑なオブジェクトを関数の引数にしていると、オブジェクトを作る手間がかかり、そのオブジェクトを間違っ

て作ってしまった場合、再現状況も変わってしまい、デバッグが難しくなります。中間データを保存しておき、そのキーを引数にするとよいでしょう。例えば、"http://example.com/1.page"というURLから中間データとしてHTMLをローカルマシンの"/html/1.page"というパスにダウンロードおよび保存したとします。保存先パス"/html/1.page"を引数に受け取って、そのパスからHTMLファイルの文字列を読み込む関数を用意し、その中でパース関数にHTML文字列を受け渡すようにしておくと、デバッグの際にHTML文字列を手で入力する必要がなくなり、効率的です。

日時の扱いに注意する

　データベースへデータの更新日時を保存する場合、UTC(MEMO参照)にしておくとよいでしょう。クロール対象データに日時が含まれている場合、日本標準時(JST)で記載されているとは限りません。あるサイトはJST、あるサイトはUTCで日時データを返してくるのであれば、UTCに統一しておくことをおすすめします。クロールを実行するマシンの日時も、UTCから大きなズレがないようにNTP(MEMO参照)を入れて正確な時刻を持つようにしましょう。

> **MEMO UTC**
> Coordinated Universal Timeの略。協定世界時の意味で、国際原子時として管理されています。

> **MEMO NTP**
> Network Time Protocolの略。ネットワークに繋がる機器の有する時計を同期するための通信プロトコルのこと。

設計の例

　オーソドックスな設計パターンはあるものの、先に述べたように、目的と対象により設計は異なってきます。具体的な設計例を見るために、青空文庫の吉川英治のデータをクロールすることを考えてみましょう。

・吉川英治の作品リストページ
　URL http://www.aozora.gr.jp/index_pages/person1562.html

ソースを確認する

　青空文庫の作品は、大きく分けて、「公開中の作品」と「作業中の作品」があります。著作のデータは「公開中の作品」セクションにあります。このページの「公開中の作品」セクションを毎回クロールして、新着があり次第、作品HTMLソースを、通知するクローラーを考えてみます。
　サイトの性質上、時々刻々と作品が追加されることはなさそうです。クロール頻度は1週間に一度でも I 分でもそうですが、作品が追加されたら3日以内ぐらいにはその作品を読みたいとしたら、

1日に1回クロールすることになります。

　たまたまサイトの調子が悪くてクロール時に応答がなくても、長いサイトメンテナンスに入っている場合でもなければ、3日間ともアクセスすればいずれかの日に応答があることが期待できるため、リトライ処理は入れなくてもよさそうです。

　なお青空文庫にはWeb APIやフィードはないため、HTMLソースの解析が前提となります。

　HTMLの文字コードはどうでしょうか。ブラウザでソースを見てみます（図2-7）。

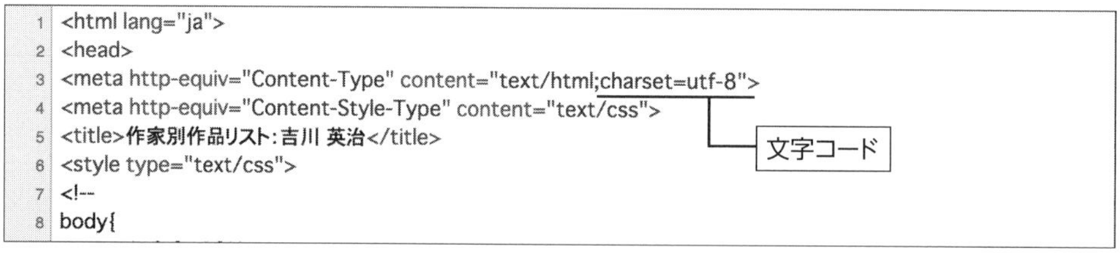

```
1  <html lang="ja">
2  <head>
3  <meta http-equiv="Content-Type" content="text/html;charset=utf-8">
4  <meta http-equiv="Content-Style-Type" content="text/css">
5  <title>作家別作品リスト:吉川 英治</title>
6  <style type="text/css">
7  <!--
8  body{
```
（文字コード）

図2-7：HTMLソースの文字コード

　charset=utf-8の指定が見えます。Chromeの最新版では文字コードは判断された実際の文字コードは確認できなくなっているので、念のため、curlコマンドを使って実際の状況も確認してみます。

```
$ curl -Ss 'http://www.aozora.gr.jp/index_pages/person1562.html#sakuhin_
list_1' | head
<html lang="ja">
<head>
<meta http-equiv="Content-Type" content="text/html;charset=utf-8">
<meta http-equiv="Content-Style-Type" content="text/css">
<title>作家別作品リスト:吉川 英治</title>
<style type="text/css">
<!--
body{
    margin-left: 10%;
    margin-right: 10%;
```

　<title>作家別作品リスト：吉川 英治</title> が見えます。macOSにおけるシステムデフォルトの文字コードはutf-8なので、もし、HTMLソース上でutf-8で宣言されていながら、実際は別の文字コードだった場合は、この時点で文字化けして読めません。このケースでは読めるので文字コードについては考慮する必要がなさそうです（本書ではutf-8を標準として解説します）。

　インデックスページには作品の詳細ページへのリンク以外のリンクも含まれています。「公開中の作品セクション」内のリンクのみを収集対象としたいので、スクレイピングには正規表現ではなく、ライブラリを使ったほうが簡単そうです。

　インデックスページ中には「次のページ」にあたるリンクはありません。インデックスページを

再帰的にクロールする必要はないことがわかりました。

「公開中の作品」セクションに並んでいる作品は1つや2つではありません。本書執筆時点(2017年8月現在)で、124作品あります。アクセスの仕方によっては1〜2秒間に124回リクエストすることになり、サイトに負荷がかかります。負荷を与えないように最低1秒のクロール間隔を設けるべきです。公開中の作品の中から「三国志　01 序」のリンクを見てみましょう(図2-8)。

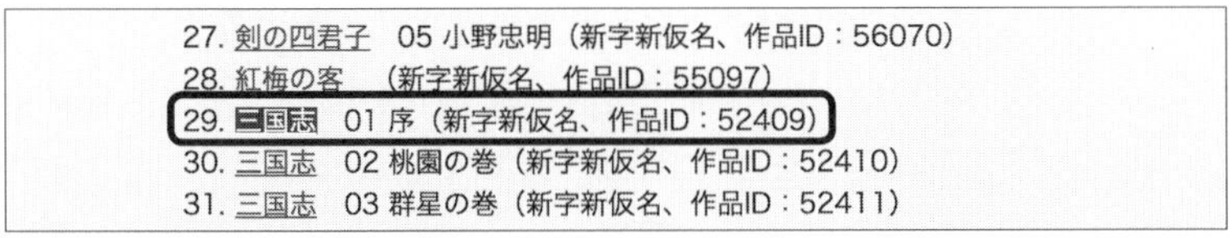

```
27. 剣の四君子　05 小野忠明（新字新仮名、作品ID：56070）
28. 紅梅の客　（新字新仮名、作品ID：55097）
29. 三国志　01 序（新字新仮名、作品ID：52409）
30. 三国志　02 桃園の巻（新字新仮名、作品ID：52410）
31. 三国志　03 群星の巻（新字新仮名、作品ID：52411）
```

図2-8：「三国志　01 序」のリンク

HTMLソースと照らし合わせてみます(図2-9)。相対パスでリンクが記述されています。各作品の詳細ページにアクセスするには、リンクを正規化する必要があることがわかりました。

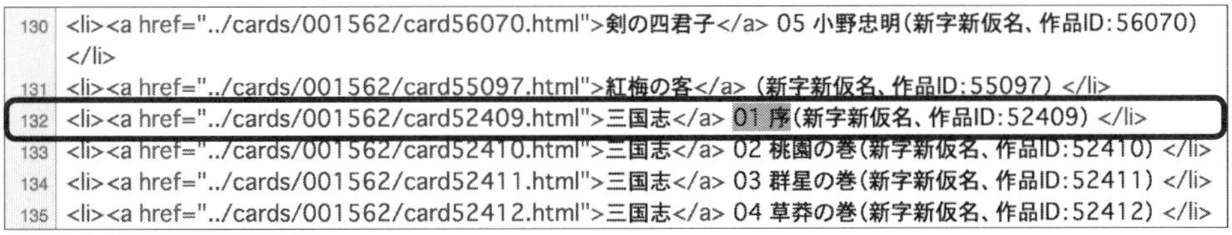

```
130  <li><a href="../cards/001562/card56070.html">剣の四君子</a> 05 小野忠明(新字新仮名、作品ID:56070) </li>
131  <li><a href="../cards/001562/card55097.html">紅梅の客</a> (新字新仮名、作品ID:55097) </li>
132  <li><a href="../cards/001562/card52409.html">三国志</a> 01 序(新字新仮名、作品ID:52409) </li>
133  <li><a href="../cards/001562/card52410.html">三国志</a> 02 桃園の巻(新字新仮名、作品ID:52410) </li>
134  <li><a href="../cards/001562/card52411.html">三国志</a> 03 群星の巻(新字新仮名、作品ID:52411) </li>
135  <li><a href="../cards/001562/card52412.html">三国志</a> 04 草莽の巻(新字新仮名、作品ID:52412) </li>
```

図2-9：HTMLソース

作品の詳細ページを見てみましょう(図2-10)。

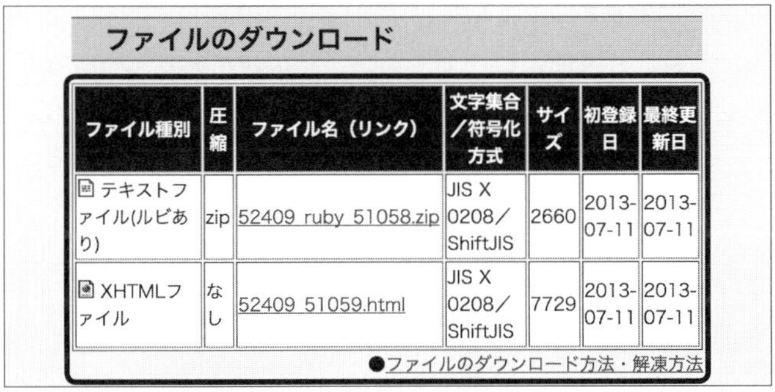

ファイルのダウンロード

ファイル種別	圧縮	ファイル名（リンク）	文字集合/符号化方式	サイズ	初登録日	最終更新日
テキストファイル(ルビあり)	zip	52409_ruby_51058.zip	JIS X 0208/ShiftJIS	2660	2013-07-11	2013-07-11
XHTMLファイル	なし	52409_51059.html	JIS X 0208/ShiftJIS	7729	2013-07-11	2013-07-11

●ファイルのダウンロード方法・解凍方法

図2-10：作品の詳細ページ

目的とする作品のHTML(XHTML)ファイルへのリンクがあります。こちらもHTMLソースを確認すると、<a href="./files/52409_51059.html">52409_51059.html</a>と、相対パスで記述されています。

以上で、作品のHTMLソースをダウンロードするにあたっての、サイトの姿は確認できました。

新着の検知の仕組みを考える

次に新着の検知の仕組みを考えましょう。

インデックスページをクロールした時の作品詳細ページへのリンクをすべて保存しておき、次回のクロール時に、保存されていない作品詳細ページのリンクが見つかれば、その作品は新着とみなせます。

作品詳細リンクに、新着状態を表す属性（新着フラグ）を付加する方法を考えてみましょう。

具体的には、データベースのレコードやPythonの辞書型変数、またはJSONに保存するデータを考えてみます。例えばURLというカラム（キー）に http://example.com というデータが入っていることを url: http://example.com と表すとします。その場合に、最初のクロールで url: http://example.com/1.html, is_new: True というデータで保存したとします（is_newは新着フラグを表します）。2回目のクロールで新しい作品詳細リンクとして http://example.com/2.html が見つかった場合、url: http://example.com/2.html, is_new: True というデータで保存し、最初のクロールで保存したデータはurl: http://example.com/1.html, is_new: False という内容に更新すると、is_newがTrueのデータは最新のクロールで得られた新着データだということが表現できます。

別の方法として、作品詳細リンクに、データの保存日時を持たせる方法を考えてみます。最初のクロールで url: http://example.com/1.html, date: 2017-09-16 13:00:00というデータで保存したとします（date は保存日時を表します）。2回目のクロールで新しい作品詳細リンクとしてhttp://example.com/2.htmlが見つかった場合、url: http://example.com/2.html, date: 2017-09-17 13:00:00というデータで新規に保存したとします。

「現在日時から24時間以内に保存されたデータを新着データとする」と決めておけば、現在日時が 2017年9月18日 14:00:00の場合、2回目に新規保存されたデータのみを新着データとして表現できます。どのような仕組み、方法で目的を実現するか次第で、必要なデータの構造が変わります。

データの保存方法

データはどのように保存するのがよいでしょうか。作家別作品リストのHTMLソース（図2-9）にあるURLのファイル名だけを見るとcard52409.htmlのようにアルファベットと記号、数字のみで構成されています。また、作品の詳細ページ（図2-10）では、52409_51059.htmlとなっています。どちらのURLも特に長大ということはありませんし、作品数も数万に及ぶものではありません。

このことから、データベースを使わずとも特定のディレクトリに対象データをダウンロードして保存する設計でも扱える規模であることがわかります。もちろん、将来的に対象の作家を増やすことを見越してデータベースに保存する設計にしてもよいでしょう。データベースに保存する場合は、絵文字などの4バイト文字も保存できるようにしておくとよいでしょう。例えば、MySQLの場合はcharset=utf8mb4で指定します。

ファイルの保存形式

ファイルに保存する場合は、CSV、TSV、JSON（MEMO参照）、プログラム言語の持つシリアライズ形式（Pythonの場合、Pickleという形式になります）が候補として挙げられます。

> **MEMO CSV、TSV、JSON**
>
> CSVは、Comma-Separated Valuesの略で、カンマで区切ったデータ形式。
> TSVは、Tab-Separated Valuesの略。タブで区切ったデータ形式。
> JSONは、JavaScript Object Notationの略。軽量なデータ交換フォーマット。

CSVやTSVは単純なテーブルデータで、スプレッドシートでも開けるため見やすいのですが、入れ子構造を持てません。JSONは入れ子構造を持てますが、スプレッドシートでは開けません。プログラミング言語の持つシリアライズ形式はJSONと同じような性質を持ちますが、Pickleであれば、Pythonのみでしか開けません。ある程度人間にも読めて、プログラムからも扱いやすい形式として、JSON形式は悪くない選択と言えるでしょう（リスト2-3）。

```
[
  {
    "crawled_at": "2017-07-09T23:19:23.077814+09:00",
    "http_status": 200,
    "is_downloaded": true,
    "is_new": false,
    "url": "http://www.aozora.gr.jp/cards/001562/card55262.html"
  },
  {
    "crawled_at": "2017-07-09T23:19:23.077814+09:00",
    "http_status": 200,
    "is_downloaded": true,
    "is_new": false,
    "url": "http://www.aozora.gr.jp/cards/001562/card55262.html"
  },
  {
    "crawled_at": "2017-07-09T23:19:23.077814+09:00",
    "http_status": 200,
    "is_downloaded": true,
    "is_new": false,
    "url": "http://www.aozora.gr.jp/cards/001562/card55262.html"
  },
```

```
(…中略…)
]
```

リスト2-3：JSON形式の例

次のリスト2-4、リスト2-5は、MySQL形式のデータ例とそのスキーマです。

```
+----+---------------------------------------------------+------------------+-------------+---------------+--------+---------------------+---------------------+
| id | url                                               | url_hash         | http_status | is_downloaded | is_new | created_at          | updated_at          |
+----+---------------------------------------------------+------------------+-------------+---------------+--------+---------------------+---------------------+
|  1 | http://www.aozora.gr.jp/cards/001562/card55262.html | 2c85b1619be2a048 |         200 |             1 |      1 | 2017-07-09 14:38:32 | 2017-07-09 14:48:54 |
|  2 | http://www.aozora.gr.jp/cards/001562/card55262.html | 9674b632ae8fce75 |         200 |             1 |      1 | 2017-07-09 14:38:32 | 2017-07-09 14:48:55 |
|  3 | http://www.aozora.gr.jp/cards/001562/card55262.html | ae96afb172b35d19 |         200 |             1 |      1 | 2017-07-09 14:38:32 | 2017-07-09 14:48:55 |
+----+---------------------------------------------------+------------------+-------------+---------------+--------+---------------------+---------------------+
```

リスト2-4：MySQL形式のデータ例

```sql
CREATE TABLE `aozora_bunko` (
  `id` int(11) unsigned NOT NULL AUTO_INCREMENT,
  `url` varchar(1024) NOT NULL DEFAULT '',
  `url_hash` char(16) NOT NULL DEFAULT '',
  `http_status` int(3) NOT NULL,
  `is_downloaded` tinyint(1) unsigned NOT NULL,
  `is_new` tinyint(1) unsigned NOT NULL,
  `created_at` datetime NOT NULL,
  `updated_at` timestamp NOT NULL DEFAULT CURRENT_TIMESTAMP ON UPDATE CURRENT_TIMESTAMP,
  PRIMARY KEY (`id`),
  UNIQUE KEY `url_hash` (`url_hash`)
) ENGINE=InnoDB AUTO_INCREMENT=5 DEFAULT CHARSET=utf8mb4;
```

リスト2-5：MySQL形式のスキーマ例（インデックスは最低限idとurl_hashのみに留めている）

> **ATTENTION　URLのデータベースインデックスの作成**
>
> データベースにURLを保存し、そのインデックスを作成する場合、例えばMySQLのInnoDBエンジンにおいては、基本的には単一カラムインデックスの最大キー長は767バイトとなっています。文字コードがutf8mb4の場合、1文字当たり最大4バイトを使用します。この場合、191文字以上のURLはインデックスを作成できません。そこで、URLのハッシュを作成し、ハッシュに対してインデックスを作成することで、使用するキー長を短くできます。リスト2-4ではBLAKE2というハッシュ関数でURLを16桁の16進数でハッシュ化した値をurl_hashカラムに保存しています。

本章ではクローラーの目的と対象に応じた設計について、また、その簡単な例について紹介しました。より具体的な設計についてはChapter 5で解説します。

Chapter 3

クローラーおよびスクレイピングの開発環境の準備とPythonの基本

本章ではPythonを使った、クローラーとスクレイピングに関する解説の前に、Pythonを初めて使う人でも読み進められるように開発環境の構築と基本的な文法について解説します。

01 Pythonがクローリング・スクレイピングに向いている理由

ここではクローリングとスクレイピングに、なぜPythonを利用するのか、その理由について簡単に説明します。

Pythonを使う理由

言語の特性

クローリングとスクレイピングを行う際、たくさんあるプログラミング言語の中からなぜPythonを利用することが多くなってきているのでしょうか。Pythonは1991年にグイド・ヴァンロッサム氏によって開発された汎用的なプログラミング言語です。

Pythonは、読みやすく効率がよいコードをなるべく簡単に書けるようにするという思想のもと開発されたため、文法が極めて単純化されており、コードの可読性が高く読み書きがしやすいという言語的な特性があります。

別の視点から見れば、コンパイラ言語ではなく、実行前にコンパイルが不要なスクリプト言語であることも、クローリング・スクレイピングに向いているとも言えます。ソースコードを修正した後にコンパイルの待ち時間を気にすることなく、すぐに実行できるため、試行錯誤しながらスクレイピングするのに向いています（図3-1）。

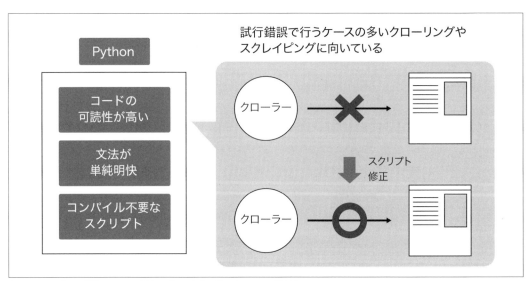

図3-1：Pythonがクローリングやスクレイピングに向いている理由

豊富なライブラリ

　Pythonを使う理由に豊富なライブラリがあるということが挙げられます。Pythonは標準ライブラリが豊富なため、標準ライブラリだけでクローリング・スクレイピングを行うこともできます。

　またサードパーティー製の強力なライブラリが多数揃っています。the Python Package Indexと呼ばれるパッケージ管理システムがあり、世界中の開発者が開発したライブラリを簡単にインストールして使うことができます。

・PyPI - the Python Package Index
　URL　https://pypi.python.org/pypi

　クローリングやスクレイピングの手助けになるライブラリから、クローリングしたデータを分析するのに役立つライブラリなど強力なライブラリが多数揃っています。そのため、Pythonはデータ分析や機械学習の分野でもよく使われている言語です。

　Chapter 4以降でもサードパーティー製のライブラリを使ってクローリング・スクレイピングを行う方法を解説します。

02 クローラーおよびスクレイピング用の開発環境を準備する

クローラーの開発やスクレイピングを学ぶ前に、まずはPythonのインストールを行いましょう。

Python 3のインストール

Python 2とPython 3

　本書執筆時点（2017年7月現在）で使われているPythonのバージョンは2系と3系があります。2008年に3.0がリリースされ大きな変更が加えられました。しかし後方互換性がないためライブラリが3系に対応していないという状況もあり、2系も並行して開発が続けられました。本書執筆時点のそれぞれの最新バージョンは次の通りです。

- Python 2.7.13
- Python 3.6.2

　当初、3系に対応していなかったライブラリも3系対応が進み、現在では多くのライブラリが3系に対応しています。
　3系はイテレータ（繰り返し処理の抽象化）によるメモリの効率化や、Stringといった文字列のUNICODE対応、非同期処理など様々な改良が行われています。また、2系は2020年でサポートが終了と予告されています。それらのことから今からPythonを始めるのであれば3系を使うほうがよいでしょう。本書でも3系のみを取り扱います。

macOSにパッケージマネージャーでインストールする

　macOSは標準でPythonがインストールされています。ただ本書執筆時点（2017年7月現在）の最新のOSである10.12.5ではPython 3系ではなく、Python 2.7.10がインストールされています。macOSのターミナルを起動して、次のようにコマンドを入力して、確かめてみてください。

```
$ python --version
Python 2.7.10
```

　前述の通り、本書ではPython 3を取り扱うため、標準でインストールされているPython 2を使わずに、Python 3をインストールします。

Pyenvをインストールする

標準でインストールされているPython 2とここでインストールするPython 3を切り替えられるようにPyenvというPythonの各バージョンのインストールの実行や、複数のバージョンを切り替えて使うことができるツールを先にインストールします。Githubにある既存のリポジトリを複製して（Githubからクローンして）使います。

```
$ git clone https://github.com/yyuu/pyenv.git ~/.pyenv
```

.bash_profileを編集してパスを設定する

インストールした後はパスの設定が必要です。まず、.bash_profileがあるか確認します。cdコマンドでターミナルのホームディレクトリに移動します。

```
$ cd
```

ファイルの先頭にピリオドがあるファイルは隠しファイルなので、lsコマンドに-laのオプションを付けて、隠しファイルを表示します。ファイルが存在することが確認できました。

```
$ ls -la
total 104
drwxr-xr-x+  29 (user)   staff     986  6  9 08:34 .
drwxr-xr-x    6 root     admin     204  6  9 00:39 ..
-r--------    1 ユーザー名  staff       7  6  9 00:40 .CFUserTextEncoding
-rw-r--r--@   1 ユーザー名  staff   22532  7  3 08:48 .DS_Store
drwx------   90 ユーザー名  staff    3060  7  2 19:21 .Trash
drwxr-xr-x   11 ユーザー名  staff     374  1 13  2013 .android
-rw-------    1 ユーザー名  staff    4973  6  9 08:59 .bash_history
-rw-r--r--    1 ユーザー名  staff    1058  6  9 01:17 .bash_profile
(…中略…)
```

次のviコマンドを入力して、.bash_profileを編集します。

```
$ vi ~/.bash_profile
```

[i]キーを押して、インサートモードにして、.bash_profileにリスト3-1の3行を追加します。

```
export PYENV_ROOT="$HOME/.pyenv"
export PATH="$PYENV_ROOT/bin:$PATH"
eval "$(pyenv init -)"
```

リスト3-1：パスの設定

［esc］キーを押してインサートモードを解除し、次のコマンドを実行して、ファイルの変更を保存して終了します。viコマンドが終了して、ターミナルに戻ります。

```
:wq
```

なお、bash_profileを修正した後は、sourceコマンドで.bash_profileを読み込み直すかターミナルを起動し直します。

Pythonをインストールする

Pyenvを使う準備が整ったらまずはインストールすることができるPythonのバージョンを次のコマンドで確認します。

```
$ pyenv install --list
```

実行すると次のように表示されます。

```
$ pyenv install --list
Available versions:
  2.1.3
  2.2.3
(…中略…)
  3.5.2
  3.5.3
  3.6.0
  3.6-dev
  3.6.1
  3.6.2
(…中略…)
```

本書執筆時点（2017年7月現在）では3.6.2が正式版の最新なので3.6.2をインストールします。インストールするには次のように、pyenv install インストールしたいバージョンを入れて実行します。

```
$ pyenv install 3.6.2
```

インストールが完了したら次のコマンドでインストールされているPythonのバージョンを確認してみましょう。

> **ATTENTION** **Python のインストールでエラーが出た場合**
>
> 「BUILD FAILED (OS X 10.12 using python-build 20160602)」などのエラーが出た場合は、次のコマンドを実行して、xcode command line developer toolsをインストールしてください。その後、Pythonをインストールしてください。無事インストールできるはずです。
>
> ```
> $ xcode-select --install
> ```

```
$ pyenv versions
```

コマンドを実行すると次のように表示されます。

```
$ pyenv versions
* system (set by /Users/ユーザー名/.pyenv/version)
  3.6.2
```

左側に*が付いているバージョンが現在有効になっているPythonのバージョンになります。systemというのはmacOSに標準でインストールされているPythonのことです。これを新しくインストールしたバージョンに切り替えるには次のように実行します。

```
$ pyenv global 3.6.2
$ pyenv rehash
```

pyenv globalコマンドで切り替えたいバージョンを指定し、pyenv rehashコマンドで有効にします。コマンドを実行した後にバージョンが切り替わっているか確認してみましょう。

```
$ pyenv versions
  system
* 3.6.2 (set by /Users/ユーザー名/.pyenv/version)
```

これでPython 3のインストールは完了しました。

Linuxにインストールする

まずPythonのコンパイル時に必要なパッケージをインストールします。ディストリビューションによって異なるのでここではUbuntuとCentOSの場合を示します（リスト3-2、3-3）。

```
$ sudo apt-get install git gcc make openssl libssl-dev libbz2-dev ⏎
libreadline-dev libsqlite3-dev
```
リスト3-2：UbuntuでPythonのビルドに必要なパッケージをインストールするコマンド

```
$ sudo yum install gcc bzip2 bzip2-devel openssl openssl-devel readline ⏎
readline-devel
```
リスト3-3：CentOSでPythonのビルドに必要なパッケージをインストールするコマンド

macOSにインストールする場合（P.070）と同じくPyenvを使ってPython 3のインストールおよびバージョンの管理を行います。Pyenvのインストールは次のようにGithubからのクローンする形になります。

```
$ git clone https://github.com/yyuu/pyenv.git ~/.pyenv
```

クローンした後はパスの設定が必要になるので.bash_profileにリスト3-4の3行を追加します。

```
export PYENV_ROOT="$HOME/.pyenv"
export PATH="$PYENV_ROOT/bin:$PATH"
eval "$(pyenv init -)"
```
リスト3-4：パスの設定

Pyenvで最新のバージョンを確認してインストールして、インストールしたバージョンを有効にします。macOSの場合と詳細は同じなので省略します。

```
$ pyenv versions
$ pyenv global 最新のバージョン番号
$ pyenv rehash
```

03 Python基礎講座

開発に入る前にPythonの特徴的な対話型プログラミング（インタラクティブシェル）や、基本文法について簡単に解説します。

インタラクティブシェルとスクリプトファイルの実行

インタラクティブシェル

　Pythonには対話的にコードを実行する機能があります。言語を学ぶ時や新機能を試してみる時などに便利な機能です。引数なしでPythonコマンドを実行することでインタラクティブシェルという対話的にコードを実行するモードになります。

```
$ python
Python 3.6.2 (default, Jul  1 2017, 13:15:44)
[GCC 4.2.1 Compatible Apple LLVM 8.1.0 (clang-802.0.42)] on darwin
Type "help", "copyright", "credits" or "license" for more information.
```

　他の言語でもお馴染みのHelloWorldを出力してみましょう。Pythonにはprint関数があるのでこの関数でHelloWorldを出力してみます。インタラクティブシェルでprint("HelloWorld")と入力し[Enter]キーを押します。

```
>>> print("HelloWorld")
HelloWorld
```

　HelloWorldと出力されました。インタラクティブシェルを終了する際はexit()と入力するか[Ctrl]+[D]キーを押します。

```
>>> exit()
```

　この章では特に断りを入れない場合は基本的にインタラクティブシェルを使用します。

スクリプトファイルの実行

　インタラクティブシェルはとても便利ですが、実際にはPythonのソースコードを記述したファイル（スクリプトファイル）を指定して実行することのほうが多いです。先ほどのHelloWorldをスクリプトファイルに書いて、そのファイルを実行してみましょう。Pythonのスクリプトファ

イルの拡張子は.pyです。HelloWorld.pyという名前で保存しておきます(リスト3-5)。

```
print("HelloWorld")
```
リスト3-5：HelloWorld.py

スクリプトファイルを実行するにはpythonコマンドの後にファイル名を指定します。

```
$ python ファイル名
```

カレントディレクトリにあるHelloWorld.pyを実行する場合は次のようになります。なお、ここでは ./ を付けて、カレントディレクトリを明示的に指定しています。./ を付けなくてもカレントディレクトリにあれば実行できます(本書では以降、カレントディレクトリにある場合は付けていません)。

```
$ python ./HelloWorld.py
```

実行するとHelloWorld.pyに記述されたソースコードが実行されてHelloWorldと表示されます。

> **MEMO　カレントディレクトリ**
>
> macOSでPythonのスクリプトファイルを実行する場合、ターミナルが起動した際のカレントディレクトリ直下に置いておくと、すぐに実行できます。カレントディレクトリはターミナルを起動した時に表示される情報で確認できます。
>
> ```
> $ コンピュータ名:ディレクトリ名
> ```

コードの書き方

ステートメントの区切り

Pythonのステートメントの区切りは改行またはセミコロン「;」になります。例えば、リスト3-6、3-7の2つのコードは同じものとなります。

```
a = 5
b = 10
print(a + b)
```
リスト3-6：改行で区切る

```
a = 5; b = 10; print(a + b)
```
リスト3-7：セミコロンで区切って1行にまとめる

どちらを実行しても15が出力されます。ただ、1行に複数のステートメントを記述すると読みづらくなるため特別な理由がない限りは改行で区切ったほうがよいでしょう。

1つのステートメント自体が長くなり見づらくなるため改行したい場合もあります。その場合はバックスラッシュ「\」を使ってステートメントの途中で改行することができます(リスト3-8)。

```
a = 2 + 4 + 8 + \
16 + 32 + 64
print(a)
```

リスト3-8：バックスラッシュを使ってステートメントの途中で改行する(Chapter3-8.py)

```
$ python Chapter3-8.py
126
```

コメント

コメントは「#」に続けて書きます。

```
# 初期化処理
min = 5  # 取り得る最小値
max = 10 # 取り得る最大値
```

複数行のコメントは3個続けたダブルクォーテーションまたはシングルクォーテーションで囲みます。

```
a= 5
"""
複数行の
コメントアウト
"""
b = 10
```

本来3個続けたダブルクォーテーション、またはシングルクォーテーションで囲まれたものは複数行の文字列という扱いです。Pythonに複数行のコメントアウトの仕組みはないのですが、「コードの中に記述された文字列は実行に影響を及ぼさない」という仕様のため複数行のコメントとして利用されています。

数値型

整数（int）、浮動小数点数（float）、複素数（complex）

Pythonの数値型には整数(int)、浮動小数点数(float)、複素数(complex)の3種類があります。数値型を扱う上で注意する点が2つあります。

- 整数と浮動小数点数との計算結果は浮動小数点数になる
- 整数と整数の割り算の計算結果は浮動小数点数になる

> **MEMO 切り捨てた整数を得るには**
> //演算子を使うことで、割り算の結果として、小数点以下を切り捨てた整数を得ることができます。

複素数を扱うことができる言語は珍しいかもしれません。数学では虚数単位をiで表記することが一般的ですが、Pythonではjを使い (1+2j) のように表します。

```
a = (1 + 2j)
```

数値演算子

数値演算子には表3-1のようなものがあります。

演算子	説明
+	足し算
-	引き算
*	掛け算
/	割り算
//	切り捨て割り算
**	べき乗

表3-1：数値演算子

文字列

　Pythonでは文字列をstr型とbytes型の2種類の型で扱います。str型はUnicode文字列を、bytes型はバイト列で文字列を扱います。基本的には文字列操作はstr型で行い、ファイルへの読み書きやネットワークへの読み書きはbytes型で行います。

検索する

　指定した文字列を検索して個数を返すcountメソッドと、最初に見つけたインデックス（位置）を返すfindメソッドがあります。それぞれ開始位置、終了位置を指定することもできます。両方とも省略した場合は文字列すべてから、終了位置を省略した場合は指定した開始位置から文字列の終わりまで検索します（リスト3-9、3-10）。

```
count("検索する文字列")
count("検索する文字列", 開始位置)
count("検索する文字列", 開始位置, 終了位置)
```
リスト3-9：文字列が含まれる個数を返すcountメソッド

```
find("検索する文字列")
find("検索する文字列", 開始位置)
find("検索する文字列", 開始位置, 終了位置)
```
リスト3-10：文字列を検索してインデックスを返すfindメソッド

　countメソッドを使って文字列の中にoという文字が何個あるか検索してみます。

```
>>> string = "Python is one of the programming languages"
>>> string.count("o")
4
```

　10文字目から検索すると結果が変わります。

```
>>> string.count("o", 10)
3
```

　次にfindメソッドでインデックスを調べてみましょう。

```
>>> string.find("o")
4
```

　インデックスは0から始まるため、最初にoが見つかるのは5文字目ということになります。指定した文字列が見つからなかった場合は-1を返します。

```
>>> string.find("x")
-1
```

大文字・小文字に変換する

str型にはupperメソッドとlowerメソッドがあり、それぞれ名前の通り大文字と小文字に変換することができます。

```
>>> string = "aBc"
>>> string.upper()
'ABC'
>>> string.lower()
'abc'
>>> print(string)
aBc
```

> **ATTENTION 変換した文字列を戻り値として返す**
>
> 上記リストの最後のprint(string)がaBcを返しているようにupperメソッドもlowerメソッドもそのオブジェクト自体を変換するのではなく、変換した文字列を戻り値として返すことに注意しましょう。

分割

splitメソッドで区切り文字を指定して文字列を分割することができます（リスト3-11）。

```
split("区切り文字")
```
リスト3-11：指定した区切り文字で分割するsplitメソッド

splitメソッドを使うシーンの1つとしてCSVファイルを処理する時にカンマ「,」で分割するということが挙げられます。

```
>>> string = "one,two,three"
>>> string.split(",")
['one', 'two', 'three']
```

splitメソッドによってone、two、threeという文字列がカンマで区切られて分割され後述するリストとして返されます。

結合

Pythonで文字列を結合する一番簡単な方法は＋演算子を使うことです。

```
>>> a = "Hello"
>>> b = "World"
>>> a + b
'HelloWorld'
```

リストのjoinメソッドで指定した区切り文字を挟みながら結合することもできます。CSVファイルとして出力する際などに役立ちます。

```
>>> array = ["one", "two", "three"]
>>> ",".join(array)
'one,two,three'
```

データ構造

データ構造のリスト

先ほどの文字列のところでも解説しましたが、他の言語で言う「配列」と似た役割を持つのがデータ構造のリストです。データ構造のリストの要素にはインデックスで参照したり更新したりすることができます。

```
>>> array = ['one', 'two', 'three']
>>> array[1]
'two'
```

要素に複数の型を混在させることもできます。

```
>>> array = ['one', 2, 'three']
```

他の言語と異なる点として、*演算子を使うことで要素を繰り返すデータ構造のリストを簡単に作成することが挙げられます。

```
>>> array = [0]*10
>>> print(array)
[0, 0, 0, 0, 0, 0, 0, 0, 0, 0]
```

データ構造のリストの要素数は組込み関数であるlenを使うことで確認できます。

```
>>> array = ['one', 2, 'three']
>>> len(array)
3
```

リストの末尾に要素を追加する場合はappendメソッド、指定した位置に挿入する場合はinsertメソッドを使います。

```
>>> array = ['one', 2, 'three']
>>> array.append(4)
>>> print(array)
['one', 2, 'three', 4]
```

insertメソッドは第1引数に挿入したいインデックスを指定し、第2引数に挿入する要素を指定します。

```
>>> array = ['one', 2, 'three']
>>> array.insert(1, 1.5)
>>> print(array)
['one', 1.5, 2, 'three']
```

タプル

Pythonではタプルも扱うことができます。タプルはリストのように複数の要素から構成され要素が順に並んでいるものです。ただし、リストと異なり一度生成された後は要素を変更できません。

タプルは(要素,要素,…)のように記述します。要素が1つしかない場合は次のように最後にカンマを記述する必要があります。

```
num = (5,)
```

要素を変更することはできないため次のように要素に値を代入するとエラーになります。

```
>>> num = (5,10,15)
>>> num[0] = 3
Traceback (most recent call last):
  File "<stdin>", line 1, in <module>
TypeError: 'tuple' object does not support item assignment
```

制御構文

条件分岐：if

if文で条件分岐を行うことができます。他の言語と違う特徴的なところは{}でスコープを表すのではなく、インデントで表している点です。Pythonにおけるインデントは、ソースコードを読みやすくするだけでなく（リスト3-12）、スコープを表すという重要な役割を持っています（リスト3-13）。

リスト3-12：一番シンプルなif文

リスト3-13：複数条件のあるif文

条件式には表3-2の式を使うことができます。

式	説明
a == b	aとbが等しい場合に真
a != b	aとbが等しくない場合に真
a < b	aがbより小さい場合に真
a <= b	aがb以下の場合に真
a > b	aがbより大きい場合に真
a >= b	aがb以上の場合に真
a and b	aとbの両方が真の場合に真
a or b	aもしくはbの一方でも真の場合に真
not a	aが偽の場合に真
a is b	aとbが同じオブジェクトの場合に真
a is not b	aとbが異なるオブジェクトの場合に真

表3-2：条件式

Pythonの条件式の特徴的なところは、空文字 ""、空リスト []、空タプル () も偽としてみなすところです。

繰り返し：for、while

繰り返しを行う制御文にはfor文(リスト3-14)とwhile文(リスト3-15)があります。それぞれの繰り返し処理の中で、繰り返しのループを抜けるbreak文とループの先頭に戻って繰り返すcontinue文を使うことができます。

```
for 変数 in リスト/タプル/文字列など:
    処理
else:
    最後に行う処理
```

リスト3-14：for文

```
while 条件式:
    処理
else:
    最後に行う処理
```

リスト3-15：while文

データ構造のリストをfor文で繰り返し処理をする場合はリスト3-16のように記述します。

```
for x in [1,2,3]:
    print(x)
```

リスト3-16：for文で繰り返し処理をする場合

単純に指定した回数だけ実行したい場合もあります。その場合はrange関数を使います(リスト3-17)。

```
for x in range(5):
    print(x) # 0から4まで順に出力される
```

リスト3-17：指定した回数だけ実行したい場合

関数とクラス

関数

関数の定義にはdef文を使います。なお、インデントがスコープを表すことを忘れないようにしましょう（リスト3-18）。

```
def 関数名():
    # 処理を記述
```
リスト3-18：関数の定義

他の言語と同じく引数の指定も、戻り値として値を返すこともできます。デフォルト引数も指定できます（リスト3-19）。

```
def sum(a, b=0):
    result = a + b
    print(result)
    return result


result = sum(2,3)  # 5が出力され、戻り値として5を受け取る
```
リスト3-19：引数の指定の例

Pythonの関数では引数や戻り値の型を指定することはできません。ただし、リスト3-20のように注釈（型アノテーション）を付けることができます。

```
def sum(a: int, b: int) -> int:
    result = a + b
    print(result)
    return result


result = sum(2,3)  # 5が出力され、戻り値として5を受け取る
```
リスト3-20：注釈の指定の例

ATTENTION　アノテーションについて

アノテーションはあくまでコメントのようなもので、実行時にはチェックされないので注意が必要です。アノテーションを付けることで、エディタによってはソースコードを記述した際に警告が出たり、入力の補完に型の情報が使われたりするので便利です。

クラス

class文でクラスを定義します（リスト3-21）。クラスには変数とメソッドを定義することができます。特徴的な点は第1引数にselfを取ることです。ただし、メソッドを呼び出す時にはselfを指定せずに呼び出します。コンストラクタは__init__という特別な名前を使います。

```python
class Shop:
    name = ""
    businessHours = ""
    def __init__(self,name,businessHours):
        self.name = name
        self.businessHours = businessHours
    def detail(self):
        print("店名: " + self.name + " 営業時間: " + self.businessHours)

shop = Shop("かどや", "9:00-19:00")
shop.detail() # 店名: かどや 営業時間: 9:00-19:00 と出力される
```
リスト3-21：クラスの定義

クラスを継承する際はリスト3-22のように記述します。

```python
class BookStore(Shop)
```
リスト3-22：クラスの継承

モジュール

モジュールとは他のプログラムから再利用できるようにした複数のクラスや関数をまとめたものです。1つのモジュールは1つのPythonファイルに対応しています。モジュールを読み込むにはリスト3-23のようにファイルの先頭に記述します。

```
import モジュールファイル名
```
リスト3-23：モジュールのインポート

またモジュールの中の特定の関数やクラスだけを読み込むことも可能でリスト3-24のように記述します。これはmathモジュールからcos、sin、tanだけを読み込むという記述です。

```
from math import cos,sin,tan
```
リスト3-24：mathモジュールから特定の関数の読み込み

Chapter 4 スクレイピングの基本

ここではPythonのライブラリを利用したスクレイピングの概要と、実際のスクレイピング、そして収集したデータをデータベースに保存して解析するまでの基本的な流れを解説します。

01 ライブラリのインストール

Pythonにはプログラミングを手助けしてくれる便利なライブラリが数多くあります。ここではPythonで使うライブラリをインストールする方法について紹介します。

pipを使ってライブラリをインストールする

pipとは

Pythonにはpipと呼ばれるパッケージ管理システムが存在します。Pythonは標準のライブラリも充実していますがサードパーティー製の強力なライブラリを使う場合はpipを使ってライブラリをインストールします。

以前はpip自体をインストールする必要がありましたが、Python 3.4以降では標準で付属するようになりました。そのためPythonをインストールしていればすぐにpipを使うことができます。

もしpipコマンドが認識しない場合は、次のコマンドでpipをインストールしてください。

```
$ sudo easy_install pip
```

ライブラリをインストールする

pipの使い方はとてもシンプルです。macOSのHomebrewやLinuxのaptなどと同じ感覚で利用できます。次のようにpip installコマンドの後にライブラリ名を指定して、インストールします。

```
$ pip install ライブラリ名
```

バージョンを指定して、インストールすることもできます。次のようにライブラリ名の後に==バージョン番号と指定します。

```
$ pip install ライブラリ名==バージョン番号
```

install以外にも、後述するsearch、freezeなどのコマンドがあります。pip helpコマンドを実行することで、どのようなコマンドがあるか確認できます。

pip installコマンドでインストールできるライブラリを検索する

pip installコマンドでインストールできるライブラリはPyPI - the Python Package Index（図4-1）で検索することができます。

図4-1：PyPI - the Python Package Index
URL https://pypi.python.org/pypi

他の方法としては次のようにpip searchコマンドで検索する方法もあります。

```
$ pip search 検索ワード
```

例えば次のようにpip searchコマンドを実行すると、RSSに関するライブラリを検索した結果が表示されます。

```
$ pip search RSS
PyChess-Anderssen (0.12.3)      - Chess client
anderssontree (0.1.0)           - Package provides Andersson Tree
                                  implementation in pure Python.
weather-api (0.0.2)             - A Python wrapper for the Yahoo Weather
                                  XML RSS feed.
atomrss (0.1)                   - Atom and RSS parser
aws.authrss (2.0.1)             - Private Plone RSS feeds through a user
                                  private token
(…中略…)
 yweather (0.1.1)               - a Python module that provides an
                                  interface to the Yahoo! Weather RSS
                                  feed.
zenfeed (0.4.0)                 - Zen RSS feed reader.
zgeo.atom (0.4.1)               - Atom syndication and AtomPub with
```

zgeo.plone.atom (0.2)	GeoRSS - Plone specific Atom syndication with GeoRSS

インストールされているライブラリを表示する

インストールされているライブラリを表示するには、pip freezeコマンドを使います。

```
$ pip freeze
```

pip freezeコマンドを実行するとライブラリ名とインストールされているバージョンの一覧が表示されます。

```
$ pip freeze
Keras==1.2.2
numpy==1.13.0
PyYAML==3.12
scipy==0.19.0
six==1.10.0
Theano==0.9.0
```

筆者の環境でインストールしているライブラリとそのバージョン

02 Webページをスクレイピングする

Webページをスクレイピングする際、Pythonのライブラリを利用すると効率よく行うことができます。

ライブラリをインストールする

Requests、lxml、cssselect

ここではRequestsとlxmlとcssselectの3つのライブラリを使います。

RequestsはsimpleにWebページを取得することができるライブラリです。人が使いやすいように作られた、エレガントでシンプルなPythonのHTTPライブラリということを謳っています。

・**Requests**
URL http://requests-docs-ja.readthedocs.io/en/latest/

lxmlはC言語で書かれたlibxml2とlibxsltのPythonバインディングで柔軟なxml/html操作を可能とするライブラリです。

・**lxml**
URL http://lxml.de/

cssselectは名前の通りCSSセレクターのライブラリです。

・**cssselect**
URL https://pypi.python.org/pypi/cssselect

この3つを使うことでXPathとCSSセレクターでHTMLから要素を抜き出すことができます。それぞれpip installコマンドインストールしておきましょう。

```
$ pip install requests
$ pip install lxml
$ pip install cssselect
```

Web上のリソースを取得する

RequestsでWeb上のリソースを取得する

　PythonはURLを指定してリソースを取得するurllibというモジュールがあります。単純にWebページを取得するだけであれば簡単にできるのですが、HTTPヘッダーに情報を付与してアクセスしたり、BASIC認証など少し凝ったことをしようとすると、途端に手間がかかってしまうという欠点があります。

　Requestsには次のようにHTTPメソッドに対応するメソッドが用意されています。

```
$ python    #インタラクティブシェルを起動する
>>> import requests
>>> requests.get("URL")          任意のURLを入力(以下同じ)
>>> requests.post("URL")
>>> requests.put("URL")
>>> requests.delete("URL")
>>> requests.head("URL") # headerの取得
```

　GETメソッドでパラメーターを付与する場合は、次のようにgetメソッドのparamsキーワード引数に指定します。

```
>>> import requests
>>> requests.get("URL", params={"key1" : "value1", "key2" : "value2"})
```

　APIを呼び出す時に使うことの多いPOSTでbodyにJSONエンコードされたパラメーターを載せるということも簡単にできます。標準のJSONモジュールを使ってJSONエンコードしたものを、次のようにdataキーワード引数に指定します。

```
>>> import json
>>> import requests
>>> requests.post("URL", data=json.dumps({"key1" : "value1", "key2" : "value2"}))
```

Requestsのレスポンス

　取得するメソッドの次は取得した後のレスポンスについて解説します。ここではLivedoor社が提供している、無料でも利用できる気象情報配信サービス「Weather Hacks」のWeb APIをRequestsでアクセスして、情報を取得してみます。

・**Weather Hacks**
　URL http://weather.livedoor.com/weather_hacks/

　まずは取得が正常に終了したかどうか、ステータスコードの確認方法です。GETなどの戻り値はResponseクラスとなっています。メンバ変数status_codeにアクセスすることで、ステータスコードを取得できます。

```
>>> import requests
>>> r = requests.get("http://weather.livedoor.com/forecast/webservice/json/
v1?city=130010")
>>> r.status_code
200
```

　肝心のレスポンスのbodyにはbyte型で取得する場合にはメンバ変数contentに、str型にデコードされたものを取得したい場合はメンバ変数textにアクセスします。

```
>>> r.text
'{"pinpointLocations":[{"link":"http://weather.livedoor.com/area/
forecast/1310100","name":"\\u5343\\u4ee3\\u7530\\u533a"},{"link":"http://
weather.livedoor.com/area/forecast/1310200","name":"\\u4e2d\\u592e\\
u533a"},{"link":"http://weather.livedoor.com/area/forecast/1310300","name":
"\\u6e2f\\u533a"},{"link":"http://weather.livedoor.com/area/forecast/
1310400","name":"\\u65b0\\u5bbf\\u533a"},{"link":"http://weather.livedoor.
com/area/forecast/1310500","name":"\\u6587\\u4eac\\u533a"},{"link":"http://
weather.livedoor.com/area/forecast/1310600","name":"\\u53f0\\u6771\\u533a"},
{"link":"http://weather.livedoor.com/area/forecast/1310700","name":"\\u58a8
\\u7530\\u533a"},{"link":"http://weather.livedoor.com/area/forecast/
1310800","name":"\\u6c5f\\u6771\\u533a"},{"link":"http://weather.livedoor.
com/area/forecast/1310900","name":"\\u54c1\\u5ddd\\u533a"},
(…以下略…)
```

JSONのパース

Responseクラスにはjsonという便利なメソッドが用意されています。bodyのJSONをパース(解析)して辞書型にしてくれるメソッドです。気象情報配信サービス「Weather Hacks」のAPI仕様は、次のようになります。

・お天気Webサービス仕様
 URL http://weather.livedoor.com/weather_hacks/webservice

JSONをパースして、天気概要文を取得してみましょう。

```
>>> json = r.json()
>>> json["description"]["text"]
' 関東甲信地方は、気圧の谷となっています。\n\n【関東甲信地方】\n 関東甲信地方は曇りで、関東地方北部や甲信地方では雨の降っている所が\nあります。\n\n 29日は、湿った空気の影響により曇りや雨となり、雷を伴い激しく降る\n所があるでしょう。\n\n 30日は、湿った空気の影響により曇りや雨となり、雷を伴い激しく降る\n所がある見込みです。\n\n 関東近海では、30日にかけてうねりを伴いしけるでしょう。また、所々\nで霧が発生しています。船舶は高波や視程障害に注意してください。\n\n【東京地方】\n 29日は、曇りで、昼過ぎから雨の降る所があるでしょう。東京都では高\n温が予想されます。熱中症などの健康管理に注意してください。\n 30日は、曇りで、昼前までは雨の降る所がある見込みです。'
>>>
```

XPathとCSSセレクター

XPathの正式名称はXML Path Languageで、標準化団体W3Cにより開発されたマークアップ言語であるXMLに準拠した文書の特定の部分を指定する言語です。2014年にバージョン3.0が勧告されました。公式のドキュメントはXML Path Language (XPath) 3.0にて公開されています。

・XML Path Language (XPath) 3.0
 URL https://www.w3.org/TR/xpath-30/

XPathで要素を指定する

例えば、リスト4-1のようなHTMLソースがあるとします。

```
<html>
  <body>
    <h1>書籍</h1>
```

```
    <div class="book">
      <p class="title">入門Python</p>
      <a href="/book/detail/9784798152530">
    </div>
  </body>
</html>
```
リスト4-1：HTMLソースの例

このHTMLソースのh1要素の位置をXPathでは次のように表します。

```
/html/body/h1
```

この位置のことをロケーションパスと言います。ディレクトリのパスを辿るのと同じように「html要素」→「body要素」→「h1要素」と辿っていくので、このような表現をすると考えれば理解することは容易かと思います。

これは絶対パスの表記で、XPathには相対表記も存在します。先頭にスラッシュがなければ相対パスの表記です。カレントがh1タグの位置とすると、1つ上の階層のbodyの位置は次のようになります。これもコンソールでディレクトリを操作する場合と同じです。

```
../
```

先頭が//の場合は特殊で全要素が対象になります。例えば//divとするとHTMLソース内の全divを指定することになります。

CSSセレクターで要素を指定する

WebページやWebアプリを開発したことがある人には馴染みがあるものですが、CSSセレクターでは、同じHTMLソースの場合、次のように指定します。

```
html > body > h1
```

クラス名を指定する場合は．の後にクラス名、id名を指定する場合には＃の後にid名を付けます。

```
.クラス名
#id名
```

HTMLソースを解析する

それではXPathとCSSセレクターを使って、WebページのHTMLソースを解析してみましょう。次の翔泳社の書籍詳細のページを解析します。

・**iPhone & Androidアプリ内課金プログラミング完全ガイド 第2版**
　URL http://www.shoeisha.co.jp/book/detail/9784798146072

このページから書籍のタイトルを抜き出します（図4-2）。

図4-2：書籍詳細ページから書籍のタイトルを抜き出す

> **MEMO　macOSの右クリック**
>
> macOSの場合、設定やマウスによって右クリックができない場合があります。そのような時は、[control]キーを押しながらクリックしてください。

抜き出したい要素のXPathとCSSセレクターを取得する

Chapter 1でスクレイピングした時と同様に、ここでもChromeのデベロッパーツールを使います。Chromeのデベロッパーツールには、選択した要素のXPathおよびCSSセレクターを取得する機能があります。

先ほどのURLをChromeで表示して、書籍タイトルの箇所を右クリックします。コンテキストメニューから[検証]を選択するとデベロッパーツールが起動して、該当箇所が選択された状態になります（図4-3）。もしくは先にデベロッパーツールを起動して、ソースコードの中から該当箇所を探し出して選択します。ただし、初めてスクレイピングを試みる場合など、該当ページのHTMLソースの構造を理解していない場合は、前者の方法を用いるほうがよいでしょう。

図4-3：タイトルの要素を選択する

要素を選択している状態で右クリックして(図4-4①)、コンテキストメニューを開きます。[Copy]を選択すると(図4-4②)、その先のメニューに[Copy selector](図4-4③)と[Copy XPath](図4-4④)があります。それぞれ選択すると、クリップボードに選択している要素のCSSセレクターとXPathがコピーされます。

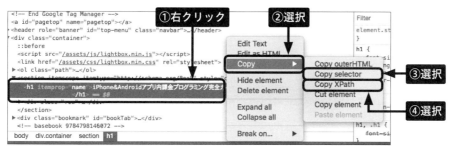

図4-4：要素のコンテキストメニューからXPathとCSSのセレクターを取得する

それぞれ次のようにクリップボードにコピーされます。

- XPath

  /html/body/div[1]/section/h1

- CSSセレクター

  body > div.container > section > h1

lxmlでスクレイピング

前述の通りlxmlは柔軟なxml/html操作を可能とするライブラリです。

まずは必要なモジュールをインポートします。lxmlにはいくつかのサブモジュールがありま

すが、HTMLソースをパースする場合は、lxml.htmlを使用します。

```
>>> import requests
>>> import lxml.html
```

まずはRequestsを使ってページのHTMLソースを取得します。URLを指定して、getメソッドを呼び出します。戻り値のResponseクラスのメンバ変数textでHTMLソースを取得できるので、ここではわかりやすいように一度変数に入れておきます。

```
>>> r = requests.get("http://www.shoeisha.co.jp/book/detail/9784798146072")
html = r.text
```

取得したHTMLソースをlxmlで扱うHtmlElementクラスのオブジェクトに変換します。引数にHTMLソースを指定してfromstringメソッドを呼び出すことで、ルートのHtmlElementオブジェクトを得ることができます。

```
>>> root = lxml.html.fromstring(html)
```

HtmlElementクラスのXPathメソッドでXPathを指定して、要素を取得します。具体的には、先ほどのChromeのデベロッパーツールで調べた書籍タイトルの要素のXPathを指定します。ここでは、たまたま唯一の要素になりますが、XPathで指定した要素が毎回1つとは限らないので、レスポンスはリストになります。

```
>>> titleH1 = root.xpath("/html/body/div[1]/section/h1")
```

取得した要素(h1タグ)のテキストが書籍タイトルになるので、HtmlElementクラスのメンバ変数を出力します。

```
>>> print(titleH1[0].text)
iPhone&Androidアプリ内課金プログラミング完全ガイド 第2版
```

テキストの他にはタグ名、タグの要素なども取得できます。

```
>>> titleH1[0].tag
'h1'
>>> titleH1[0].attrib
{'itemprop': 'name'}
```

次にCSSセレクターを使ってスクレイピングしてみましょう。画面中央の問い合わせを選択して表示されるリンクのURLを取得してみます(図4-5)。

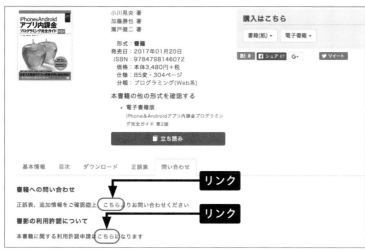

図4-5：問い合わせのリンク先

　該当箇所のソースコードはリスト4-2の通りで、これらの要素のCSSセレクターは #qa > p > a となることがわかります。idがqaのブロックの中にpタグがあり、そのpタグの中のaタグが探している要素です。

```html
<!-- QA -->
  <div class="tab-pane article" id="qa">
        <h3>書籍への問い合わせ</h3>
    <p>正誤表、追加情報をご確認の上、<a href="https://
www.shoeisha.co.jp/book/qa/form/9784798146072">こちら</a>よりお問い合わせください</p>
        <h3>書影の利用許諾について</h3>
    <p>本書籍に関する利用許諾申請は<a href="https://
www.shoeisha.co.jp/book/apply/9784798146072">こちら</a>になります
</p>
        </div>
```

リスト4-2：該当箇所のソースコード

　CSSセレクターで要素を取得するには、HtmlElementクラスのcssselectメソッドを使います。ルートのオブジェクトを代入しているroot変数に #qa > p > a を指定して、cssselectメソッドを呼び出します。

```
>>> qaA = root.cssselect("#qa > p > a")
```

リンク先を得たいので、aタグのhref要素にアクセスします。該当する要素がリストで返ってきているので、for文を使ってhref要素のリンク先を表示させます。

```
>>> for aTag in qaA:
...     print(aTag.attrib["href"])           ここにインデントを入れる
...                                          ここで[Return]キーを押す
https://www.shoeisha.co.jp/book/qa/form/9784798146072
https://www.shoeisha.co.jp/book/apply/9784798146072
```

リンク先が表示されたら、最後にもう一度ここで処理内容をコメント付きで確認しておきましょう（リスト4-3）。

```python
import requests
import lxml.html

# HTMLソースを得る
r = requests.get("http://www.shoeisha.co.jp/book/detail/9784798146072")
html = r.text

# HTMLをHtmlElementオブジェクトにする
root = lxml.html.fromstring(html)

# XPathを指定して該当する要素のリストを得る
titleH1 = root.xpath("/html/body/div[1]/section/h1")

# リストの1番目のテキストを表示する
print(titleH1[0].text)

# CSSセレクターで該当する要素のリストを得る
qaA = root.cssselect("#qa > p > a")

## forループで回して取得した要素のhref要素を表示する
for aTag in qaA:
    print(aTag.attrib["href"])
```

リスト4-3：Chapter4-1.py

なお、lxmlの他の機能はAPIドキュメントで確認できます。

・**lxml API ドキュメント**
　URL http://lxml.de/api/index.html

03 RSSをスクレイピングする

ここではRSS（RDF Site Summary、またはRich Site Summary）のデータをスクレイピングしてみましょう。

ライブラリのインストール

feedparser

RSSのパースにはfeedparserを使います。

・feedparser
URL https://pythonhosted.org/feedparser/

feedparserはRSSフィードのRSS 1.0、RSS 2.0、Atomなどの複数の仕様を吸収して、スクレイピングする便利なライブラリです。pip installコマンドでインストールしておきます。

```
$ pip install feedparser
```

XMLを解析する

RSSは次の翔泳社の新刊情報を使います。

```
http://www.shoeisha.co.jp/rss/index.xml
```

このURLにアクセスすると次のようなRSSの仕様に沿ったレスポンスが返ってきます。

> ATTENTION　レスポンスの内容について
>
> 新刊情報のため、アクセスする時期によって得られる内容は異なります。

```xml
<?xml version="1.0" encoding="UTF-8"?>
<rss xmlns:content="http://purl.org/rss/1.0/modules/content/" xmlns:wfw="http://wellformedweb.org/CommentAPI/" xmlns:dc="http://purl.org/dc/elements/1.1/" xmlns:atom="http://www.w3.org/2005/Atom" xmlns:sy="http://purl.org/rss/1.0/modules/syndication/" xmlns:slash="http://purl.org/rss/1.0/modules/slash/" version="2.0">
	<channel>
		<title>翔泳社　お知らせ</title>
		<description>翔泳社　お知らせ</description>
		<link>http://www.shoeisha.co.jp/rss/index.xml</link>
		<pubdate>Sun, 30 Jul 2017 21:27:37 +0900</pubdate>
		<item>
			<title>『みんなの暮らし日記　家事をシンプルに楽しむための、ちょっとしたこと。』売れ行き好調につき、発売たちまち重版決定!!</title>
			<author>翔泳社</author>
			<link>http://www.shoeisha.co.jp/press/detail/366</link>
			<pubDate>Fri, 28 Jul 2017 14:00:00 +0900</pubDate>
			<description>
				<![CDATA[
					株式会社翔泳社(本社:東京都新宿区舟町5、社長:佐々木幹夫)は、書籍『みんなの暮らし日記　家事をシンプルに楽しむための、ちょっとしたこと。』(2017年7月18日発売)が売れ行き好調につき、早々と重版を決定いたしました。<br>
					<br>
					<div align="center"><img src="https://www.atpress.ne.jp/releases/134483/img_134483_1.jpg" alt="『みんなの暮らし日記　家事をシンプルに楽しむための、ちょっとしたこと。』(翔泳社)" style="max-height:363px;"></div>
					<br>
					<br>
					本書は、家事と暮らしを楽しんでいる大人気ブロガーさんとインスタグラマーさんによる、今日から参考にしたい役立ちアイデアとコツ、家事のやる気のスイッチを押してくれるような日々のあれこれ話がたっぷり収録されています。これらの内容が支持された結果、好調な売れ行きをみせています。そのため早々と重版が決定いたしました。<br>
					<br>
					■書籍概要<br>
					『みんなの暮らし日記　家事をシンプルに楽しむための、ちょっとしたこと。』<br>
					編集:みんなの日記編集部<br>
					発売日:2017年7月18日<br>
					ISBN:978-4-7981-5003-1<br>
					定価:1,380円(税別)<br>
```

```
                        判型:B5変・152ページ<br>
                        詳細:<a href="https://www.seshop.com/product/detail/20302/↵
" target="_blank">https://www.seshop.com/product/detail/20302/</a><br>
                        <br>
                        ■主要取扱い書店<br>
                        紀伊國屋書店／丸善ジュンク堂書店／有隣堂／三省堂書店／旭屋書店／未来屋書↵
店／くまざわ書店<br>
                        ]]>
                </description>
        </item>
    </channel>
</rss>
```

feedparserの使い方はとても簡単です。parseメソッドにURLを指定して呼び出すことで、RSSフィードを取得してパースまで行ってくれます。

```
>>> import feedparser
>>> rss = feedparser.parse("http://www.shoeisha.co.jp/rss/index.xml")
>>> print(rss)
```

レスポンスはFeedParserDictオブジェクトですが通常の辞書型のように扱うことができます。フィードの情報はfeedキーにアクセスすることで得ることができます。

```
>>> rss["feed"]
{'title': '翔泳社 お知らせ', 'title_detail': {'type': 'text/plain', 'language': ↵
None, 'base': 'http://www.shoeisha.co.jp/rss/index.xml', 'value': '翔泳社 お知↵
らせ'}, 'subtitle': '翔泳社 お知らせ', 'subtitle_detail': {'type': 'text/html', ↵
'language': None, 'base': 'http://www.shoeisha.co.jp/rss/index.xml', 'value'↵
: '翔泳社 お知らせ'}, 'links': [{'rel': 'alternate', 'type': 'text/html', 'href': ↵
'http://www.shoeisha.co.jp/rss/index.xml'}], 'link': 'http://www.shoeisha.↵
co.jp/rss/index.xml', 'published': 'Sun, 30 Jul 2017 21:45:55 +0900', ↵
'published_parsed': time.struct_time(tm_year=2017, tm_mon=7, tm_mday=30, ↵
tm_hour=12, tm_min=45, tm_sec=55, tm_wday=6, tm_yday=211, tm_isdst=0)}
```

フィードのタイトルには次のようにアクセスします。

```
>>> rss["feed"]["title"]
'翔泳社 お知らせ'
```

肝心のRSSのエントリー（item要素）には次のようにアクセスします。

```
>>> rss["entries"]
{'title': '『みんなの暮らし日記　家事をシンプルに楽しむための、ちょっとしたこと。』売れ行き好調につき、
発売たちまち重版決定!!', 'title_detail': {'type': 'text/plain', 'language': None,
'base': 'http://www.shoeisha.co.jp/rss/index.xml', 'value': '『みんなの暮らし日記
家事をシンプルに楽しむための、ちょっとしたこと。』売れ行き好調につき、発売たちまち重版決定!!'},
'authors': [{'name': '翔泳社'}], 'author': '翔泳社', 'author_detail': {'name':
'翔泳社'}, 'links': [{'rel': 'alternate', 'type': 'text/html', 'href':
```

新刊情報のエントリーのタイトルとURLを表示してみます。

```
>>> for content in rss["entries"]:
...     print(content["title"])
...     print(content["link"])
...
『みんなの暮らし日記　家事をシンプルに楽しむための、ちょっとしたこと。』売れ行き好調につき、発売たちまち重版
決定!!
http://www.shoeisha.co.jp/press/detail/366
夏サミ2017記念「エンジニア応援eBookセール」
翔泳社の300タイトル以上が最大55%OFF
http://www.shoeisha.co.jp/press/detail/365
「神の一手」はどのようにして生まれたのか？　『最強囲碁AI　アルファ碁　解体新書　深層学習、モンテカルロ木探
索、強化学習から見たその仕組み』
http://www.shoeisha.co.jp/press/detail/364
翔泳社、「SHOEISHA iD」をリリース～会員制度をリニューアルし、より良いユーザー体験の創出を目指す～
http://www.shoeisha.co.jp/press/detail/363
累計37万部の人気書籍「みんなの日記」シリーズ最新刊『みんなの暮らし日記　家事をシンプルに楽しむための、
ちょっとしたこと。』
http://www.shoeisha.co.jp/press/detail/362
『家電製品教科書　スマートマスター　テキスト&問題集スマートハウスと家電のスペシャリスト』最短合格を目指せ
る、スマートマスター試験対策書!
http://www.shoeisha.co.jp/press/detail/361
翔泳社が新オンラインメディア「IT人材ラボ」をスタート――
http://www.shoeisha.co.jp/press/detail/360
暮らしを大切に、毎日を楽しみたい人に。累計37万部の人気書籍シリーズからデジタルメディアオープンを記念して
『みんなの暮らし日記ONLINE2017　ワークショップ』開催!!
http://www.shoeisha.co.jp/press/detail/359
『アジャイル時代のオブジェクト脳のつくり方
Rubyで学ぶ究極の基礎講座』
http://www.shoeisha.co.jp/press/detail/358
```

```
第7回 CPU大賞の発表
http://www.shoeisha.co.jp/press/detail/357
累計37万部の人気書籍シリーズが満を持してデジタルメディアへ　みんなの暮らし日記ONLINEオープン
http://www.shoeisha.co.jp/press/detail/356
図解でパパッとわかる決定版『インバウンドビジネス集客講座』
http://www.shoeisha.co.jp/press/detail/355
『アルゴリズム図鑑　絵で見てわかる26のアルゴリズム』
http://www.shoeisha.co.jp/press/detail/354
『プログラマのためのGoogle Cloud Platform入門
サービスの全体像から
クラウドネイティブアプリケーション構築まで』
http://www.shoeisha.co.jp/press/detail/353
「ルビィのぼうけん」ワークショップ・スターターキット
http://www.shoeisha.co.jp/press/detail/352
プログラミング教育で注目の人気絵本『ルビィのぼうけん』教育先進国フィンランドから著者のリンダ・リウカス氏が
来日
http://www.shoeisha.co.jp/press/detail/351
発達障害支援の現場から生まれたメソッド
『ちょっとしたことでうまくいく
発達障害の人が上手に働くための本』
http://www.shoeisha.co.jp/press/detail/350
『ILLUSTRATION MAKING & VISUAL BOOK くまおり純』
http://www.shoeisha.co.jp/press/detail/348
米国IT業界発!画期的マーケティング論と、その実践!『ハッキング・マーケティング　実験と改善の高速なサイクル
がイノベーションを次々と生み出す』
http://www.shoeisha.co.jp/press/detail/349
Instagramで人気!TAM'S WORKSの『手書き文字』が素材集に!『ハンドレタリング素材集　TAM'S WORKSによ
る手書き文字・フォント・スタンプの世界』
http://www.shoeisha.co.jp/press/detail/346
```

RSSのバージョンを取得することもできます。

```
>>> print(rss.version)
rss20
```

　最後にもう一度、処理内容のコメント付きでソースコードを確認しておきましょう（リスト4-4）。

```
import feedparser

# URLを指定してFeedParserDictオブジェクトを取得する
rss = feedparser.parse("http://www.shoeisha.co.jp/rss/index.xml")

# RSSのバージョンを取得する
print(rss.version)

# フィードのタイトルとコンテンツの発行日時を表示する
print(rss["feed"]["title"])
print(rss["feed"]["published"])

# 各エントリーのタイトルとリンクを表示する
for content in rss["entries"]:
    print(content["title"])
    print(content["link"])
```
リスト4-4：Chapter4-2.py

　RSSの仕様には必須の項目とオプションの項目があります。そのため配信元によってはオプションである項目は含まれないこともあり、得られる情報が異なる場合があります。実際に運用するスクレイピングのプログラムを書く場合は、エラー処理など考慮するべきことがあることを忘れないようにしましょう。

・**RSS 2.0の仕様**
　URL https://validator.w3.org/feed/docs/rss2.html

04 データをデータベースに保存して解析する

集めたデータはデータベースに保存しておくと、後から様々な用途に利用できます。ここではデータベースを作成して、データを保存し、解析するまでの処理の手法を解説します。

データをデータベースに保存して呼び出す

スクレイピングした情報を後から分析したり、Web APIでアプリケーションから利用したりすることがあります。その際、ファイルに保存しているよりも、データベースに保存されているほうが扱いやすいことはもちろんのこと、処理速度などの面でも利点があります。

本書ではオープンソースのリレーショナルデータベース管理システム（RDBMS）の1つであるMySQLを使用します。高速で使いやすいことが特徴でレンタルサーバーのデータベースでもよく使われています。また、古くからよく使われているRDBMSでもあり、様々なプログラミング言語でMySQLを扱うライブラリが作られている点も利点と言えます。

MySQLのインストール

macOSにMySQLをインストールする

Homebrewのbrew installコマンドでMySQLをインストールします。

```
$ brew install mysql
```

インストールしたらバージョンを確認します。本書では5.7.19を使用します（本書執筆時点、2017年7月現在）。

```
$ mysqld --version
mysqld  Ver 5.7.19 for osx10.12 on x86_64 (Homebrew)
```

次のコマンドでMySQLを起動します。

```
$ mysql.server start
Starting MySQL
 SUCCESS!
```

LinuxにMySQLをインストールする

Pythonのインストールと同様に各ディストリビューションのパッケージマネージャーを使ってインストールします。例えばUbuntuの場合はAPTを使って次のようにインストールします。インストール時にrootのパスワードが求められるのでパスワードを決めて入力します。パスワードは最低1つの数字、1つの小文字および大文字、1つの特殊文字（英数字以外）のすべてを含む必要があります。

```
$ sudo apt-get install -y mysql-server
```

インストールと同時にMySQLが起動しますが、もし起動していない場合には次のコマンドで起動させます。

```
$ sudo service mysql start
```

> **MEMO セキュリティポリシーについて**
> macOSでHomebrewを使ってインストールした場合はMySQLのサイトからダウンロードした場合やLinuxの場合とセキュリティポリシーが異なる場合があります。

データベースとユーザーを作成する

スクレイピングしたデータを保存するためのデータベースと接続するユーザーを作成します。

まずは次のコマンドでrootユーザーとしてMySQLサーバーに接続します。uオプションはユーザーを指定し、pオプションはパスワードを指定します。

pオプションに続けてパスワードを入力することも可能ですが、パスワードが表示されてしまい履歴にも残るため通常はパスワードを入力せず[Enter]キーを押し、Enter password:と表示された後にパスワードを入力します。macOSでrootユーザーのパスワードが設定されていない場合は、入力せずに[Enter]キーを押します。

```
$ mysql -u root -p
Enter password:
```

接続が完了すると次のようにコマンドまたはSQL文を入力する状態になります。データベースとの接続を解除するにはexitと入力して、[Enter]キーを押すか、[Ctrl]+[D]キーを押します。

```
$ mysql -u root -p
Enter password:
Welcome to the MySQL monitor.  Commands end with ; or \g.
```

```
Your MySQL connection id is 11
Server version: 5.7.18 Homebrew

Copyright (c) 2000, 2017, Oracle and/or its affiliates. All rights reserved.

Oracle is a registered trademark of Oracle Corporation and/or its
affiliates. Other names may be trademarks of their respective
owners.

Type 'help;' or '\h' for help. Type '\c' to clear the current input statement.

mysql>
```

　CREATE DATABASEがデータベースを作成するコマンドです。CREATE DATABASEの後にデータベース名を指定して、DEFAULT CHARACTER SETの後に文字コードを指定します。ここでは次のように作成します。

- データベース名：scrapingdata
- 文字コード：utf8

```
mysql> CREATE DATABASE scrapingdata DEFAULT CHARACTER SET utf8;
Query OK, 1 row affected (0.00 sec)
```

　次にCREATE USERコマンドでユーザーを作成します。CREATE USERに続いてユーザー名を、その後ろにIDENTIFIED BY 'そのユーザーのパスワード'と記述します。繰り返しになりますが、パスワードは最低1つの数字、1つの小文字および大文字、1つの特殊文字（英数字以外）のすべてを含む必要があります。

- ユーザー名：scrapingman
- パスワード：myPassword-1

```
mysql> CREATE USER 'scrapingman' IDENTIFIED BY 'myPassword-1';
Query OK, 1 row affected (0.00 sec)
```

　最後にユーザーscrapingmanに先ほど作成したデータベースscrapingdataを読み書きする権限を与えます。GRANT ALL ON データベース名.* TO ユーザー名で権限を与えます。

```
mysql> GRANT ALL ON scrapingdata.* TO scrapingman;
Query OK, 1 row affected (0.00 sec)
```

ここでいったん、exitコマンドでMySQLサーバーからログアウトします。

```
mysql> exit
Bye
```

PythonからMySQLに接続する

mysqlclientのインストール

PythonでMySQLに接続するライブラリ（ドライバー）はいくつかありますが、本書ではmysqlclientを利用します。mysqlclientはPython 2系でよく利用されていたMySQL-pythonというライブラリからフォーク（MEMO参照）されたものです。Chapter 7で登場するDjangoでもフォークされています。

pip installコマンドでmysqlclientをインストールします。

```
$ pip install mysqlclient
```

> **MEMO　フォーク**
>
> フォークとは、あるソースコードをもとに別のソフトを作ることです。mysqlclientは、MySQL-pythonのソースをベースに作られたライブラリです。

データベース接続してSQLを実行する

mysqlclientをインストールしたらPythonからデータベースに接続します。MySQLdbをimportして、connect関数を引数にし、次の内容を指定して呼び出すことでデータベースに接続します。

- ユーザー名
- パスワード
- ホスト（localhostの場合は省略可能）
- データベース名
- 文字コード（省略した場合はデフォルトの文字コードが指定される）

```
>>> import MySQLdb
>>> connection = MySQLdb.connect(
...     user="scrapingman",
...     passwd="myPassword-1",
...     host="localhost",
...     db="scrapingdata",
...     charset="utf8")
```

connect関数の戻り値を確認する

connect関数の戻り値はConnectionクラスです。

```
>>> type(connection)
<class 'MySQLdb.connections.Connection'>
```

カーソルを取得する

Connectionクラスのcursorメソッドを呼び出すことでカーソルを取得します。

```
>>> cursor = connection.cursor()
>>> type(cursor)
<class 'MySQLdb.cursors.Cursor'>
```

テーブルを作成する

CursorクラスのexecuteメソッドでSQLを実行できます。まずはテーブルを作成します。

書籍の情報を保存するテーブルなのでbooksという名前でテーブルを作成します。カラムはtitleとurlをそれぞれtextで指定します。Connectionクラスのcommitメソッドを呼び出すことで実際に実行されるので忘れずに呼び出します。

```
>>> cursor.execute("CREATE TABLE books (title text, url text)")
0
>>> connection.commit()
```

テーブルを確認する

これでデータベースscrapingdataにbooksというテーブルが作成されました。実際に作成されているか、確認してみましょう。ターミナルからMySQLサーバーに接続してデータベース内のテーブルを表示させます。

```
$ mysql -u root -p
```

```
Enter password:パスワードを入力
Welcome to the MySQL monitor.  Commands end with ; or \g.
(…中略…)
mysql> SHOW TABLES FROM scrapingdata;
+----------------------+
|                      |
| Tables_in_scrapingdata |
|                      |
+----------------------+
|                      |
| books                |
|                      |
+----------------------+
1 row in set (0.00 sec)

mysql> SHOW COLUMNS FROM books FROM scrapingdata;
+-------+------+------+-----+---------+-------+
| Field | Type | Null | Key | Default | Extra |
+-------+------+------+-----+---------+-------+
| title | text | YES  |     | NULL    |       |
| url   | text | YES  |     | NULL    |       |
+-------+------+------+-----+---------+-------+
2 rows in set (0.01 sec)
```

テーブルにレコードを追加する

　テーブルが作成されていることが確認できたら、テーブルにレコードを追加しますが、ここでいったん、exitコマンドでMySQLサーバーからログアウトします。

```
mysql> exit
Bye
```

　続いて、レコードを追加するために、Pythonからデータベースに接続します。追加するには、Cursorクラスのexecuteメソッドを使います。

　Cursorクラスのexecuteメソッドは、第2引数にパラメーターを指定できます。

　executeメソッドでINSERT文を実行します。第1引数にSQL文を、第2引数にパラメーターを指定します。

```
$ python
>>> import MySQLdb
```

```
>>> connection = MySQLdb.connect(
...     user="scrapingman",
...     passwd="myPassword-1",
...     host="localhost",
...     db="scrapingdata",
...     charset="utf8")
>>> type(connection)
>>> cursor = connection.cursor()
>>> type(cursor)
>>> cursor.execute("INSERT INTO books VALUES(%s, %s)", ("はじめてのPython", ↵
"https://example.com"))
1
>>> connection.commit()
```

テーブルを確認する

テーブル内のレコードを表示してみましょう。

```
$ mysql -u root -p
Enter password:
Welcome to the MySQL monitor.  Commands end with ; or \g.
(…中略…)
mysql> use scrapingdata;
Reading table information for completion of table and column names
You can turn off this feature to get a quicker startup with -A

Database changed
mysql> select * from books;

+----------------------+----------------------+
| title                | url                  |
+----------------------+----------------------+
| はじめてのPython      | https://example.com  |
+----------------------+----------------------+
1 row in set (0.01 sec)
```

　作成したconnectionはcloseメソッドを呼び出して接続を解除する(閉じる)必要があります。一連の流れをリスト4-5にまとめておきます。Chapter4-3.pyでは実行するたびに同じ結果になるようにCREATE TABLEをする前にDROP TABLEでテーブルを削除しています。

```python
import MySQLdb

# データベースに接続する
connection = MySQLdb.connect(
    user="scrapingman",
    passwd="myPassword-1",
    host="localhost",
    db="scrapingdata",
    charset="utf8")

# カーソルを生成する
cursor = connection.cursor()

# 実行するたびに同じ結果になるようにテーブルを削除しておく
cursor.execute("DROP TABLE IF EXISTS books")

# テーブルを作成する
cursor.execute("CREATE TABLE books (title text, url text)")

# データを保存する
cursor.execute("INSERT INTO books VALUES(%s, %s)", ("はじめてのPython", "https://example.com"))

# 変更をコミットする
connection.commit()

# 接続を閉じる
connection.close()
```

リスト4-5：Chapter4-3.py

　これで準備が整ったので先ほど作成したRSSをスクレイピングするプログラム（Chapter4-3.py）に、データベースに保存する処理を次項で追加します（Chapter4-4.py）。

解析した結果を保存する

Chapter4-3.pyにデータベース関連の処理を追加します（リスト4-6）。

```python
import feedparser
import MySQLdb                                                    ——①

# データベースに接続する
connection = MySQLdb.connect(
  user="scrapingman",
  passwd="myPassword-1",
  host="localhost",
  db="scrapingdata",
  charset="utf8")

# カーソルを生成する
cursor = connection.cursor()

# 実行するたびに同じ結果になるようにテーブルを削除しておく
cursor.execute("DROP TABLE IF EXISTS books")

# テーブルを作成する
cursor.execute("CREATE TABLE books (title text, url text)")      ——②

# URLを指定してFeedParserDictオブジェクトを取得する
rss = feedparser.parse("http://www.shoeisha.co.jp/rss/index.xml")

# RSSのバージョンを取得する
print(rss.version)

# フィードのタイトルとコンテンツの発行日時を表示する
print(rss["feed"]["title"])
print(rss["feed"]["published"])

# 各エントリーのタイトルとリンクを表示する
for content in rss["entries"]:
    # データを保存する
    cursor.execute("INSERT INTO books VALUES(%s, %s)", (content["title"],
content["link"]))                                                 ——③
```

```
# 変更をコミットする ──────────────────────────────── ④
connection.commit()


# 接続を閉じる
connection.close() ──────────────────────────────── ⑤
```
リスト4-6：Chapter4-4.py

　ソースコードの行数も増えてきたのでインタラクティブシェルを使わず、ソースコードをファイルに保存してスクリプトファイルを実行したほうがよいでしょう。

　まずライブラリをimportします（リスト4-6①）。importしてmysqlclientを使える状態にして。RSSを取得する前にデータベースへの接続、カーソルの生成、テーブルの作成処理を追加します（リスト4-6②）。そしてfor文でタイトルとURLをprint関数で出力していた箇所でSQLを実行してデータベースに保存します（リスト4-6③）。最後に忘れずにcommitメソッドを実行して実際にSQL文を実行させて（リスト4-6④）、closeメソッドで接続を閉じます（リスト4-6⑤）。

シェルからスクリプトを実行する

　修正したスクリプトファイルを保存して、実行します。

```
$ python Chapter4-4.py
```

　エラーが出ずに終了したらテーブルの中身を見てみましょう。スクレイピングした内容が保存されていることが確認できます（図4-6）。

```
$ mysql -u root -p
Enter password:
Welcome to the MySQL monitor.  Commands end with ; or \g.
(…中略…)
mysql> use scrapingdata;
Reading table information for completion of table and column names
You can turn off this feature to get a quicker startup with -A
Database changed
mysql> select * from books;


+----------------------------------------------------------------------+↵
----------------------------------------------------------------------+↵
----------------------------------------------------------------------+↵
------------------------------+----------------------------------+
```

| title
                                          | url |
+--↵
--↵
--↵
-----------------------+---+
| 『暗号技術のすべて』
『ハッカーの学校』の著者が教える現代暗号の基礎と攻撃手法

| http://www.shoeisha.co.jp/press/detail/367 |
| 『みんなの暮らし日記　家事をシンプルに楽しむための、ちょっとしたこと。』売れ行き好調につき、発売たちまち ↵
重版決定!!
| http://www.shoeisha.co.jp/press/detail/366 |
| 夏サミ2017記念「エンジニア応援eBookセール」
翔泳社の300タイトル以上が最大55%OFF

| http://www.shoeisha.co.jp/press/detail/365 |
| 「神の一手」はどのようにして生まれたのか？　『最強囲碁AI　アルファ碁　解体新書　深層学習、モンテカルロ ↵
木探索、強化学習から見たその仕組み』
| http://www.shoeisha.co.jp/press/detail/364 |
| 翔泳社、「SHOEISHA iD」をリリース〜会員制度をリニューアルし、より良いユーザー体験の創出を目指す〜

| http://www.shoeisha.co.jp/press/detail/363 |
| 累計37万部の人気書籍「みんなの日記」シリーズ最新刊『みんなの暮らし日記　家事をシンプルに楽しむための、 ↵
ちょっとしたこと。』
| http://www.shoeisha.co.jp/press/detail/362 |
| 『家電製品教科書　スマートマスター　テキスト&問題集スマートハウスと家電のスペシャリスト』最短合格を目指 ↵
せる、スマートマスター試験対策書!
| http://www.shoeisha.co.jp/press/detail/361 |
| 翔泳社が新オンラインメディア「IT人材ラボ」をスタート──

| http://www.shoeisha.co.jp/press/detail/360 |
| 暮らしを大切に、毎日を楽しみたい人に。累計37万部の人気書籍シリーズからデジタルメディアオープンを記念 ↵
して『みんなの暮らし日記ONLINE2017　ワークショップ』開催!!
| http://www.shoeisha.co.jp/press/detail/359 |
| 『アジャイル時代のオブジェクト脳のつくり方

```
 Rubyで学ぶ究極の基礎講座』
                                                                    | http:// ↵
www.shoeisha.co.jp/press/detail/358 |
+-------------------------------------------------------------------------------↵
--------------------------------------------------------------------------------↵
--------------------------------------------------------------------------------↵
---------------------------------+----------------------------------------------+
20 rows in set (0.00 sec)
```

```
mysql> select * from books;
+-------------------------------------------------------------------------------+-----------------------------------------------+
| title                                                                          | url                                           |
+-------------------------------------------------------------------------------+-----------------------------------------------+
| 『暗号技術のすべて』
『ハッカーの学校』の著者が教える現代暗号の基礎と攻撃手法
                                                          | http://www.shoeisha.co.jp/press/detail/367 |
| 『みんなの暮らし日記 家事をシンプルに楽しむための、ちょっとしたこと。』売れ行き好調につき、発売たちまち重版決定!!
                                                          | http://www.shoeisha.co.jp/press/detail/366 |
| 夏サミ2017記念「エンジニア応援eBookセール」
翔泳社の300タイトル以上が最大55%OFF
                            | http://www.shoeisha.co.jp/press/detail/365 |
| 「神の一手」はどのようにして生まれたのか？ 『最強囲碁AI アルファ碁 解体新書 深層学習、モンテカルロ木探索、強化学習から見たその仕組み』
                                                          | http://www.shoeisha.co.jp/press/detail/364 |
| 翔泳社、「SHOEISHA iD」をリリース～会員制度をリニューアルし、より良いユーザー体験の創出を目指す～
                                                          | http://www.shoeisha.co.jp/press/detail/363 |
| 累計37万部の人気書籍「みんなの日記」シリーズ最新刊『みんなの暮らし日記 家事をシンプルに楽しむための、ちょっとしたこと。』
                                                          | http://www.shoeisha.co.jp/press/detail/362 |
| 『家電製品教科書 スマートマスター テキスト&問題集スマートハウスと家電のスペシャリスト』最短合格を目指せる、スマートマスター試験対策書 |
| 翔泳社が新オンラインメディア「IT人材ラボ」をスタート──
                                                          | http://www.shoeisha.co.jp/press/detail/360 |
| 暮らしを大切に、毎日を楽しみたい人に。累計37万部の人気書籍シリーズからデジタルメディアオープンを記念して『みんなの暮らし日記ONLINE2017 ワークショップ』開催!!
                                                          | http://www.shoeisha.co.jp/press/detail/359 |
| 『アジャイル時代のオブジェクト脳のつくり方
Rubyで学ぶ究極の基礎講座』
```

図4-6：Chapter4-4.pyを実行した結果の一部（ターミナルの表示）

　このChapterではPythonを使ってHTMLソースやRSSをスクレイピングし、データベースに保存するところまで学びました。これで、スクレイピングの一歩を踏み出しましたことになります。

　実際の運用では定期的に実行したり、スクレイピングして抜き出す情報も増えて管理画面が必要になったりします。そこで次のChapterからは、実践的なことを学んでいきます。

Part 2

応用編

Part2では、Pythonによるクローリングとスクレイピングの応用的な開発手法を解説します。

Chapter 5	クローラーの設計・開発（応用編）	119
Chapter 6	スクレイピングの開発（応用編）	159
Chapter 7	クローラーで集めたデータを利用する	227
Chapter 8	クローラーの保守・運用	289
Chapter 9	目的別クローラー＆スクレイピング開発手法	345

Chapter 5

クローラーの設計・開発（応用編）

本章ではクローリング状況を把握するためのログや効率的にクロールを行うための並列化など実践的なクローラーの設計・開発方法について解説します。

01 クローラーを もっと進化させるには

クローラーの開発では、様々な問題に直面します。それらの問題をどう解決していけばよいでしょうか？

クローリング開発で直面する問題とその解決策とは

　Chapter 3のクローラーの設計で紹介したような、目的を実現するために最低限必要な要件のみでクローラーを作っていくと、いくつかの問題に直面すると思います。例えば、次のようなケースはよくあるのではないでしょうか？

- ページが大量に存在するサイトをクロールしていると、思ったよりも時間がかかる
- 動作しているように見えたクローラーにバグが潜んでいて、いつのまにかクロールが止まっていたことに気付かないまま何時間も待っていた

　想定した動作をきちんと行ってくれるプログラムを1回のコーディングで仕上げることは難しいものです。よほど書き慣れたプログラムでない限りは、何度か動作させて、バグや想定外の挙動を発見し、修正していくのが通常の開発過程です。このような開発過程では、いわゆる「非機能要件」という、「クロールしてデータの取得する」目的以外の実装が必要になります（図5-1）。多くの場合、プログラムの開発は継続的なものであり、その開発過程において、より効率的な動作を目指した改良、いわゆる保守、運用をすることになります。次節から、保守運用の手助けとなる、いくつか応用的な設計について解説します。

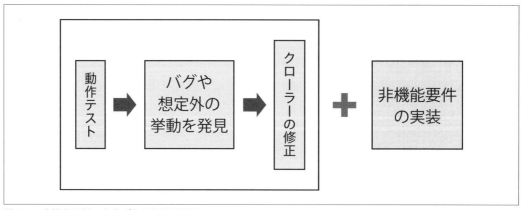

図5-1：非機能要件の実装が必要な開発過程

02 print関数でログを出力する

クローラーのクロール状況を把握するにはログが一番です。ここでは主に、動作確認をするためのログの出力方法について解説します。

ログを画面やファイルに出力する方法

クローラーを動作させていると、クロールの進行状況を表示したり、デバッグのため分岐の条件に使われる変数の中身を出力させたりしたいことがあるのではないでしょうか。目的とするデータは最終的にはデータストレージに保存しますが、クロールの動作中でも目視で状況を確認したいこともあります。動作状況を要所要所で出力することは開発や動作確認の手助けとなります。

プログラムの動作状況や履歴が出力されたテキストを「ログ」と言います。動作状況を確認するためのログを画面やファイルに出力する方法について見てみましょう。

print関数と出力フォーマット

プログラムのデバッグにおいてprint関数は最もポピュラーに使われるものだと思います。いわゆるprintデバッグと呼ばれる手法です。単純に変数を出力する場合はprint(value)というコードになりますが、これだけだと、出力項目が多い場合には、何の値が出力されているのか、目視確認が難しくなります。そこでラベルを付けてみましょう。

```
print("label: " + value)
```
← ラベルを付ける

出力項目が多い場合を想定して、すべて文字列の連結で出力してみます。

リクエストにかかった時間を表示する

まずリクエストしたURL、HTTPステータス、文字コード、リクエストにかかった時間を表示してみます（リスト5-1）。HTTPリクエストにはPythonの代表的なHTTPライブラリであるrequestsを使用しています。

```
import time

import requests
```

```python
PAGE_URL_LIST = [
    'http://example.com/1.page',
    'http://example.com/2.page',
    'http://example.com/3.page',
]

for page_url in PAGE_URL_LIST:
    res = requests.get(page_url, timeout=30)
    print(
        "ページURL: " + page_url + ", " + \
        "HTTPステータス: " + str(res.status_code) + ", " + \
        "処理時間(秒): " + str(res.elapsed.total_seconds())
    )
    time.sleep(1)
```

リスト5-1：get_example_domain_pages.py

　Pythonは動的型付け言語なので、変数は型を持っています。異なる型同士の演算には基本的には型の変換が必要です（もし型の変換なしに演算できる場合は、変数の型には内部的に演算ごとの処理内容が定義されています）。

　ラベルはstr型で、requestsのレスポンスオブジェクト（変数res）に備わっているHTTPステータスコード（変数res.status_code）はint型です。文字列として結合するためにint型をstr型に変換してから結合しています。

　しかしprint関数が必要になるたびにこのような処理をしなければいけないのでしょうか？ str型への変換を忘れることもありそうです。そのような場合は、文字列型のformatメソッドを使ってみましょう（リスト5-2）。

```python
    print(
        "ページURL:{}, HTTPステータス: {}, 処理時間(秒): {}".format(
            page_url,
            res.status_code,
            res.elapsed.total_seconds()
        )
    )
```

リスト5-2：get_example_domain_pages.2.py

　結合される文字列の中で、どこにどの変数が当て込まれるかがわかりやすくなったのではないでしょうか。文字列型のformatメソッドを使いこなすことで様々な文字列の組み立て方ができます。詳しくは公式ドキュメントの「書式指定ミニ言語仕様」を参照してください（MEMO参照）。

> **MEMO　文字列型のformatメソッドの書式**
>
> 文字列型のformatメソッドを利用した文字列の操作については次のサイトを参照してください。
>
> ・「Python 3.6.1 ドキュメント」（6.1.3.1. 書式指定ミニ言語仕様）
> 　URL https://docs.python.jp/3/library/string.html#formatstrings

ログ出力に関する様々な改善の必要性

　print関数を使うことで手軽にログを出力できますが、開発が落ち着き、プログラムを運用環境に投入した場合、開発時にのみ必要だったログまで出力していると、それらがノイズとなることがあります。

　例えば、条件分岐に使われる変数を常に出力していると、いざトラブルが起きた時に、ログの中からエラーの出力を探す手間が増えます。また、エラーなのか開発用のログなのかを区別する必要も出てきます。ログを仕込むたびに毎回ラベルに[DEBUG]や[ERROR]のような見出しを付けるのは手間がかかりますし、見出しを付け忘れたままプログラムを稼働させていた場合、本当はエラーが起きていても見逃してしまうことに繋がります。状況の重要度に応じて自動的にラベルが付くと手間が省けそうです。

　コンソール画面への出力と同時にファイルにも出力したい時はどうでしょうか？　そのような場合、次のようにteeコマンドを使うことでログを標準出力に出力しつつ、ファイルにも出力することができます。

```
$ python crawler.py | tee -a crawler.log
```

　単純なログしか必要でないのであれば、このような対応でもよいのですが、状況を表すログとエラーのログを別々のファイルに出力したい場合はどうでしょうか？

　状況を表すログとエラーのログをそれぞれ別のログファイルへ出力しつつ、ターミナルにもログを出力する実装をプログラム内部へ組込んだ場合の、よいとは言えないサンプルをリスト5-3に挙げます。

```python
import json
import time

import requests

# クロールするURLリスト
PAGE_URL_LIST = [
```

```
        'http://example.com/1.page'
        'http://example.com/2.page',
        'http://example.com/3.page',
]


def fetch_pages():
    """ページ内容を取得する."""
    # 処理経過を記録するログファイルを追記モードで開く
    f_info_log = open('crawler_info.log', 'a')
    # エラーを記録するログファイルを追記モードで開く
    f_error_log = open('crawler_error.log', 'a')

    # 取得内容を保存するための辞書型変数
    page_contents = {}

    # ターミナルへの処理の開始を表示し、ログファイルにも同じメッセージを書き出す
    msg = "クロールを開始します\n"
    print(msg)
    f_info_log.write(msg)

    for page_url in PAGE_URL_LIST:
        r = requests.get(page_url, timeout=30)  ─────────────────── ①
        try:
            r.raise_for_status()    # 応答が異常の場合は例外エラーを発生させる
        except requests.exceptions.RequestException as e:
            # requestsの例外エラーが発生した場合は、
            # ターミナルとエラーログにエラーを出力する
            msg = "[ERROR] {exception}\n".format(exception=e)
            print(msg)
            f_error_log.write(msg)
            continue    # 例外時はループを中断せずスキップする

        # 正常に内容が取得できたら辞書型変数に取得内容を保存する
        page_contents[page_url] = r.text
        time.sleep(1)    # 相手サイトへの負荷を考慮しリクエストの間隔を空ける

    f_info_log.close()  ─────────────────────────────────── ②
    f_error_log.close()  ────────────────────────────────── ③
```

```
    return page_contents


if __name__ == '__main__':
    page_contents = fetch_pages()
    f_page_contents = open('page_contents.json', 'w')
    json.dump(page_contents, f_page_contents, ensure_ascii=False)
    f_page_contents.close()
```

リスト5-3：get_example_domain_pages.3.py

　状況を出力するためのcrawler_info.logとエラーを出力するためのcrawler_error.logという2つのログファイルをそれぞれopenメソッドで開き、最後にcloseメソッドで閉じています。これらのログファイルに書き込むのがこのプログラムだけであれば、最後のcloseメソッドを忘れても大きな問題は出ないかもしれませんが、例えば、このコードの後にパーサーも追加で実装し、パーサー処理でもこれらのログファイルに出力したい時は、再度、openメソッド、closeメソッドを記述しなければなりません。

　そして、このプログラムにはバグがあります。page_urlがttp://example.com/page1.htmlのような不完全なURLの場合、requests.getメソッドで例外エラーが起きます。requests.getメソッドはtry節の前半で呼び出しているので（リスト5-3①）、例外は補足されず、エラーが起きればその時点でプログラムは終了します。f_info_log.closeメソッド（リスト5-3②）もf_error_log.closeメソッド（リスト5-3③）もf_error_log.closeも呼ばれることはないため、例えば、この関数が長時間稼働しつづけるプログラムから呼ばれている場合、予期せぬ不具合を招く可能性もあります。

with文でcloseメソッド漏れを防ぐ

　ファイルオブジェクトにおけるcloseメソッド漏れを防ぐような機構がPythonには備わっています。それはwith文です。ここではwith文を使って、closeメソッド漏れを防ぎます。with文を使うと、with文のブロックを抜けた時にファイルオブジェクトの終了処理であるcloseメソッドが自動的に呼ばれます。これと合わせてrequests.getメソッド（リスト5-3①）で例外が起きた場合のバグも修正したコードはリスト5-4のようになります。

> **MEMO　with文**
>
> with文については次の公式ドキュメントを参照してください。
>
> ・「Python 3.6.1 ドキュメント」（8.5. with文（原文））
>   URL https://docs.python.jp/3/reference/compound_stmts.html#the-with-statement

```python
import json
import time

improt requests

# クロール対象のURLリスト
PAGE_URL_LIST = [
    'http://example.com/page1.html',
    'http://example.com/page2.html',
    'http://example.com/page3.html',
    (…中略…)
]


def fetch_pages():
    """ページ内容を取得する."""
    # 処理経過記録用のログファイルとエラー記録用ログファイルを追記モードで開く
    with open('crawler_info.log', 'a') as f_info_log, \
        open('crawler_error.log', 'a') as f_error_log:

        # 取得内容を保存するための辞書型変数
        page_contents = {}

        # ターミナルへの処理の開始を表示し、ログファイルにも同じメッセージを書き出す
        msg = "[INFO] クロールを開始します\n"
        print(msg)
        f_info_log.write(msg)

        for page_url in PAGE_URL_LIST:
            try:
                r = requests.get(page_url, timeout=30)
                r.raise_for_status()    # 応答が異常の場合は例外エラーを発生させる
            except requests.exceptions.RequestException as e:
                # requestsの例外エラーが発生した場合は、
                # ターミナルとエラーログにエラーを出力する
                msg = "[ERROR] {exception}\n".format(exception=e)
                print(msg)
                f_error_log.write(msg)
                continue    # 例外時はループを中断せずスキップする
```

```python
            # 正常に内容が取得できたら辞書型変数に取得内容を保存する
            page_contents[page_url] = r.text
            time.sleep(1)    # 相手サイトへの負荷を考慮しリクエストの間隔を空ける

    return page_contents


if __name__ == '__main__':
    page_contents = fetch_pages()
    with open('page_contents.json', 'w') as f_page_contents:
        json.dump(page_contents, f_page_contents, ensure_ascii=False)
```
リスト5-4：wget_example_domain_pages.4.py

　リスト5-3のコードに比べると、closeメソッド漏れの不安が取り払われています。しかし、依然として、他の処理でも同じログファイルに出力したい場合はログファイル名の入力ミスに注意する必要がありますし、現状の[INFO], [ERROR]以外に、ログの種類（レベル）に[DEBUG]を追加したい場合はどうすればよいのでしょうか？

　例えば、

```
def fetch_pages(log_debug, log_info, log_error):
    (…中略…)
```

のようにfetch_pages関数の引数をどんどん追加していけばよいのでしょうか？　それとも複数箇所でこれらのログファイルを使う場合は、様々な数の引数にこれらのログファイルを指定しなければならないのでしょうか？

　また、ターミナル画面にもログファイルにもsyslogにも出力したい場合はどうすればよいのでしょうか？

　fetch_pages関数は本来、対象URLからページ内容を取得することが目的のはずですが、本質的な部分以外で複雑になっていきそうです。このような場合、loggingモジュールを利用すると管理が楽になります。次節で紹介します。

03 loggingモジュールでログを出力して管理する

Pythonに用意されているloggingモジュールを利用すると、効率よくログの出力と管理ができます。

loggingモジュールを使う

本章の01、02で取り上げた様々な問題に対処するため、Pythonに標準で付属しているログ出力用のライブラリ「loggingモジュール」を使います。

> **MEMO　loggingモジュール**
>
> Logging HOWTOという公式ドキュメントに詳しい使い方が紹介されています。
>
> ・「**Python 3.6.1 ドキュメント**」（Logging HOWTO（原文））
>   **URL** https://docs.python.jp/3/howto/logging.html

loggingには非常に細やかな設定項目があり、柔軟なログ出力ができるようになっています。詳細はドキュメントに譲るとして、ここではサンプルをもとにloggingの使い方を解説します。

logging を使うサンプル作成と設定

logging_sample.pyをリスト5-5のように作成して、実行してみましょう。

```
from logging import (
    getLogger,
    Formatter,
    FileHandler,
    StreamHandler,
    DEBUG,
    ERROR,
)

import requests


# ロガー: __name__ には実行モジュール名 logging_sample が入ります
```

```python
logger = getLogger(__name__)

# 出力フォーマット
default_format = '[%(levelname)s] %(asctime)s %(name)s %(filename)s:%(lineno)↵
d %(message)s'
default_formatter = Formatter(default_format)
funcname_formatter = Formatter(default_format + ' (%(funcName)s)')

# ログ用ハンドラー: コンソール出力用
log_stream_handler = StreamHandler()
log_stream_handler.setFormatter(default_formatter)
log_stream_handler.setLevel(DEBUG)

# ログ用ハンドラー: ファイル出力用
log_file_handler = FileHandler(filename="crawler.log")
log_file_handler.setFormatter(funcname_formatter)
log_file_handler.setLevel(ERROR)

# ロガーにハンドラーとレベルをセット
logger.setLevel(DEBUG)
logger.addHandler(log_stream_handler)
logger.addHandler(log_file_handler)


def logging_example():
    logger.info('クロールを開始します.')                      # ①INFOレベルでメッセージを出力する
    logger.warning('外部サイトのリンクのためクロールしません.')  # ②WARNINGレベルでメッセージを出力する
    logger.error('ページが見つかりませんでした')              # ③ERRORレベルでメッセージを出力する

    try:
        r = requests.get('#invalid_url', timeout=1)
    except requests.exceptions.RequestException as e:
        logger.exception('リクエスト中に例外が起きました: %r', e)  # ④例外のスタックトレースを出力する


if __name__ == '__main__':
    logging_example()
```

リスト5-5: logging_sample.py

次のコマンドで logging_sample.py を実行してみましょう。

```
$ python logging_sample.py
```

ターミナルへの出力は次のようになります。

```
$ python logging_sample.py
[INFO] 2017-07-19 01:08:33,813 __main__ logging_sample.py:38 クロールを開始します．
```
 ──①によりINFOレベルでメッセージが出力されている
```
[WARNING] 2017-07-19 01:08:33,813 __main__ logging_sample.py:39 外部サイトのリン
クのためクロールしません．
```
 ──②によりWARNINGレベルでメッセージが出力されている
```
[ERROR] 2017-07-19 01:08:33,813 __main__ logging_sample.py:40 ページが見つかりま
せんでした
```
 ──③によりERRORレベルでメッセージが出力されている
```
[ERROR] 2017-07-19 01:08:33,825 __main__ logging_sample.py:45 リクエスト中に例外
が起きました: MissingSchema("Invalid URL '#invalid_url': No schema supplied.
Perhaps you meant http:
```
 ──④により例外のスタックトレースが出力されている
```
Traceback (most recent call last):
  File "logging_sample.py", line 43, in logging_example
    r = requests.get('#invalid_url', timeout=1)
  File "/Users/peketamin/python/venv/lib/python3.6/site-packages/requests/
api.py", line 72, in get
    return request('get', url, params=params, **kwargs)
  File "/Users/peketamin/python/venv/lib/python3.6/site-packages/requests/
api.py", line 58, in request
    return session.request(method=method, url=url, **kwargs)
  File "/Users/peketamin/python/venv/lib/python3.6/site-packages/requests/
sessions.py", line 488, in request
    prep = self.prepare_request(req)
  File "/Users/peketamin/python/venv/lib/python3.6/site-packages/requests/
sessions.py", line 431, in prepare_request
    hooks=merge_hooks(request.hooks, self.hooks),
  File "/Users/peketamin/python/venv/lib/python3.6/site-packages/requests/
models.py", line 305, in prepare
    self.prepare_url(url, params)
  File "/Users/peketamin/python/venv/lib/python3.6/site-packages/requests/
models.py", line 379, in prepare_url
    raise MissingSchema(error)
requests.exceptions.MissingSchema: Invalid URL '#invalid_url': No schema
supplied. Perhaps you meant http://#invalid_url?
```

crawler.logには次のように出力されています。

```
[ERROR] 2017-07-19 01:08:33,813 __main__ logging_sample.py:40 ページが見つかりま
せんでした (logging_example) ——③によりERRORレベルのメッセージが出力されている
[ERROR] 2017-07-19 01:08:33,825 __main__ logging_sample.py:45 リクエスト中に例外
が起きました: MissingSchema("Invalid URL '#invalid_url': No schema supplied.
Perhaps you meant http: ——④により例外のスタックトレースが出力されている
Traceback (most recent call last):
  File "logging_sample.py", line 43, in logging_example
    r = requests.get('#invalid_url', timeout=1)
  File "/Users/peketamin/python/venv/lib/python3.6/site-packages/requests/
api.py", line 72, in get
    return request('get', url, params=params, **kwargs)
  File "/Users/peketamin/python/venv/lib/python3.6/site-packages/requests/
api.py", line 58, in request
    return session.request(method=method, url=url, **kwargs)
  File "/Users/peketamin/python/venv/lib/python3.6/site-packages/requests/
sessions.py", line 488, in request
    prep = self.prepare_request(req)
  File "/Users/peketamin/python/venv/lib/python3.6/site-packages/requests/
sessions.py", line 431, in prepare_request
    hooks=merge_hooks(request.hooks, self.hooks),
  File "/Users/peketamin/python/venv/lib/python3.6/site-packages/requests/
models.py", line 305, in prepare
    self.prepare_url(url, params)
  File "/Users/peketamin/python/venv/lib/python3.6/site-packages/requests/
models.py", line 379, in prepare_url
    raise MissingSchema(error)
requests.exceptions.MissingSchema: Invalid URL '#invalid_url': No schema
supplied. Perhaps you meant http://#invalid_url?
```

　出力結果を見ると、出力レベルがそれぞれのハンドラーごとに異なることがわかります。
　Logging HOWTOの上級ロギングチュートリアルでも触れられていますが、使い捨てのスクリプトでない限りはlogging.errorメソッドのように、直接loggingモジュールのメソッドでログを出力しないようにしたほうがよいでしょう。rootロガーのみを使うことになり、自作したモジュールを他のプロジェクトでもimportして使う場合に、そのプロジェクト内で自作モジュールのログ出力をコントロールすることが難しくなります。loggingモジュールを使って作られたログ出力用オブジェクトであるロガーは階層構造を持ち、ロガー名ごとに異なるログ出力設定を持つことができます。rootロガーはデフォルトで存在する最上位のロガーです。

例えば、

```
logger = getLogger(__name__)
```

という書き方を、loggingモジュールを使った場合の定型文として覚えておくとよいでしょう。

MEMO　上級ロギングチュートリアル

Logging HOWTOの上級ロギングチュートリアルは次のサイトで参照できます。

・**Logging HOWTO:「基本 logging チュートリアル（原文）」**
　URL https://docs.python.jp/3/howto/logging.html

ATTENTION　モジュールを直接実行した場合

モジュールを直接実行した場合は__name__は__main__になり、参照されるlogger設定がない場合は、rootロガーが使われることに注意してください。

MEMO　フォーマットに使える属性

フォーマットに使える属性は、次のサイトを参照して、必要に応じて調整するとよいでしょう。

・**「Python 3.6.1 ドキュメント」（16.6.7. LogRecord属性（原文））**
　URL https://docs.python.jp/3/library/logging.html#logrecord-attributes

辞書形式で設定を記述する

　ログの設定は、前述の例のように命令文で設定していくこともできますが、Pythonの辞書型（dict）を使った形式で設定を記述することもできます。その場合は、設定をlogging.dictConfigメソッドで読み込みます。

MEMO　dictConfigメソッド

dictConfigメソッドを使う時は、`version: 1`というキー・バリューが必須です。

・**「Python 3.6.1 ドキュメント」（16.7.2.1. 辞書スキーマの詳細（原文））**
　https://docs.python.jp/3/library/logging.config.html#dictionary-schema-details

ログ用設定のスクリプトファイルはリスト5-6のようになります。settings.pyというファイル名で保存してください。リスト5-6の設定ではログ出力を色付けして見やすくするためcolorlogライブラリを設定しています。

　pip installコマンドでcolorlogをインストールします。

```
$ pip install colorlog
```

```python
"""設定ファイル."""
import os


BASE_DIR = path.realpath(path.dirname(__file__))
LOG_DIR = path.join(BASEDIR, 'logs')  # ログファイルディレクトリ

# ログファイルディレクトリがなければ作成する
if not os.path.exists(LOG_DIR):
    os.mkdir(LOG_DIR)

LOGGING_CONF = {
    'version': 1,  # 必須
    # logger設定処理が重複しても上書きする
    'disable_existing_loggers': True,
    # 出力フォーマットの設定
    'formatters': {  # 出力フォーマットの設定
        'default': {  # デフォルトのフォーマット
            '()': 'colorlog.ColoredFormatter',  # colorlogライブラリを適用
            'format': '\t'.join([
                "%(log_color)s[%(levelname)s]",  #ログレベル
                "asctime:%(asctime)s",  #ログの出力日時
                "process:%(process)d",  #ログ出力が実行されたプロセス名
                "thread:%(thread)d",  #ログ出力が実行されたスレッドID
                "module:%(module)s",  #ログ出力が実行されたモジュール名
                "%(pathname)s:%(lineno)d",  #ログ出力が実行されたモジュールのパスと行番号
                "message:%(message)s",  #ログ出力されるメッセージ
            ]),
            'datefmt': '%Y-%m-%d %H:%M:%S',  # asctimeで出力されるログ出力日時の形式
            # ログレベルに応じて色を付ける
            'log_colors': {
                'DEBUG': 'bold_black',
                'INFO': 'white',
```

```python
                'WARNING': 'yellow',
                'ERROR': 'red',
                'CRITICAL': 'bold_red',
            },
        },
        'simple': {    # ログ出力要素を減らしたシンプル版のフォーマット
            '()': 'colorlog.ColoredFormatter',    # pip install colorlog
            'format': '\t'.join([
                "%(log_color)s[%(levelname)s]",
                "%(asctime)s",
                "%(message)s",    # 要素はログレベル、ログ出力日時、メッセージのみ
            ]),
            'datefmt': '%Y-%m-%d %H:%M:%S',
            'log_colors': {
                'DEBUG': 'bold_black',
                'INFO': 'white',
                'WARNING': 'yellow',
                'ERROR': 'red',
                'CRITICAL': 'bold_red',
            },
        },
        'query': {    # SQLクエリのログ出力用フォーマット
            '()': 'colorlog.ColoredFormatter',
            'format': '%(cyan)s[SQL] %(message)s',    # クエリのみ出力する
        },
    },
    # ログの出力先を決めるハンドラーの設定
    'handlers': {
        'file': {    # ファイルにログを出力するハンドラー設定
            'level': 'DEBUG',    # logger.levelがDEBUG 以上で出力
            # ログサイズが一定量を超えると自動的に新しいログファイルを作成 (ローテート) するハンドラー
            'class': 'logging.handlers.RotatingFileHandler',
            # ログファイルのパスを指定
            'filename': path.join(LOG_DIR, 'crawler.log'),
            'formatter': 'default',    # このハンドラーではデフォルトのフォーマットでログを出力する
            'backupCount': 3,    # 古くなったログファイルは3世代分保持する指定
            'maxBytes': 1024 * 1024 * 2,    # ログサイズが2MBを超えたらログファイルをローテート
        },
        'console': {    # ターミナルにログを出力するハンドラー設定
```

```python
            'level': 'DEBUG',
            'class': 'logging.StreamHandler',  # ターミナルにログを出力するハンドラー
            'formatter': 'default',  # このハンドラーではデフォルトのフォーマットでログを出力する
        },
        'console_simple': {  # ターミナルにログを出力するハンドラーのシンプルフォーマット版
            'level': 'DEBUG',
            'class': 'logging.StreamHandler',
            'formatter': 'simple',  # シンプル版のフォーマットを指定
        },
        'query': {  # ターミナルにSQLクエリログを出力するハンドラー
            'level': 'DEBUG',
            'class': 'logging.StreamHandler',
            'formatter': 'query'  # SQLクエリ用フォーマットを指定
        },
    },
    'root': {  # デフォルト設定
        'handlers': ['file', 'console_simple'],  # 先述のfile, consoleの設定で出力
        'level': 'DEBUG',
    },
    # ロガー名と、ロガーに紐付くハンドラー、ログレベルの設定
    'loggers': {
        # logging.getLogger(__name__) の __name__ で参照される名前がキーになる
        'celery': {
            'handlers': ['console', 'file'],
            'level': 'WARNING',  # CeleryのログはWARNING以上しか出さない
            'propagate': False,  # rootロガーにログイベントを渡さない指定
        },
        'my_project': {  # my_project.pyモジュールで使うためのロガー
            'handlers': ['console', 'file'],
            'level': 'DEBUG',
            'propagate': False,
        },
    },
}
```

リスト5-6：settings.py

　また、共通利用できるようにログ用モジュールを作成します（リスト5-7）。my_logging.pyというファイル名で保存します。

```python
"""ログ用モジュール."""
import logging.config

import settings


def get_my_logger(name):
    logging.config.dictConfig(settings.LOGGING_CONF)
    return logging.getLogger(name)


logger = get_my_logger(__name__)


if __name__ == '__main__':
    """my_loggingを試しに使ってみる."""
    logger.debug('DEBUGレベルです')
    logger.info('INFOレベルです')
    logger.warning('WARNINGレベルです')
    logger.error('ERRORレベルです')
    logger.critical('CRITICALレベルです')
```

リスト5-7：my_logging.py

MEMO　logging

loggingについては先述のLogging HOWTOの他、Logging クックブックも参考になります。

- 「Python 3.6.1 ドキュメント」(Logging クックブック (原文))
  URL https://docs.python.jp/3/howto/logging-cookbook.html

前述のMEMOの「(Logging クックブック(原文))」には、複数のプロセスからファイルにログ出力する際のロックについての注意も書かれているので、実用的なログ設計をする際には目を通すことをおすすめします。

my_logging.py を実行してログ出力のサンプルを見てみましょう。

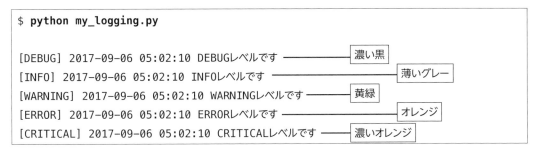

ログが出力されました。紙面ではわかりにくいですが、各ログレベルに応じて色が付いています。ログファイルのほうも見てみましょう。

こちらもログレベルに応じて色が付いているのを確認できると思います。

04 ログ出力ライブラリで ログを管理する

ログの管理には、ログ管理用のライブラリを利用する方法もあります。ここではよく利用されているライブラリを中心に紹介します。

サードパーティーのログ出力ライブラリを使う

モダンなWebフレームワークの利用経験のある方であれば、logger.error('some message')と書いただけで[ERROR] 2017-07-19 01:08:33 some messageのように出力されることをイメージするかもしれません。

loggingライブラリを使いこなせば、非常に柔軟で強力なログ出力が可能です。しかし、手軽にログ出力を始める場合はやや複雑な印象があります。そのような場合、サードパーティーのログ出力用のライブラリを検討してもよいでしょう。ここではEliotについて紹介します。

・Eliot
URL https://github.com/ScatterHQ/eliot

Eliotのインストール

pip installコマンドで、ログ出力用ライブラリのEliotをインストールします。

```
$ pip install eliot
```

コードに組込む

Eliotをインストールしたら、Eliotを使ってコードを書いてみます(リスト5-8)。sample_eliot.pyというファイル名で保存します。

```python
import json
import sys


from eliot import Message, start_action, to_file, write_traceback
import requests



# ログ出力を標準出力 (ターミナルにする)
to_file(sys.stdout)
```

```python
# クロール対象のURLリスト
PAGE_URL_LIST = [
    'https://eliot.readthedocs.io/en/1.0.0/',
    'https://eliot.readthedocs.io/en/1.0.0/generating/index.html',
    'https://example.com/notfound.html',
]


def fetch_pages():
    """ページ内容を取得する."""
    # どの処理のログかをaction_typeで指定
    with start_action(action_type="fetch_pages"):
        page_contents = {}
        for page_url in PAGE_URL_LIST:
            # どの処理のログかをaction_typeで指定
            with start_action(action_type="download", url=page_url):
                try:
                    r = requests.get(page_url, timeout=30)
                    r.raise_for_status()
                except requests.exceptions.RequestException as e:
                    write_traceback()    # 例外時はトレースバックを出力する
                    continue
                page_contents[page_url] = r.text
        return page_contents


if __name__ == '__main__':
    page_contents = fetch_pages()
    with open('page_contents.json', 'w') as f_page_contents:
        json.dump(page_contents, f_page_contents, ensure_ascii=False)

    # 単純にログメッセージのみを出力することもできる
    Message.log(message_type="info", msg="クロールデータが保存されました.")
```

リスト5-8：sample_eliot.py

コマンドを実行して出力する

　コードを書き終えたら、次のようにコマンドを入力して実行します。パイプしている eliot-prettyprint コマンドは eliot ライブラリが出力するログ形式を整形表示するためのコマンドです。

```
$ python sample_eliot.py | eliot-prettyprint
```

出力結果は次のようになります。

```
c351e483-a6c6-4b81-b66f-27ec5809a39d -> /1
2017-07-20 15:50:55.367330Z
  action_type: 'fetch_pages'
  action_status: 'started'

c351e483-a6c6-4b81-b66f-27ec5809a39d -> /2/1
2017-07-20 15:50:55.367733Z
  action_type: 'download'
  action_status: 'started'
  url: 'https://eliot.readthedocs.io/en/1.0.0/'

c351e483-a6c6-4b81-b66f-27ec5809a39d -> /2/2
2017-07-20 15:50:56.344318Z
  action_type: 'download'
  action_status: 'succeeded'

c351e483-a6c6-4b81-b66f-27ec5809a39d -> /3/1
2017-07-20 15:50:56.344593Z
  action_type: 'download'
  action_status: 'started'
  url: 'https://eliot.readthedocs.io/en/1.0.0/generating/index.html'

c351e483-a6c6-4b81-b66f-27ec5809a39d -> /3/2
2017-07-20 15:50:57.168903Z
  action_type: 'download'
  action_status: 'succeeded'

c351e483-a6c6-4b81-b66f-27ec5809a39d -> /4/1
2017-07-20 15:50:57.169304Z
  action_type: 'download'
  action_status: 'started'
  url: 'https://example.com/notfound.html'

c351e483-a6c6-4b81-b66f-27ec5809a39d -> /4/2
2017-07-20 15:50:57.933589Z
```

```
    message_type: 'eliot:traceback'
    errno: None
    exception: 'requests.exceptions.HTTPError'
    reason: ('404 Client Error: Not Found for url: '
        | 'https://example.com/notfound.html')
    traceback: ('Traceback (most recent call last):
        | '
        | '  File "sample_eliot.py", line 25, '
        | 'in fetch_pages
        | '
        | '  File '
        | '"/Users/peketamin/python/venv/lib/python3.6/site-packages/
requests/models.py", '
        | 'line 937, in raise_for_status
        | '
        | 'requests.exceptions.HTTPError: 404 '
        | 'Client Error: Not Found for url: '
        | 'https://example.com/notfound.html
        | ')

c351e483-a6c6-4b81-b66f-27ec5809a39d -> /4/3
2017-07-20 15:50:57.933890Z
  action_type: 'download'
  action_status: 'succeeded'

c351e483-a6c6-4b81-b66f-27ec5809a39d -> /5
2017-07-20 15:50:57.934165Z
  action_type: 'fetch_pages'
  action_status: 'succeeded'

772618c0-3d32-4d41-8964-66a932e2ad03 -> /1
2017-07-20 15:57:14.467909Z
  message_type: 'info'
  msg: 'クロールデータが保存されました.'
```

　start_actionメソッドが仕込まれたwithブロックごとに、注目したい変数とともに状況が出力されています。ログ設定には時間をかけたくないものの、とりあえずログが出ていればよいケースでは、検討してもよいでしょう。

05 並列処理を行う

クロールにおいて、1ページ1ページ順番にリクエストするのは非現実的です。そのような場合、多重化テクニック(並列化など)を利用すると効率的にクロールできます。

並列処理を行う

複数のURLを持ったリストをループして、1件1件ページ内容を取得することで、クローラーの基本形ができあがります。取得対象のページ数が多い場合、つまり、何回も相手サーバーへのリクエストをする時、1件ずつ内容を取得していくと、1リクエストにかかる時間×取得対象分の時間がかかります。

クローラーを実行する環境のCPUやメモリ、ネットワーク帯域に余裕があり、かつ相手サーバーの応答が良好な場合は、リクエストを多重化することで合計処理時間を減らすことが期待できます。

Webを使って調べ物をしている時、複数のリンクをあらかじめ別のウィンドウやタブで開いておき、全体の読み込み時間を短縮させるといった経験はあるでしょうか。これも1つの多重化と言えるでしょう。

このように処理の並列化により、クローラーに限らず、リソースを有効に活用できます(図5-2)。ここでは一般に並行処理、並列処理などと呼ばれる処理の方法を見ていきましょう。

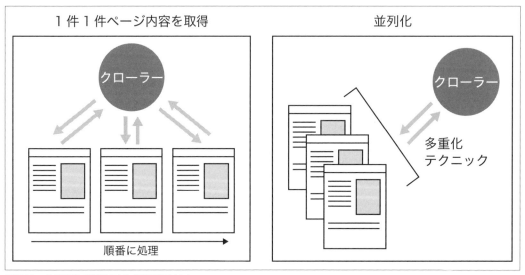

図5-2:非効率な処理(左)と並列処理(右)

> **COLUMN　並行・並列**
>
> 並行は英語でConcurrent、並列はParallelと表現されます。定義の違いについては他に譲りますが、端的に言えば、複数のスレッドを使って複数の処理を走らせるのは並行で、複数のプロセスを使った場合は並列と言えます。
>
> 複数のスレッドを使って処理をする場合、同一のプロセス内でスレッドが切り替わりながら処理が進みます。複数のプロセスを使って処理をする場合、もしコアが1つだけのCPUであれば、やはりプロセスを切り替えながら処理が進みますが、コアが複数であったり、CPU自体が複数ある場合は、1つのコアにつき1つのプロセスが処理できるため、同時的に処理が進みます。
>
> 厳密に言い換えられる内容ではありませんが、簡単にするため、ここでは料理にたとえてみましょう。ライス、味噌汁、焼き魚の定食を作るとします。1人の人間が進める場合、湯を沸かしている間に炊飯器をセットし、魚を焼くためのグリルを温め……というように、作業を切り替えながら同時進行させていくのが並行処理に相当します。ライスができあがってから味噌汁の準備に取り掛かり、味噌汁ができあがってから魚を焼くといった順次実行よりも、早く終わることでしょう。これに対して、3人の人間がそれぞれの品を担当して同時進行させていくのが並列処理に相当します。
>
> 1人の人間が作業を切り替えながら料理を進行していくのは3人で進める場合に比べて忙しそうですが、すべて自分好みの味にできそうです。これは処理対象の情報を自分の中で共有できているからです。3人で料理する場合、1人の場合よりも短い時間で3品ができあがりそうですが、味を統一しようとするとコミュニケーションが必要です。
>
> このようにマルチスレッドとマルチプロセスの使い分けについてもまた、目的と対象によって適切に選択できるとよいでしょう。

標準付属ライブラリを利用する（1台のマシンで並列化）

　Pythonにどのような並列処理ライブラリが標準付属しているかは次の公式ドキュメントに記載されています。代表的なものとしてmultithread、multiprocess、concurrent.Futureがあります。

- 「Python 3.6.1 ドキュメント」：17. 並行実行（原文）
  URL https://docs.python.jp/3/library/concurrency.html

　また、非同期処理ライブラリとしてasyncioがあります。asyncioはPython 3.4で追加された比較的新しいライブラリでコルーチン（MEMO参照）を使った多重処理を実現します。

- 「Python 3.6.1 ドキュメント」：18.5. asyncio ― 非同期 I/O、イベントループ、コルーチンおよびタスク
  URL https://docs.python.jp/3/library/asyncio.html

> **MEMO コルーチン**
>
> 通常の関数・メソッドと異なり、任意の場所で中断・再開ができる機能です。中断からの再開をするため、内部で状態を保持します。この機能により、擬似的に並列処理を実現できます。

　multithread、multiprocess、asyncioを使ったプログラミングでは細やかな多重処理の制御が行えますが、そもそも並列処理プログラミング自体がなかなか複雑になりやすい面もあり、クローラーを作る前にそのすべてに習熟することは時間がかかるかもしれません。

　ここでは比較的扱いやすいライブラリであるconcurrent.Futureのみを紹介します。

concurrent.Futureライブラリについて

　Futureとは他の言語やライブラリではpromise、delayなどとも呼ばれ、ある処理の結果が後で取得されることを前提に処理の実装が行えるようにするものです。

- 「Python 3.6.1 ドキュメント」：17.4. concurrent.futures – 並列タスク実行（原文）
  URL https://docs.python.jp/3/library/concurrent.futures.html

　Futureを使った処理では、結果を待つことなく後続の処理に移ることで並列処理を実現できます。ただし、結果を取り出す時には処理の実行完了を待つ必要があります（マルチスレッドプログラミングで言うところのjoinメソッドに相当）。

　並列処理をマルチスレッドで行いたい場合はThreadPoolExecutorメソッドを使い、マルチプロセスで行いたい場合はProcessPoolExecutorメソッドが使えます。

並列ダウンロードを行う

　ここでは作曲モーリス・ラベル作曲のパブリックドメインの演奏をarchive.orgから並列ダウンロードする処理を行います。リスト5-9のようなスクリプトファイルを作成します。

- The Piano Music of Maurice Ravel
  URL https://archive.org/details/ThePianoMusicOfMauriceRavel

```
"""音楽ファイルの並列ダウンロードサンプル."""
import concurrent.futures
import random
import time
from collections import namedtuple
from os import path
```

```python
from urllib import parse

import requests

from my_logging import get_my_logger

logger = get_my_logger(__name__)

# 音楽ファイルの名前とデータを保持するための名前付きタプルを定義
Music = namedtuple('music', 'file_name, file_content')
# クロールのリクエストごとの間隔を定義する 1秒から3.5秒までランダムに間隔を空ける
RANDOM_SLEEP_TIMES = [x * 0.1 for x in range(10, 40, 5)]   # 0.5秒刻み

# クロールするURLリスト
MUSIC_URLS = [
    'https://archive.org/download/ThePianoMusicOfMauriceRavel/01PavanePour↵
UneInfanteDfuntePourPianoMr19.mp3',
    'https://archive.org/download/ThePianoMusicOfMauriceRavel/02JeuxDeauPour↵
PianoMr30.mp3',
    'https://archive.org/download/ThePianoMusicOfMauriceRavel/03SonatinePour↵
PianoMr40-Modr.mp3',
    'https://archive.org/download/ThePianoMusicOfMauriceRavel/04MouvementDe↵
Menuet.mp3',
    'https://archive.org/download/ThePianoMusicOfMauriceRavel/05Anim.mp3',
]


def download(url, timeout=180):
    # mp3のファイル名をURLから取り出す
    parsed_url = parse.urlparse(url)
    file_name = path.basename(parsed_url.path)

    # リクエスト間隔をランダムに選択する
    sleep_time = random.choice(RANDOM_SLEEP_TIMES)

    # ダウンロードの開始をログ出力する
    logger.info("[download start] sleep: {time} {file_name}".format(
        time=sleep_time, file_name=file_name))
```

```python
    # リクエストが失敗した場合でも後続のリクエストが連続しないようにここで間隔を空ける
    time.sleep(sleep_time)

    # 音楽ファイルのダウンロード
    r = requests.get(url, timeout=timeout)

    # ダウンロードの終了をログ出力する
    logger.info("[download finished] {file_name}".format(file_name=file_name))

    # 名前付きタプルにファイル名とmp3のデータ自身を格納して返す
    return Music(file_name=file_name, file_content=r.content)


if __name__ == '__main__':
    # 同時に2つの処理を並行実行するための executor を作成
    with concurrent.futures.ThreadPoolExecutor(max_workers=2) as executor:  # ①
        logger.info("[main start]")

        # executor.submit() によりdownload関数を並行実行する．download関数の引数に
        # music_url を与えている
        # 並行実行処理のまとまりを futures 変数に入れておく
        futures = [executor.submit(download, music_url) for music_url in MUSIC_URLS]  # ②

        # download()関数の処理が完了したものから future 変数に格納する
        for future in concurrent.futures.as_completed(futures):  # ③
            # download関数の実行結果を resultメソッドで取り出す
            music = future.result()  # ④

            # music.filename にはmp3ファイルのファイル名が入っている．
            # このファイル名を使い、music.file_content に格納されている mp3 のデータをファイルに書き出す
            with open(music.file_name, 'wb') as fw:
                fw.write(music.file_content)
        logger.info("[main finished]")
```

リスト5-9：music_download_with_future.py

　executor.submitメソッドには（リスト5-9②）、並列実行したい関数名と引数を渡します。concurrent.futures.as_completedメソッドにより（リスト5-9③）、実行が完了したら、順次完

了オブジェクトが渡され、future.resultメソッドにより（リスト5-9④）、結果を取り出しています。

ThreadPoolExecutorメソッドのmax_workers=2と引数を指定することで（リスト5-9①）、「一度に2つ分を並列実行する」という意味になります。

7 コンソールで出力する

次のコマンドを実行します。

```
$ python music_download_with_future.py
```

コンソール出力は次のようになります。

```
[INFO] 2017-07-22 23:32:51,554 [main start]
[INFO] 2017-07-22 23:32:51,554 [download start] sleep: 2.5 01PavanePourUne
InfanteDfuntePourPianoMr19.mp3
[INFO] 2017-07-22 23:32:51,555 [download start] sleep: 2.0 02JeuxDeauPour
PianoMr30.mp3
[INFO] 2017-07-22 23:33:01,378 [download finished] 01PavanePourUneInfante
DfuntePourPianoMr19.mp3
[INFO] 2017-07-22 23:33:01,378 [download start] sleep: 1.0 03SonatinePour
PianoMr40-Modr.mp3
[INFO] 2017-07-22 23:33:03,024 [download finished] 02JeuxDeauPourPianoMr30.mp3
[INFO] 2017-07-22 23:33:03,024 [download start] sleep: 1.5 04Mouvement
DeMenuet.mp3
[INFO] 2017-07-22 23:33:07,698 [download finished] 03SonatinePourPianoMr
40-Modr.mp3
[INFO] 2017-07-22 23:33:07,698 [download start] sleep: 2.5 05Anim.mp3
[INFO] 2017-07-22 23:33:08,697 [download finished] 04MouvementDeMenuet.mp3
[INFO] 2017-07-22 23:33:15,865 [download finished] 05Anim.mp3
[INFO] 2017-07-22 23:33:15,878 [main finished]
```

ログの時刻に注目してください。最初に2つのファイルのダウンロードが開始され、そのうちの1つが終わると、次のファイルのダウンロードが開始されています。ThreadPoolExecutorメソッドの引数を変えてmax_workers=1に変えると1つ1つダウンロードされるようになるので、全体処理時間を比較してみるとよいでしょう。

max_workersを増やせば増やすほど、同時実行数が増えるので、それだけ短時間で処理が完了するように思えますが、相手サーバーの高負荷を招いてしまうことと、マシンのリソースを考慮して、多くしすぎないように注意しましょう。

ファイルはバイナリ形式で実行ディレクトリに保存されており、音楽プレイヤーで再生できます。

タスクキュー（複数のマシンで並列化）

前述のサンプルは1台のマシンで処理を並列化する例でしたが、複数のマシンで処理を並列化、つまり分散させれば、対象のデータが大量にある場合は、より効率的に処理が行えそうです。

このような場合、タスクキュー（ジョブキュー）という仕組みが適用できます（図5-3）。ジョブとはつまり、分散処理させたい関数に相当します。キューとは、待ち行列データ構造のことで、最初にキューに入れたデータは一番最初に取り出されます。

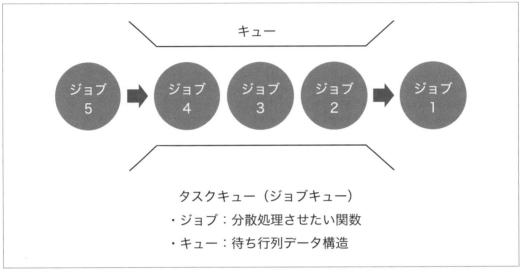

図5-3：タスクキューの仕組み

タスクを依頼する側(メインプログラム)は何か処理したいジョブが発生したら、一時的なタスクの保留場所とし、キューに入れます。また、タスクを処理するためのプロセスは「ワーカー」と呼ばれます。複数のマシン上でワーカーを起動しておき、ワーカーはキューに入っているジョブを各々取り出して処理していくことで分散処理が実現されます(図5-4)。

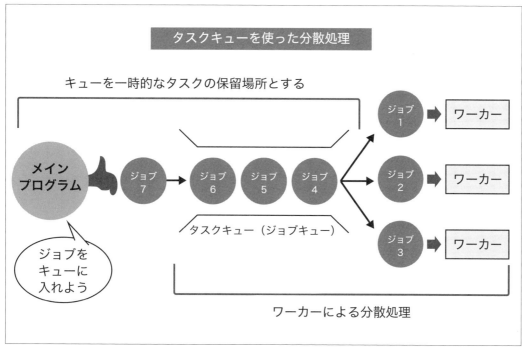

図5-4：タスクキューを使った分散処理の仕組み

　たとえるなら、仕事を依頼する人が紙（仕事票）に仕事を書いて、箱に入れておき、作業者は箱に入っている仕事票を先入れのものから順番に取り出し、仕事票に書いてある内容に従い作業をするようなものです。箱に入っている仕事票の集まりがキューで、作業者はワーカーに相当します。

　この仕組みはmultiprocessingモジュールとQueueクラスなど組み合わせても実装できますが、タスクキューの仕組みと並列プログラミングに慣れていないと、自前で実装するのはなかなか大変です。そのような場合はサードパーティーライブラリを検討しましょう。

Celeryを利用する

　Pythonでジョブキューを実現する代表的なサードパーティーライブラリにはCeleryがあります。

- **Celery**
  URL http://www.celeryproject.org

　Celeryでは非常に細かくタスクの制御ができ、リトライやタスクの有効期限を設定したり、ワーカーごとの役割を決めておいてキューの種類によってどのワーカーを使うかなどを決めたりできます。Celeryにはキューを扱う仕組みは備わっていますが、キューそれ自体を内包しているわけではなく、選択できるようになっています。

Celeryがキューとして扱えるプロダクトには、RabbitMQやRedisがあります。RabbitMQはメッセージキューの代表的な実装の1つで、高負荷が予想されるジョブキューシステムでは選択を検討するとよいでしょう。

　RedisはKVS（キーバリューストア）であり、メッセージキューではありませんが、Celeryではキューの保存場所として扱えるようになっています。

　他には、比較的新しいサードパーティーライブラリとしてRQ（http://python-rq.org/）があります。こちらは最初からRedisのみをキューとして使う前提で作られています。

　CeleryもRQもタスクの一覧を見たり、タスクの停止をWeb GUI上から行ったりする仕組みがサポートされています。

Celeryサンプル：mp3をダウンロードする

　前述のmp3をダウンロードするサンプルをCeleryを使って記述します。ただし、それだけだとタスク同士の連携のとり方がわかりにくいので、ダウンロードしたmp3データを先頭5秒でカットして保存し直すタスクを追加します。

　キューのバックエンドにはRedisを使ってみましょう。Redisはbrewコマンドでインストールできます。

```
$ brew install redis
$ brew services start redis            # redisサーバーが起動していることを確認します
==> Tapping homebrew/services
Cloning into '/usr/local/Homebrew/Library/Taps/homebrew/homebrew-services'...
remote: Counting objects: 12, done.
remote: Compressing objects: 100% (8/8), done.
remote: Total 12 (delta 0), reused 7 (delta 0), pack-reused 0
Unpacking objects: 100% (12/12), done.
Tapped 0 formulae (40 files, 54.0KB)
==> Successfully started `redis` (label: homebrew.mxcl.redis)
$ ps auxw | grep redis
peketamin         514   0.0  0.0  2470120    392   ??  S    火11PM   1:14.90 /usr/local/opt/redis/bin/redis-server 127.0.0.1:6379
```

CeleryとRedisモジュールをインストールする

　Celeryのインストールはpip installコマンドで行います。先にRedisモジュールも入れておきましょう。

```
$ pip install redis
$ pip install celery
```

FFmpegとPydubをインストールする

mp3データの操作のためにpip installコマンドでFFmpegとPydubの2つのライブラリをインストールします。

FFmpegは音声ファイルの操作に使われる代表的なツール・ライブラリで、様々な言語のバインディングがあります。

Pydubはシンプルに音声ファイルを操作するPythonのライブラリです。

・FFmpeg
URL https://www.ffmpeg.org/

・Pydub
URL https://github.com/jiaaro/pydub

```
$ brew install ffmpeg
```

```
$ pip install pydub
```

Celeryサンプルを利用してコードを記述する

Celeryサンプルを利用したコードはリスト5-10のようになります。mp3データの先頭5秒切り出しタスクは、対象ファイルのダウンロードが終わってからでないと実行してはいけないという依存関係があるため、リスト5-10 ②のdownload関数の中でさらに別タスクとしてキュー入れ(エンキュー)していることに注目してください。task.delayメソッドでエンキューとなります。

```
"""Celeryを使ったサンプル."""
import random
import time
from os import path
from urllib import parse

import requests

from celery import Celery
from pydub import AudioSegment

from my_logging import get_my_logger
```

```python
logger = get_my_logger(__name__)

# クロールのリクエストごとの間隔を定義する 1秒から3.5秒までランダムに間隔を空ける
RANDOM_SLEEP_TIMES = [x * 0.1 for x in range(10, 40, 5)]  # 0.5秒刻み

# アーティスト名
ARTIST_NAME = "Maurice RAVEL "
# アルバムタイトル
ALBUM_NAME = "The Piano Music of Maurice Ravel from archive.org"


# クロールするURLリスト
MUSIC_URLS = [
    'https://archive.org/download/ThePianoMusicOfMauriceRavel/01PavanePourUneInfanteDfuntePourPianoMr19.mp3',
    'https://archive.org/download/ThePianoMusicOfMauriceRavel/02JeuxDeauPourPianoMr30.mp3',
    'https://archive.org/download/ThePianoMusicOfMauriceRavel/03SonatinePourPianoMr40-Modr.mp3',
    'https://archive.org/download/ThePianoMusicOfMauriceRavel/04MouvementDeMenuet.mp3',
    'https://archive.org/download/ThePianoMusicOfMauriceRavel/05Anim.mp3',
]


# Redisの0番目のDBを使う例です
app = Celery('crawler_with_celery_sample', broker='redis://localhost:6379/0')
app.conf.update(
    # Redisにタスクや、その実行結果を格納する際のフォーマットにJSONを指定
    task_serializer='json',
    accept_content=['json'],
    result_serializer='json',
    timezone='Asia/Tokyo',
    enable_utc=True,  # Celeryタスク内では時刻をUTCで扱う
    # 1つのワーカーは同時に1つのプロセスだけ実行するようにする
    worker_max_tasks_per_child=1,
    # Redisに保存されるタスクの実行結果は60秒間経過したら破棄する
    result_expires=60,
```

```python
    # ワーカーが標準出力に出力した内容をコマンド実行ターミナルには出さない
    worker_redirect_stdouts=False,
    # タスクの実行時間が180秒を超えた場合、タスクを終了させる
    task_soft_time_limit=180,

    # どのタスクをどのワーカーにルーティングするかの設定
    task_routes={                                                          ①
        'crawler_with_celery_sample.download': {
            'queue': 'download',
            'routing_key': 'download',
        },
        'crawler_with_celery_sample.cut_mp3': {
            'queue': 'media',
            'routing_key': 'media',
        },
    },
)


# リトライは最大2回まで，リトライ時は10秒の間隔を空ける
@app.task(bind=True, max_retries=2, default_retry_delay=10)
def download(self, url, timeout=180):                                      ②
    """ファイルのダウンロード."""
    try:
        # mp3のファイル名をURLから取り出す
        parsed_url = parse.urlparse(url)
        file_name = path.basename(parsed_url.path)

        # リクエスト間隔をランダムに選択する
        sleep_time = random.choice(RANDOM_SLEEP_TIMES)

        # ダウンロードの開始をログ出力する
        logger.info("[download start] sleep: {time} {file_name}".format(
            time=sleep_time, file_name=file_name))

        # リクエストが失敗した場合でも後続のリクエストが連続しないようにここで間隔を空ける
        time.sleep(sleep_time)

        # 音楽ファイルのダウンロード
```

```python
        r = requests.get(url, timeout=timeout)
        with open(file_name, 'wb') as fw:
            fw.write(r.content)

        # ダウンロードの終了をログ出力する
        logger.info("[download finished] {file_name}".format(file_name=file_name))

        cut_mp3.delay(file_name)   # cut_mp3関数の実行をタスクとしてエンキューする
    except requests.exceptions.RequestException as e:
        # 例外時はログを出力し、リトライする
        logger.error("[download error - retry] file: {file_name}, e: {e}".format(
            file_name=file_name, e=e))
        raise self.retry(exc=e, url=url)


@app.task
def cut_mp3(file_name):
    """先頭5秒を抜き出して保存する."""
    logger.info("[cut_mp3 start] {file_name}".format(file_name=file_name))

    # ダウンロードされたファイルをpydubのデータ形式に変換して読み込む
    music = AudioSegment.from_mp3(file_name)

    # mp3ファイルの先頭2秒間を切り出す
    head_time = 2 * 1000   # milliseconds
    head_part = music[:head_time]   # 切り出し
    root_name, ext = path.splitext(file_name)   # ファイル名を拡張子とそれ以外に分割

    # 保存
    # もとのファイルとの区別がつくよう、拡張子の手前に _head を付加したファイル名で
    # 切り出したデータを書き出す
    file_handler = head_part.export(
        root_name + "_head" + ext,
        format="mp3",
        tags={
            'title': root_name,
            'artist': ARTIST_NAME,
            'album': ALBUM_NAME,
```

```
            }
        )
        # ファイルハンドラーをクローズすることを忘れない
        file_handler.close()
        logger.info("[cut_mp3 finished] {file_name}".format(file_name=file_name))


if __name__ == '__main__':
    logger.info("[main start]")

    # クロール対象のURLごとにdownload関数をタスクとしてエンキューする
    # エンキューされたタスクはワーカーにより適時実行される
    for music_url in MUSIC_URLS:
        download.delay(music_url)
    logger.info("[main finished]")
```

リスト5-10：crawler_with_celery_sample.py

task_routes 設定について

リスト5-10①のtask_routes設定に注目してください。Celeryではタスクのルーティングが行えます。ルーティングとは、どのワーカーでどのタスクを実行させるかの指定です。

ここではdownloadキューとmediaキューをそれぞれのタスクに紐付けています。その理由を説明します。

例えばルーティングをしないで、ワーカープロセス数を2つにし、同時に2つずつしかダウンロードできないように制御したとしましょう。ダウンロードタスクが2つ実行されている間は、ワーカー上では他のタスクが実行できません。つまり、cut_mp3関数によるタスクの実行は2つのダウンロードタスクのどちらかが終わり、ワーカーに空きができてから行われることになります。cut_mp3関数はネットワーク処理にかかる時間や相手サーバーへの負担とは関係ないため、ダウンロードが終わったファイルにはすぐにでも処理をかけてよいはずです。つまり、ワーカーを役割ごとに2つ起動しておくことを想定してこのような設定をしています。

ワーカーを起動する

ワーカーの起動はアプリケーションの実行前に行います。ここで注意が必要です。Pydubは内部でFFmpegコマンドをサブプロセスで呼び出します。media用のワーカープロセスをバックグラウンド起動している状態ではサブプロセスの呼び出しができません。

次ようなコマンド入力でワーカーを起動していると、ダウンロードタスクは終了しますが、mp3データの編集タスクは完了しません。ここでは実際に動作を確認するため、次のコマンド

を実行してください。

```
$ celery -A crawler_with_celery_sample worker -Q download -c 2 -l info -n ↵
download@%h &
$ celery -A crawler_with_celery_sample worker -Q media -c 2 -l info -n ↵
media@%h &
```

　celeryコマンドの後、-AオプションでCeleryで実行する対象のアプリケーションを指定します。workerオプションはワーカーの起動を意味し、-Qは使用されるキュー名を指定します。-cオプションで生成するワーカープロセス数を指定します。

　-lはCelery自体のログ出力レベルです。自作したアプリケーションのloggerに設定したログレベルとは別に指定できます。-nオプションではワーカー名を指定しています。同じワーカー名を役割の異なるワーカーに指定しているとキューが正しく処理されません。明示的に付けておきましょう。

クロールを実行する

　それでは、クロールを実行してみましょう。

```
$ python crawler_with_celery_sample.py
```

　ログ出力は次のようになります。

```
# ログ出力が始まり、すぐ終わりますが、その後、ワーカーが処理した分のログが続けて出力される
[INFO] 2017-07-24 01:23:38,231 [main start]
[INFO] 2017-07-24 01:23:38,341 [main finished]
[INFO] 2017-07-24 01:23:38,341 [download start] sleep: 2.5 01PavanePourUne ↵
InfanteDfuntePourPianoMr19.mp3
[2017-07-24 01:23:38,341: INFO/ForkPoolWorker-2] [download start] sleep: 2.5 ↵
01PavanePourUneInfanteDfuntePourPianoMr19.mp3
[INFO] 2017-07-24 01:23:38,343 [download start] sleep: 3.5 ↵
02JeuxDeauPourPianoMr30.mp3
[2017-07-24 01:23:38,343: INFO/ForkPoolWorker-1] [download start] sleep: 3.5 ↵
02JeuxDeauPourPianoMr30.mp3
(venv) yokoyamayuki-no-MacBook-Pro:Chapter4 peketamin$
[2017-07-24 01:23:48,398: INFO/ForkPoolWorker-2] [download finished] 01 ↵
PavanePourUneInfanteDfuntePourPianoMr19.mp3
[INFO] 2017-07-24 01:23:48,439 [download start] sleep: 3.5 ↵
03SonatinePourPianoMr40-Modr.mp3
[2017-07-24 01:23:48,439: INFO/ForkPoolWorker-2] [download start] sleep: 3.5 ↵
03SonatinePourPianoMr40-Modr.mp3
```

```
[INFO] 2017-07-24 01:23:49,041 [download finished] 02JeuxDeauPourPianoMr30.mp3
[2017-07-24 01:23:49,041: INFO/ForkPoolWorker-1] [download finished]
02JeuxDeauPourPianoMr30.mp3
[INFO] 2017-07-24 01:23:49,087 [download start] sleep: 2.0
04MouvementDeMenuet.mp3
[2017-07-24 01:23:49,087: INFO/ForkPoolWorker-1] [download start] sleep: 2.0
04MouvementDeMenuet.mp3
[INFO] 2017-07-24 01:23:55,133 [download finished] 04MouvementDeMenuet.mp3
[2017-07-24 01:23:55,133: INFO/ForkPoolWorker-1] [download finished]
04MouvementDeMenuet.mp3
[INFO] 2017-07-24 01:23:55,137 [download start] sleep: 1.5 05Anim.mp3
[2017-07-24 01:23:55,137: INFO/ForkPoolWorker-1] [download start] sleep: 1.5
05Anim.mp3
[INFO] 2017-07-24 01:23:55,864 [download finished] 03SonatinePourPianoMr40-
Modr.mp3
[2017-07-24 01:23:55,864: INFO/ForkPoolWorker-2] [download finished]
03SonatinePourPianoMr40-Modr.mp3
[INFO] 2017-07-24 01:23:55,877 [cut_mp3 start] 01PavanePourUneInfanteDfunte
PourPianoMr19.mp3
[2017-07-24 01:23:55,877: INFO/ForkPoolWorker-2] [cut_mp3 start] 01Pavane
PourUneInfanteDfuntePourPianoMr19.mp3  ──── ここでストップ
```

上記の出力結果を見てわかるように、[cut_mp3 start] 01PavanePourUneInfanteDfunteP
ourPianoMr19.mp3で止まってしまいました。[control]＋[C]キーでこのプログラムの実行を
中断しましょう。

クロールに失敗しているので、P.156で実行したcelery -A … の2つのコマンドもfgコマン
ドでフォアグラウンドにし、[Ctrl]＋[C]キーで終了しておきます（ワーカー2つ分ですので、2
回繰り返します）。

このように意図しないタスクがキューイング（MEMO参照）されたまま残っていると、次にワー
カーを起動した時に想定より多くの処理が行われてしまいます。

> **MEMO　キューイング**
>
> 待ち行列（キュー）に入れて、順番に実行することです。

キューをクリアする

もし意図してないキューを溜めてしまった場合は次のコマンドでキューをクリアしてください。

```
$ celery -A crawler_with_celery sample purge
```

ワーカーをデーモン化する

それではワーカーの起動に戻りましょう。ワーカーはデーモン化することができ、デーモン化したワーカーではサブプロセスもうまく処理できます。次のようにワーカーを起動して実行してみましょう。

```
$ celery -A crawler_with_celery_sample multi start download -Q download -c 2 -l info --logfile=worker-download.log  --pidfile=worker-download.pid
$ celery -A crawler_with_celery_sample multi start media -Q media -c 2 -l info --logfile=worker-media.log --pidfile=worker-media.pid
```

> **MEMO　デーモン**
>
> Linuxにおいてメモリ上に常駐して様々なサービスを提供するプロセスです。

再度、クロールを実行してみるとコンソール画面には次のようなログのみが出力されます。

```
[INFO]      2017-07-24 04:41:34      [main start]
[INFO]      2017-07-24 04:41:34      [main finished]
```

デーモン化したワーカーは現在のシェルとは別のプロセスで実行されるため、コンソール画面にはログが出力されません。しばらくすると、実行ディレクトリにワーカーのログファイルが生成されていることがわかります。

```
$ ls worker-*.log
worker-download.log   worker-media.log
```

＊は任意の文字列を意味します（ワイルドカード）。

アプリケーションコードを変更した場合は、ワーカーも再起動する必要があります。

```
$ celery -A crawler_with_celery_sample multi restart download -Q download -c 2 -l info --logfile=worker-download.log  --pidfile=worker-download.pid
$ celery -A crawler_with_celery_sample multi restart media -Q media -c 2 -l info --logfile=worker-media.log --pidfile=worker-media.pid
```

ワーカーを終了する時はプロセスIDを指定して、kill(kill -TERM)コマンドを実行します(なお、ワーカーをKillコマンドで実行する前に、次ページの「Flowerを使ってキューの状況を確認する」を実行してください)。

```
$ kill `cat worker-download.pid`
$ kill `cat worker-media.pid`
```

毎回、ワーカーをこのように起動・終了するのは少々手間なので、起動形式が決まったら、プロセス制御ツール Supervisor などを使ってデーモンとして起動するようにしておくとよいでしょう。プロセス制御ツール Supervisord を使ったワーカーの起動例は Appendix で紹介します。

Flowerを使ってキューの状況を確認する

ログを tail -f などで監視することでタスクの実行状況はわかりますが、キューの状態まではわかりません。そこで Celery アプリケーションの Web GUI モニタリングツールである Flower を使って、キューの状況を見てみましょう。いつものように pip install コマンドで flower をインストールします。

```
$ pip install flower
```

Flower がインストールされると Celery アプリケーションのサブコマンドとして使えるようになります。ワーカーの起動のように、Celery アプリケーション名を指定して起動します。デフォルトのポートは 5555 番です。

```
$ celery -A crawler_with_celery_sample flower &
```

ブラウザで http://localhost:5555 にアクセスすると、ダッシュボード画面が開き、ワーカーの一覧が表示されます。(図5-5)。

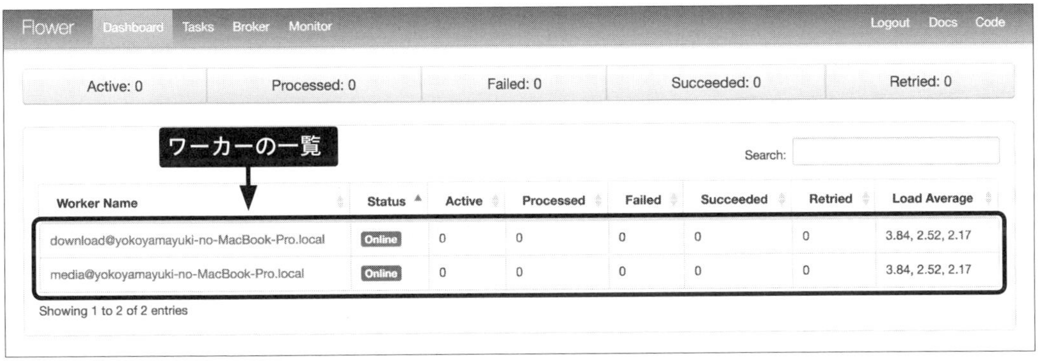

図5-5：ワーカーの一覧

メニューから[Tasks]をクリックすると、タスク一覧画面になり、タスクの実行状況が表示されます(図5-6①②)。タスクのID(UUID)にリンクが設定されているのがわかります(図5-6③)

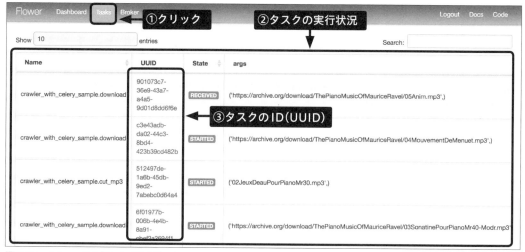

図5-6：メニューから[Tasks]をクリック

図5-6でタスクのID(UUID)をクリックするとタスクの詳細画面が表示されます(図5-7)。

図5-7：タスクの詳細画面

図5-7のタスクの詳細画面では、タスクがエラーを起こして異常終了した際のトレースバックも表示できるため、デバッグする時に便利です。

06 並列処理を行う上での注意点

多くのタスクやジョブを扱う上で便利な並列処理ですが、実際に行う場合、いくつか注意すべき点もあります。ここではそれらの注意点について解説します。

並列処理で注意すべき点

並列処理では逐次処理とは考え方のパラダイムが違うため、いくつかの面で注意が必要です。ここではそれらの中から基本的な注意点を挙げます。

タスクのワークフローデザイン

本章の05節で例に挙げたような依存関係のあるタスク同士が連携をする場合、あるタスクが親となり、親タスクが子タスク(サブタスク)を呼び出す設計になります。この場合、なるべく親タスクは子タスクの実行結果を待たない設計がよいでしょう。単純なタスク連携では問題になりにくいですが、親タスク自体がループ処理により実行される場合などは、並列化の主な目的である実行効率が意図したように上がらないことがあります。

どうしても子タスクの結果を親タスクで取得しなければいけない場合は、Celeryではchord関数とgroup関数が使えますが、処理が複雑になりがちです。処理が複雑になるとコードも複雑になりデバッグが難しくなります。複雑に感じた時点で、なるべく設計の見直しを図ることをおすすめします。

データの受け渡し

キュー、ワーカー間でのデータの受け渡しはシリアライズ可能なオブジェクトでのみ可能なことに注意してください。状態を持ったクラスのインスタンス自身を渡すことはできません。このため、タスクの引数はなるべく単純なものになるような実装をしましょう。

データの競合

マルチスレッド処理では変数の競合(MEMO参照)、マルチプロセス処理ではファイル更新やデータベースレコード更新の競合に注意しなければなりません。

本章の05節で紹介したCeleryの例ではワーカーのログファイルは別になっています。もしログファイルが同じファイルの場合、同時に書き込みが発生すると意図しないログになる可能性があります。

> **MEMO 「競合」について**
>
> v＝1のように変数を作り、別々の処理が「同時に」v＝v＋1のような、演算前の値に対して加算する場合を考えてみます。2つの処理が同時にvの値を読み取り、それぞれのタイミングで加算処理を終えたとしましょう。vに1が2回、加算されて3になるのが期待する結果です。
> しかし、変数vの読み取りが始まった時点では両処理ともvの値を1として保持します。
> ある処理がvに1を加算し終えて、vに2を入れた後、もう一方の処理が同じく1の値を持ったvに1を加算して2を格納する、と言った事象が起こり得るため、期待した通りにはならないことがあります。

同じ場所にログを集約したい場合は、FluentdやSentryなどのログ用ミドルウェアを検討しましょう。

・Fluentd
URL https://www.fluentd.org/

・Sentry
URL https://sentry.io/welcome/

また、Loggingクックブックの「複数のプロセスからの単一ファイルへのログ記録」の章（URL https://docs.python.jp/3/howto/logging-cookbook.html）も参考となります。

データベースの場合、一般的には1つのアプリケーションでは同じデータベースを共有します。トランザクション処理で更新対象レコードが重複した場合、デッドロックエラーが起きるため、versionカラムやtimestampカラムを利用した楽観ロックを使った排他的な更新処理を実装したり、MySQLであればINSERT ... ON DUPLICATE KEY UPDATE構文、PostgreSQLではUPSERT... ON CONFLICT構文を利用して対処してください。

データの競合を避けるため、Redisやmemcachedを利用し、Mutexを実装するのも1つの方法です。データベース処理における整合性の確保や、(Mutexを含む)アルゴリズムについては、また別の専門的な分野の話題となります。本書でクローラーの基本的な技術が把握した上で興味があれば、調べてみるとよいでしょう。

状態管理

この章で紹介した例ではログによりタスクの実行状態の判断が行えましたが、ログは継続的に記録されるものなので、どのタスクがどのような状態であるかを示す一覧化の用途には適していません。また、多くのURLをリンク収集先として継続的にクロールしていると、運用中にクロール不要なURLも出てくることでしょう。そのような場合にはデータベースを使い、クロール不要になったURLには無効状態を属性値として付加することで、クロールの制御がしやすくなります。

実際の例は保守運用について説明するChapter 7で紹介します。

Chapter 6 スクレイピングの開発（応用編）

Chapter 4では、スクレイピングの基本について解説しました。
本章では、より実践的な開発手法について解説します。

01 クロールしたデータを構造化データに変換する

クロールして集めたデータは、そのままでは利用できません。構造化したデータにする必要があります。ここでは、データを構造化する方法を解説します。

集めたデータを構造化するには

　クローラーで集めたデータは、そのままでは構造化されていないことがよくあります。HTMLがクロール対象の場合は特にそうです。

　最初からXMLやJSONで構造化されているデータをクローラーで取得できる場合でも、すべてのデータに同じ項目があるとは限りません。そのようなデータは自分が最終的に利用する形態に揃える必要があります。

　ここでは「青空文庫」を例に挙げてみましょう。仮に、ある作家の新着作品をクローラーで収集することを目的にしているとしましょう。収集は継続的に行い、新着作品があればデータを追加するものとします。

・青空文庫　Aozora Bunko
　URL http://www.aozora.gr.jp/

HTMLソースを確認する

　まず、各作家の作品リストページはHTML形式です。初めにクロールしたHTMLソースを保存しておき、次にクロールしたHTMLソースと差があればページ内容の変更自体の検知はできそうです。

　この時、作品リストのどの作品が増えたのかをどのように判別すればよいのでしょうか？

　もしページレイアウト中の作品リストブロック以外の箇所で変更が加えられていた場合、ページが変更されたことは検知できても、作品が増えたかどうかはわかりません。

　それでは、作品リストブロックのみを取り出して、行ごとに比較してみるのはどうでしょうか？

　リストの中ほどに作品が追加されていたとして、追加作品の以降の行も、初めにクロールした時とはズレてしまうためうまくいきそうにありません。

　さらには、もし、HTMLのマークアップ自体が変わっていたらどうでしょうか？

　このように現在は、ulとliを組み合わせてリストがマークアップされていますが、ある日tableタグの組み合わせにマークアップが変わったら、初めにクロールした時との比較はさらに難しくなりそうです。つまり、HTMLソースのまま比較するだけでは、前回の状態と正しく比

較することは困難になります。

　例えば表6-1のように必要なデータのみをスクレイピングにより抽出し、構造化しておけば、構造内のデータごとに比較し差異を見つけることで、前回の状態との比較がしやすくなります。

作家名	作品ID	作品名	文字遣い種別
芥川 竜之介	3757	世の中と女	新字旧仮名
芥川 竜之介	128	羅生門	旧字旧仮名
芥川 竜之介	127	羅生門	新字旧仮名

表6-1：必要な項目のみ構造化したデータ

構造化したデータを保存するには

　構造化したデータを保存する場合、MySQL（MEMO参照）やPostgreSQL（MEMO参照）のようなリレーショナルデータベースに保存することが一般的だと思います。そして、保存されたデータは利用目的に応じて、再度、構造化されたデータで利用することが多いでしょう。

　このような形式でデータベースに保存しておけば、スクレイピングにより抽出された作品IDをデータベースの作品ID列から検索して、もし見つからなければ、新着作品が増えたことがわかりやすくなります。作家名列は正規化して別のテーブルに切り出すともっとよいでしょう。

 MEMO　MySQL

MySQLは、オラクル社によって開発、サポートされているオープンソースのリレーショナルデータベースで、Web系サービスでは広く使われています。有償版と無償版があり、無償版を使う場合は、MySQL Community Edition を選択するとよいでしょう。

・Download MySQL Community Server
　URL https://dev.mysql.com/downloads/mysql/

 MEMO　PostgreSQL

PostgreSQLは機能が豊富で、業務系ツールでの利用に定評のあるオープンソースのリレーショナルデータベースです。近年、パフォーマンスが向上してきたことで、Web系サービスでもよく使われるようになってきました。こちらも無償で利用できます。

・Downloads：PostgreSQL Core Distribution
　URL https://www.postgresql.org/download/

作家名を正規化する

まず作家名を正規化しましょう。芥川 龍之介のページ(URL http://www.aozora.gr.jp/index_pages/person879.html) を例にします。作家別作品リストページを見ると、URLにperson879.htmlとあり、またページ中にはNo.879とあることから、作家のIDは879であることがうかがわれます。この法則を利用すれば、作品ページURLをそのまま保存する必要はなく、作家IDと作品IDから組み立てることが可能であることがうかがわれます(もちろん、作品ごとに法則性のないURLになっているようなサイトがクロール対象の場合は作品URLも保存しておくとよいでしょう)。

文字遣い種別についてもいくつかの種別から適用されているように推測されるので、これも正規化しておきましょう(また、プログラム中においては、把握していない文字種別が現れた場合にはこのテーブルに行が追加されるようにしておきましょう)。

正規化済みテーブルは次のようになります。プログラムから扱いやすいように、テーブルとカラム(列)の名前はアルファベットにしておきます(表6-2、6-3、6-4)。

id	name
1	新字旧仮名
2	旧字旧仮名

表6-2：mojidukai_types
　　　　(文字遣い種別テーブル)

id	name
879	芥川 竜之介

表6-3：writers(作家テーブル)

id	writer_id	title	mojidukai_type_id
3757	879	世の中と女	1
128	879	羅生門	2
127	879	羅生門	1

表6-4：works(作品テーブル)

収集したデータを利用するには

ここで収集した作品データを利用することを考えてみましょう。他のプログラムやサーバーと連携する場合は、次のようなフォーマットがよく使われると思います。

- XML
- CSV
- JSON

上記のような利用形式を意識してデータを構造化していくことで、どのような情報を、どのように構造化していくべきかの見通しを立てやすくなります。表6-4の作品テーブルをそれぞれのフォーマットに変換した例を次節から見てみましょう。

02 XMLに変換する

集めたデータをXML形式に変換すれば、データの利用範囲は広がります。ここでは、Pythonのライブラリを利用して、XML形式に変換する方法を解説します。

データベースを作成して各テーブルを登録する

ここでは変換作業をわかりやすくするため、本章の01節で作成したテーブルをこの節で新しく作成するデータベースに入れていきます。

データベースを作成する

データベース名は「aozora_bunko」とします。

なお、Chapter 4ですでにMySQLはインストール済みですので、ここではインストール済みを前提に解説します（コマンド実行後の出力結果は割愛しています）。

```
$ mysql -u root -p
mysql> CREATE DATABASE aozora_bunko DEFAULT CHARACTER SET utf8;
mysql> use aozora_bunko;
```

データベースにテーブルを登録する

リスト6-1のSQLをローカルのMySQLデータベース上で実行します。

```
mysql> CREATE TABLE `mojidukai_types` (
    >    `id` int(11) unsigned NOT NULL AUTO_INCREMENT,
    >    `name` varchar(8) NOT NULL DEFAULT '',
    >    `created_at` timestamp NOT NULL DEFAULT CURRENT_TIMESTAMP ON UPDATE
CURRENT_TIMESTAMP,
    >    `updated_at` timestamp NOT NULL DEFAULT CURRENT_TIMESTAMP ON UPDATE
CURRENT_TIMESTAMP,
    >    PRIMARY KEY (`id`)
    > ) ENGINE=InnoDB AUTO_INCREMENT=3 DEFAULT CHARSET=utf8mb4;

    > INSERT INTO `mojidukai_types` (`id`, `name`)
    > VALUES
    >      (1, '新字旧仮名'),
```

```
    >     (2, '旧字旧仮名');
```
リスト6-1：mojidukai_types.sql

文字遣い種別を格納するテーブルを追加する

リスト6-1で追加しているのは、文字遣い種別を格納するテーブルです。クロールプログラムの実行における作品データ追加処理では、スクレイピングにより取得された文字遣いをnameカラムから検索して、見つからなければ、新しい文字遣いとしてレコードを追加していく想定です。全作品分が追加されても10レコードにも至らないことが予想されますので、nameカラムへのインデックスは作成していません。

作家を格納するテーブルを追加する

リスト6-2では、作家を格納するテーブルを追加しています。

クロールプログラム実行における作品データ追加処理では、スクレイピングにより取得された作家をidカラムから検索して、見つからなければ新しい作家としてレコードを追加していく想定です。

idカラムはテーブル中で一意にレコードを特定できるため主キーとなるPRIMARY KEYではありますが、青空文庫では作家IDが直接得られるため、連番生成オプションのAUTO_INCREMENT指定はしていません。また、クロールプログラム自体はnameカラムから作家名で検索する必要がないので、nameカラムのインデックスも作成していません。

```
mysql> CREATE TABLE `writers` (
    >   `id` int(11) unsigned NOT NULL,
    >   `name` varchar(128) NOT NULL DEFAULT '',
    >   `created_at` timestamp NOT NULL DEFAULT CURRENT_TIMESTAMP,
    >   `updated_at` timestamp NOT NULL DEFAULT CURRENT_TIMESTAMP ON UPDATE ↵
CURRENT_TIMESTAMP,
    >   PRIMARY KEY (`id`)
    > ) ENGINE=InnoDB DEFAULT CHARSET=utf8mb4;

    > INSERT INTO `writers` (`id`, `name`)
    > VALUES
    >     (879, '芥川 竜之介');
```
リスト6-2：writers.sql

登録全作家リストページを確認する

登録全作家リストページを見てみましょう。

・青空文庫の「登録全作家　作家リスト：全て」
　URL http://www.aozora.gr.jp/index_pages/person_all_all.html

　このページの文字を[Ctrl]+[a]キーですべて選択して、そのままテキストエディタに貼り付けます。テキストエディタ上で行番号を見ると、2,000行以内であることがわかります。

　運用のために管理画面を作り、そこで作家名で検索する際は必要になりそうですが、この時点ではこのデータベースへの登録作家数がインデックスを追加しなくとも十分な速さで検索できる範囲に収まりそうです。もしも、作家数が数万オーダーになりそうなことがわかり次第、インデックスを追加するのでもよさそうです。

作品を格納するテーブルを追加する

　リスト6-3は、作品を格納するテーブルです。クロールプログラムの実行における作品データの追加処理では、スクレイピングにより取得された作品をidカラムから検索して、見つからなければ、新しい作品としてレコードを追加していきます。

　作家テーブルと同じく、idカラムはPRIMARY KEYではありますが、青空文庫では作品IDが直接得られるため、AUTO_INCREMENT指定はしていません。そしてこれもまた、クロールプログラム自体はnameカラムから作品名で検索する必要がないので、nameカラムのインデックスも作成していません。

　このようなテーブルは将来、レコード数が増大することが予想されます。管理画面を作り、作品名やURLなどで検索する必要が発生するようであれば、インデックスを追加しておくとよいでしょう。

```
mysql> CREATE TABLE `works` (
    >   `id` int(11) unsigned NOT NULL,
    >   `writer_id` int(11) NOT NULL,
    >   `title` varchar(255) NOT NULL DEFAULT '',
    >   `mojidukai_type_id` int(11) NOT NULL,
    >   `created_at` timestamp NOT NULL DEFAULT CURRENT_TIMESTAMP,
    >   `updated_at` timestamp NOT NULL DEFAULT CURRENT_TIMESTAMP ON UPDATE ⏎
CURRENT_TIMESTAMP,
    >   PRIMARY KEY (`id`)
    > ) ENGINE=InnoDB DEFAULT CHARSET=utf8mb4;

    > INSERT INTO `works` (`id`, `writer_id`, `title`, `mojidukai_type_id`)
```

```
    > VALUES
    >     (127, 879, '羅生門', 1),
    >     (128, 879, '羅生門', 2),
    >     (3757, 879, '世の中と女', 1);
```

リスト6-3：works.sql

追加したら一度、MySQLデータベースからログアウトします。

```
mysql> exit
```

XMLを利用する

XMLはRSS、Atomなどのフィードでも使われる形式で、ツリー構造を持ちます。前述のデータを独自のXML形式で記述したリスト6-4のサンプルを見てみましょう。

```
<?xml version="1.0" encoding="utf-8"?>
<catalog>
    <work id="3757">
        <writer id="879">芥川 竜之介</writer>
        <title>世の中と女</title>
        <mojidukai_type id="1">新字旧仮名</mojidukai_type>
        <url>http://www.aozora.gr.jp/cards/000879/card3757.html</url>
    </work>
    <work id="128">
        <writer id="879">芥川 竜之介</writer>
        <title>羅生門</title>
        <mojidukai_type id="2">旧字旧仮名</mojidukai_type>
        <url>http://www.aozora.gr.jp/cards/000879/card128.html</url>
    </work>
    <work id="127">
        <writer id="879">芥川 竜之介</writer>
        <title>羅生門</title>
        <mojidukai_type id="1">新字旧仮名</mojidukai_type>
        <url>http://www.aozora.gr.jp/cards/000879/card127.html</url>
    </work>
</catalog>
```

リスト6-4：works.xml

リスト6-4からは1つ1つの作品に対して、関連するテーブルのデータが結合されているかが

わかると思います。要素（workやwriterなどのタグ）を入れ子にして記述することもできます。

リスト6-4の例では作品を階層の第一要素として記述しましたが、作家を階層の第一要素として記述した場合はリスト6-5のようになります。

```xml
<?xml version="1.0" encoding="utf-8"?>
<catalog>
    <writer id="879" name="芥川 竜之介">
        <work id="3757">
            <title>世の中と女</title>
            <mojidukai_type id="1">新字旧仮名</mojidukai_type>
            <url>http://www.aozora.gr.jp/cards/000879/card3757.html</url>
        </work>
        <work id="128">
            <title>羅生門</title>
            <mojidukai_type id="2">旧字旧仮名</mojidukai_type>
            <url>http://www.aozora.gr.jp/cards/000879/card128.html</url>
        </work>
        <work id="127">
            <title>羅生門</title>
            <mojidukai_type id="1">新字旧仮名</mojidukai_type>
            <url>http://www.aozora.gr.jp/cards/000879/card127.html</url>
        </work>
    </writer>
</catalog>
```

リスト6-5：writers.xml

リスト6-5のように柔軟な表現力を持つXMLですが、プログラムからデータとして取り込む際には注意が必要です。

1つのXMLの中に大量に作品を含む場合は、ツリーのすべてを解析し終えるまで、作品データを取り出すことができません。大量のデータを扱う場合には作品リストを適切なサイズに分割し、それぞれ別のXMLにして扱うとよいでしょう。

Oratorを利用する

作品を第一階層にしてデータベースの内容をXMLに変換する例を挙げます。

データベースのテーブルと、プログラム内のオブジェクト(作家、作品など)を対応付けて扱えるORM(Object-relational mapping)ライブラリには「Orator」を使ってみましょう。

・Orator
URL https://orator-orm.com/

PythonのORMではWebアプリケーションフレームワーク「Django」に付属する「Django ORM」と、「SQLAlchemy」が代表的です。Oratorは規約に従ってテーブル名やオブジェクト名を付けておくことで比較的シンプルに設定が可能です。

・Django ORM
URL https://docs.djangoproject.com/en/1.11/topics/db/

・SQLAlchemy
URL https://www.sqlalchemy.org/

OratorはMySQLのデータベースアダプターとして「PyMySQL」と「mysqlclient」を選択できます。ここでは、Chapter 4でも使用したmysqlclientを使いましょう。mysqlclientはOratorがMySQLにアクセスするのに内部的に使われます。

・mysqlclient
URL https://github.com/PyMySQL/mysqlclient-python

oratorをインストールする

pip installコマンドでoratorをインストールします。

```
$ pip install mysqlclient orator
```

XMLを構築する

XMLの構築には標準で付属しているxmlモジュールを使います(リスト6-6)。

```
"""DBの内容を各種フォーマットで出力する."""
import xml.etree.ElementTree as ET
from xml.dom import minidom
import logging
```

```
from orator import DatabaseManager, Model
from orator.orm import belongs_to, has_many

# OratorがどんなSQLを実行するのかログを出力して確認します
logger = logging.getLogger('orator.connection.queries')
logger.setLevel(logging.DEBUG)

formatter = logging.Formatter(
    'It took %(elapsed_time)sms to execute the query %(query)s'
)

handler = logging.StreamHandler()
handler.setFormatter(formatter)

logger.addHandler(handler)


# MySQLへの接続設定
config = {
    'mysql': {
        'driver': 'mysql',
        'host': 'localhost',
        'database': 'aozora_bunko',
        'user': 'root',
        'password': '',
        'prefix': '',
        'log_queries': True,
    }
}

db = DatabaseManager(config)
Model.set_connection_resolver(db)


# 各テーブルとオブジェクトの関係性の定義
# クラス名を小文字かつスネークケースにし、複数形に読み替えたテーブル名が参照されます
```

```python
class MojidukaiType(Model):
    """文字遣い種別."""

    pass


class Work(Model):
    """作品."""

    URL_FORMAT = "http://www.aozora.gr.jp/cards/{writer_id:06d}/card{id}.html"

    # worksテーブルのmojidukai_type_idはmojidukai_typesテーブルのid列から参照されます
    @belongs_to
    def mojidukai_type(self):
        """この作品の文字遣い."""
        return MojidukaiType

    # worksテーブルのwriter_idはwriterテーブルのid列から参照されます
    @belongs_to
    def writer(self):
        """この作品の作家."""
        return Writer

    def build_url(self):
        """作品URLを構築する."""
        return self.URL_FORMAT.format(
            writer_id=self.writer_id,
            id=self.id
        )


class Writer(Model):
    """作家."""

    # 作家と作品は1対多の関係になります
    @has_many
    def works(self):
```

```
        """この作家の作品群."""
        return Work


# 各フォーマットへの変換関数
def create_xml():
    """XMLを作る."""
    elm_root = ET.Element("catalog")
    writers = Writer.all()
    writers.load('works', 'works.mojidukai_type')  # Eager Loading
    for writer in writers:
        for work in writer.works:
            elm_work = ET.SubElement(elm_root, "work", id=str(work.id))
            ET.SubElement(elm_work, "writer", id=str(writer.id)).text = writer.name
            ET.SubElement(elm_work, "title").text = work.title
            ET.SubElement(elm_work, "mojidukai_type", id=str(work.mojidukai_type.id)).text \
                = work.mojidukai_type.name
            ET.SubElement(elm_work, "url").text = work.build_url()
    with minidom.parseString(ET.tostring(elm_root, 'utf-8')) as dom:
        return dom.toprettyxml(indent="  ")


# main実行ブロック
if __name__ == '__main__':
    xml_str = create_xml()
    print(xml_str)
```

リスト6-6：aozora_bunko_xml_exporter.py

出力結果は次のようになります。

```
$ python aozora_bunko_xml_exporter.py
It took 18.46ms to execute the query b'SELECT * FROM `writers`'
It took 0.51ms to execute the query b'SELECT * FROM `works` WHERE `works`.`writer_id` IN (879)'
It took 1.62ms to execute the query b'SELECT * FROM `mojidukai_types` WHERE `mojidukai_types`.`id` IN (1, 2)'
```

```xml
<?xml version="1.0" ?>
<catalog>
  <work id="127">
    <writer id="879">芥川 竜之介</writer>
    <title>羅生門</title>
    <mojidukai_type id="1">新字旧仮名</mojidukai_type>
    <url>http://www.aozora.gr.jp/cards/000879/card127.html</url>
  </work>
  <work id="128">
    <writer id="879">芥川 竜之介</writer>
    <title>羅生門</title>
    <mojidukai_type id="2">旧字旧仮名</mojidukai_type>
    <url>http://www.aozora.gr.jp/cards/000879/card128.html</url>
  </work>
  <work id="3757">
    <writer id="879">芥川 竜之介</writer>
    <title>世の中と女</title>
    <mojidukai_type id="1">新字旧仮名</mojidukai_type>
    <url>http://www.aozora.gr.jp/cards/000879/card3757.html</url>
  </work>
</catalog>
```

　ここで、リスト6-6の、

```
writers.load('works', 'works.mojidukai_type')
```

に注目してください。これは「Eager Loading」と呼ばれる「関連するデータを先に読み込んでおく」処理を行っています。これがないと、ループの中でwriter.worksやwork.mojidukai_type.nameが呼ばれるたびに、その作家が持つ作品テーブルと、文字遣い種別テーブルへデータベース問い合わせが発行されます。

　ここで紹介しているサンプルは件数が少ないので影響はほとんどありませんが、Eager Loadingなしの場合では、データベース中の登録データが多くなればなるほど、パフォーマンスが悪くなります。この影響は俗に「N+1問題」と呼ばれ、データベースへの問い合わせ時の注意すべき点の典型例となっています。ORMを使う時は内部でどのようなクエリが実行されているか注意しましょう。

　リスト6-6②ではOratorが内部的に発行するSQLを表示するためにlogging.getLoggerメソッドの引数にOratorのクエリロガー名orator.connection.queriesを渡すことでロガーを取得しています。logger.setLevelメソッドでOratorのクエリロガーのログレベルをDEBUG(変数logging.DEBUGにて定義)に指定しています。これらのコードによるログ設定で、aozora_ bunko_xml_exporter.pyの実行結果の冒頭にはOratorが内部的に発行したSQL文が出力されています。logger.setLevel(logging.DEBUG)をlogger.setLevel(logging.INFO)にするとSQLのデバッグログは表示されなくなります。

MEMO　N+1問題

作家テーブルからN件の作家データを取得して、作家の作品名も関連して作品テーブルから取得したい場合を考えます。
N件の作家データは1回の問い合わせで取得できますが、各作家の作品名を作品テーブルから作家ごとに作家IDでデータを抽出すると、さらにN回の問い合わせが実行されます。作品テーブルから必要な作家IDすべてを前もって抽出条件に含めてから問い合わせをすれば、問い合わせは2回で済みます。

ここで紹介したXMLは1つの作家についての作品についてでしたが、数千数万ものデータをオンラインで出力する場合も出力の仕方とパフォーマンスに注意しましょう。

1つのリクエストに対して返すデータを分割できるようにする

ここまで「データベースの内容をXMLに変換する」という目的に沿い、シンプルに全件出力しました。しかし、Webサイト上でデータベースからXMLを出力し、ユーザー側での利用を可能にした場合、毎回大量のデータをXMLに変換するのはあまりよい状態にあるとは言えません。

例えば、作家ごとにリクエストできるようにしたり、作品群をブロックに区切って出力するようにしたりと、なるべく1つのリクエストに対して返すデータを分割できるようにするのがベストです。これはJSONやCSVの出力の場合でも同じです。

任意のXMLを外部から読み込みパースする場合、公式ドキュメントでも推奨されているように、「defusedxml」をインストールして使用してください。

- 「Python 3.6.1 ドキュメント」（XMLを扱うモジュール群（原文））
  URL https://docs.python.jp/3/library/xml.html#the-defusedxml-and-defusedexpat-packages

03 JSONに変換する

本章の02節で解説したXMLと同じような構造のJSON。軽量なフォーマットなので、Webを中心に利用されるケースも多いです。ここではデータをJSONに変更する方法を解説します。

JSONを利用する

　JSONは、JavaScriptのオブジェクトと同じような書式を持つフォーマットです。本章の02節で紹介したXMLと同じくツリー構造を持ちます。まずはリスト6-7のサンプルを見てみましょう。

```
[
    {
        "writer": {
            "id": 879,
            "name": "芥川 竜之介"
        },
        "mojidukai_type": {
            "id": 1,
            "name": "新字旧仮名"
        },
        "id": 3757,
        "title": "世の中と女",
        "url": "http://www.aozora.gr.jp/cards/000879/card3757.html"
    },
    {
        "writer": {
            "id": 879,
            "name": "芥川 竜之介"
        },
        "mojidukai_type": {
            "id": 2,
            "name": "旧字旧仮名"
        },
        "id": 128,
```

```
            "title": "羅生門",
            "url": "http://www.aozora.gr.jp/cards/000879/card128.html"
        },
        {
            "writer": {
                "id": 879,
                "name": "芥川 竜之介"
            },
            "mojidukai_type": {
                "id": 1,
                "name": "新字旧仮名"
            },
            "id": 127,
            "title": "羅生門",
            "url": "http://www.aozora.gr.jp/cards/000879/card127.html"
        }
]
```

リスト6-7：works.json

　XMLとは違い、すべては「キー」(MEMO参照)と「バリュー」(MEMO参照)で表現され、要素に属性値を持たせることはできません。属性値を持つような要素は1つのオブジェクト(writerのオブジェクトに注目してください)として記述します。

　本章の02節で紹介したXMLの例と同じく、作家を階層の第一要素とした場合はリスト6-8のようになります。

MEMO　キー

Pythonの辞書型で "Taro Suzuki" という名前の、30才の人物をhumanという変数で表すと human = {"name": "Taro Suzuki", "age": 30} と表すことができます。このデータにおいてnameとageは「キー」と呼ばれ、実際の名前 "Taro Suzuki" は human["name"] のようにキーを指定して取り出すことができます。キーの概念はJSONでも同様です。

MEMO　バリュー

Pythonの辞書型で "Taro Suzuki" という名前の、30才の人物をhumanという変数で表すと human = {"name": "Taro Suzuki", "age": 30} と表すことができます。
このデータにおいて "Taro Suzuki" と "30" は「バリュー」と呼ばれ、それぞれnameとageのキーを指定して取り出すことができます。バリューの概念はJSONでも同様です。

```json
{
    "writer": {
        "id": 879,
        "name": "芥川 竜之介",
        "works": [
            {
                "id": 3757,
                "title": "世の中と女",
                "url": "http://www.aozora.gr.jp/cards/000879/card3757.html",
                "mojidukai_type": {
                    "id": 1,
                    "name": "新字旧仮名"
                }
            },
            {
                "id": 128,
                "title": "羅生門",
                "url": "http://www.aozora.gr.jp/cards/000879/card128.html",
                "mojidukai_type": {
                    "id": 2,
                    "name": "旧字旧仮名"
                }
            },
            {
                "id": 127,
                "title": "羅生門",
                "url": "http://www.aozora.gr.jp/cards/000879/card127.html",
                "mojidukai_type": {
                    "id": 1,
                    "name": "新字旧仮名"
                }
            }
        ]
    }
}
```

リスト6-8：writers.json（作家を階層の第一要素とした場合）

　JSONもXMLと同じく、ツリーのすべてを読み込むまでは作品データを取り出すことができないことに注意してください。JSONは記述がシンプルなため、プログラムが標準で持つデータ

構造に変換しやすく、比較的扱いが容易です。

ここまでのXMLの変換を踏まえ、作品を第一階層にしてデータベースの内容をJSONに変換してみましょう（リスト6-9）。

```python
"""DBの内容を各種フォーマットで出力する."""
import json


(…中略…)  ──── リスト6-6 ①と同じコードが入ります


# 各フォーマットへの変換関数
def create_json():
    """JSONを作る."""
    works = []
    writers = Writer.all()
    writers.load('works', 'works.mojidukai_type')  # Eager Loading
    for writer in writers:
        for work in writer.works:
            d = {}
            d['id'] = work.id
            d['title'] = work.title
            d['url'] = work.build_url()
            d['writer'] = {'id': writer.id, 'name': writer.name}
            d['mojidukai_type'] = {'id': work.mojidukai_type.id, 'name': ↵
work.mojidukai_type.name}

            works.append(d)
    return json.dumps(works, ensure_ascii=False, indent=2)



# main実行ブロック
if __name__ == '__main__':
    json_str = create_json()
    print(json_str)
```

リスト6-9：aozora_bunko_json_exporter.py

04 CSVに変換する

データ分析の現場では、CSV形式のデータを利用するケースが多いと思います。ここではPythonのモジュールを利用して、データをCSV形式に変換する方法を解説します。

CSVを利用する

　スプレッドシートアプリケーションでも取り込み可能であり、広く普及したデータフォーマットです。一見、値をカンマ区切りで並べるだけでCSVファイルが作れそうですが、扱いにはいくつかの注意点があります。次によくないCSVの例（リスト6-10）を挙げます（1行目は各項目のラベルを表すヘッダー行です）。

```
id,title,url,writer_id,writer_name,mojidukai_type_id,mojidukai_name
3757,世の中と女,http://www.aozora.gr.jp/cards/000879/card3757.html,879,芥川　竜之↲
介,1,新字旧仮名
128,羅生門,http://www.aozora.gr.jp/cards/000879/card128.html,879,芥川　竜之介,2,↲
旧字旧仮名
127,羅生門,http://www.aozora.gr.jp/cards/000879/card127.html,879,芥川　竜之介,1,↲
新字旧仮名
```

リスト6-10：よくないCSVの例

　リスト6-10のCSVをプログラムで読み込む場合は、カンマで各行を区切り、要素を取り出すことになりますが、もし値の中にカンマが含まれていたらどうでしょうか？　その場合、本来の要素の数とは違ってしまいます。このため、CSVでは各値をダブルクォーテーションで囲むことで、値の中にカンマを含んでいても、区切り記号と区別できるようになっています。

　それでは、値の中にダブルクォーテーションを含む場合はどうでしょうか？　この場合、ダブルクォーテーションにダブルクォーテーションを重ねることでエスケープ処理をすることになっています。

　CSVの技術仕様はRFC（MEMO参照）で規定されてはいるものの、細かな点についてはCSVを扱うプログラム側の実装に任されています（「方言がある」と表現されます）。主に次の項目については揺れがあります。

- 文字コード ... Shift_JIS/CP932かUTF-8か
- 改行コード ... Shift_JIS/CP932であればCRLF, UNIX形式ならLF
- 区切り記号 (デリミタ) ... カンマが一般的だが、セミコロンやパイプ (|) が使われることもある
- エスケープ ... バックスラッシュでエスケープする方言もある

> **MEMO RFC**
>
> Request for Commentsの略。技術仕様の保存や公開形式を指します。

CSVモジュールを利用する

単純なフォーマットと侮って自前で変換しないで、XMLやJSONと同じくライブラリを使って処理するようにしましょう。Pythonではcsvモジュールが標準で付属しています(リスト6-11)。

```python
"""DBの内容を各種フォーマットで出力する."""
import csv
import io

(…中略…)          ── リスト6-6 ①と同じコードが入ります


# 各フォーマットへの変換関数
def create_csv():
    """CVSを作る."""
    output = io.StringIO()
    csv_writer = csv.writer(output, delimiter=',', quotechar='"', quoting=
csv.QUOTE_ALL)
    header = ["id", "title", "url", "writer_id", "writer_name", "mojidukai_
type_id", "mojidukai_type_name"]
    csv_writer.writerow(header)

    writers = Writer.all()
    writers.load('works', 'works.mojidukai_type')  # Eager Loading
    for writer in writers:
        for work in writer.works:
            line = [
```

```
                work.id,
                work.title,
                work.build_url(),
                work.writer.id,
                work.writer.name,
                work.mojidukai_type.id,
                work.mojidukai_type.name,
            ]
            csv_writer.writerow(line)
    return output.getvalue()


# main実行ブロック
if __name__ == '__main__':
    csv_str = create_csv()
    print(csv_str)
```

リスト6-11：aozora_bunko_csv_exporter.py

　リスト6-11の例を通じてデータベースから値を取り出し、別のフォーマットへ変換する際の雰囲気はつかめたでしょうか。ここで紹介した変換作業を踏まえて、次は、XML、CSV、JSONへの出力機能を持つクローラーフレームワークであるScrapyに触れてみましょう。

> **COLUMN　青空文庫の新着作品の提供方法**
>
> 青空文庫のFAQページを読むと、青空文庫の新着作品はフィードで提供されていることがわかります。
>
> ・青空文庫のFAQページ
>   **URL** http://www.aozora.gr.jp/guide/aozora_bunko_faq.html
>
> 残念ながら作品IDフィールドはありませんが、作品ページのURLを持つフィールドがあります。フィードのitemを見てみましょう（リスト6-12）。
>
> ```
> <item rdf:about="http://www.aozora.gr.jp/cards/001383/card58093.html">
>     <title>谷崎　潤一郎:痴人の愛</title>
>     <link>http://www.aozora.gr.jp/cards/001383/card58093.html</link>
>     <dc:creator>谷崎　潤一郎</dc:creator>
>     <dc:date>2017-07-30T00:00:00+09:00</dc:date>
>     <dc:subject>新規公開作品</dc:subject>
> ```

```
<description>2017-07-30公開    入力:daikichi，校正:悠悠自炊   （171k/549k）"
一　私はこれから、あまり世に類例がないだろうと思われる私達夫婦の間柄に就いて、出来るだけ正直に、ざ
っくばらんに、有りのままの事実を書いて見ようと思います。それは私自身に取って忘れがたない貴い記録であ
ると同時に、恐らくは読者諸君に取っても、きっと何かの参考資料となるに違いない。殊にこの頃のように日本
もだんだん国際的に顔が広くなって来て、内地人と外国人とが盛んに交際する、いろんな主義やら思想やらが
這入..."</description>
</item>
```

リスト6-12：フィードのitemを確認する

item要素のrdf:about属性と、link要素に作品ページのURLが記載されています。URLは/cards/{作家ID}/card{作品ID}.htmlという法則で構成されていることがうかがわれます。このURLを正規表現でパースすることで作家IDと作品IDが取得できそうです。加えて、「作家リスト：全て」ページでは公開中作品のCSVが提供されています。

・公開中 「作家リスト：全て」ページ
　URL http://www.aozora.gr.jp/index_pages/person_all.html

このCSVを元に、データベースを構築し、その上で新着フィードをクロールすることでも目的の作家の新着作品を検知することは可能です。

ここでは例示のため、また、CSVに最新の状況が反映されているか確証が持てなかったこともあり、クローラーによるデータベース構築と新着検知を設計方針としましたが、相手サーバーへの負担、保守・運用のしやすさを考えるとCSVとフィードを組み合わせて新着検知をするほうがよいでしょう。

このように、相手サイトが提供している情報次第で相手サーバーへの負担と開発工数、設計の選択肢が異なってきますので、提供情報はよく調べましょう。

05 Scrapyを使ってスクレイピングを行う

Pythonには、Scrapyというクローラー開発用のフレームワークがあります。ここではScrapyを利用したクローラーの開発手法について、応用的な内容を中心に解説します。

様々なスクレイピング

　クローラーの開発をしていると、いくつかのパターンが組み合わさっていることに気付くと思います。「リンクの集まり」=「インデックス」を起点とし、複数のリンク先からは、可能な場合は並列でコンテンツをダウンロードします。コンテンツがHTMLやXMLの場合はXPathやCSSセレクターを使いスクレイピングして、目的に応じ、本や商品などのモデルへデータをマッピングします。

　モデルの集まりは必要に応じて保存され、そして再利用のためにXMLやJSONなどで出力されます。

　認証が必要であれば、Cookieをリクエストごとに使ったりもするでしょう。トップページより下の階層のリクエストにはリファラーを引き継ぐことが必要な場合もあります(図6-1)。

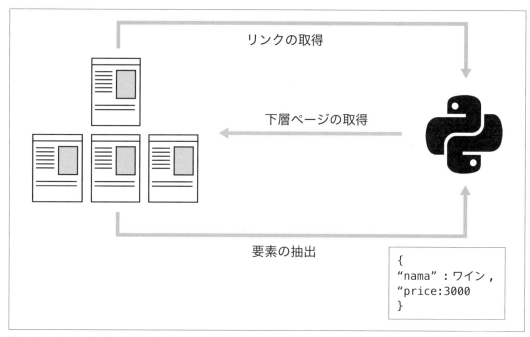

図6-1：スクレイピングのイメージ

プログラムの設計と実装に慣れていないと、ゼロからこのようなパーツを作り、結合させていくのはなかなか難しい作業です。そのような場合にはフレームワークを使うことで開発の工数を減らすことができます。

Scrapyとは

　Scrapyはクローラー開発のためのフレームワークです。起点となるインデックスを設定して、「どのようなルールでスクレイピングしモデルにデータを当てはめ最終結果を出力するか」という、それぞれの記述方法があらかじめ決められているので、並列ダウンロードの実装をゼロから自分で行う必要がなくなります。

> **MEMO　Scrapyで利用されている技術**
>
> Scrapyの内部では、「Twisted」というネットワークプログラミングフレームワークが使われています。
>
> ・Scrapy 1.4 documentation：Common Practices
> 　URL https://doc.scrapy.org/en/latest/topics/practices.html

　Scrapyはいつくかのサブプロジェクトを持っており、そのうちの1つである「w3lib」はHTMLタグの除去やURLの適当なパーセントエンコードなどが手軽にできるユーティリティーです。組み合わせて使うとよいでしょう。

・w3lib
　URL https://github.com/scrapy/w3lib

　もちろん、このパターンの組み合わせでは目的を果たせない状況もあります。そのような場合は、クローラーの設計レベルから自作することになりますが、流れをつかむまではScrapyでクローラー開発の練習をするのもよいでしょう。
　Scrapyでは主に次の項目を記述することで、クローラーを開発できます。

- Item
  複数の項目が集まったモデルです。例えば書籍情報を集める場合は書名や著者名を持つアイテムを定義します。
- Spider
  クロールプログラム本体です。Webを巡回するクローラーのことを「ボット」や「スパイダー」とも呼ぶのでこの名前が付いています。Spiderは、インデックスページからどのようにリンクを抽出して、リンク先のコンテンツからどのようにデータをスクレイピングするかを記述します。

Scrapyをインストールする

それでは順番に見ていきましょう。pip installコマンドでScrapyをインストールします。

```
$ pip install scrapy
```

プロジェクトを作成する

Scrapyでは「プロジェクト」という単位でスクレイピングアプリケーションを作っていきます。次のコマンドでプロジェクトを作成します。

```
$ scrapy startproject my_project
$ cd my_project
```

すると図6-2のようなディレクトリとファイルが生成されます。

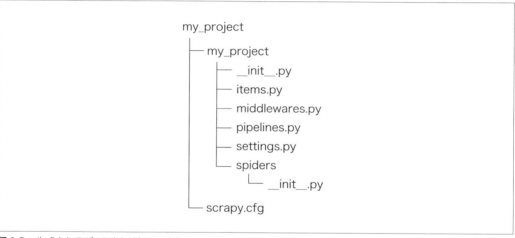

図6-2：生成されるディレクトリとファイル

Itemを定義する

次の公式ドキュメントのチュートリアルで記載されている順番とは異なりますが、まずItemの定義からしていきましょう。

- **Scrapy Tutorial（公式ドキュメントのチュートリアル）**
  URL https://doc.scrapy.org/en/latest/intro/tutorial.html

ここでは、「Quotes to Scrape」という有名人の格言を引用して紹介しているサイトを練習に使います。

・**Quotes to Scrape**
　URL http://quotes.toscrape.com/

　サイトを見ると、有名人の名言がカードのような形で並んでおり、それぞれは、次のような要素で成り立っていることがわかります。

- 作者名 (author)
- 引用テキスト (text)
- タグ (tags)

　プロジェクト名と同名のサブディレクトリ「my_project」の下にitems.pyがあることがわかります。items.pyを開くと雛形がすでに記述されています。この雛形を参考にしつつ、リスト6-13のように書き換えます。

```python
"""有名人の引用アイテム."""
import scrapy


class Quote(scrapy.Item):
    """有名人の引用アイテム."""
    author = scrapy.Field()
    text = scrapy.Field()
    tags = scrapy.Field()
```
リスト6-13：my_project/my_project/items.py

　基本的には収集したい値をname = scrapy.Field()の形式で記述していくだけでよいでしょう。

Spiderを作る

　次にSpiderを作りましょう。次のように、Spider作成用のコマンドを使って作ります。ただし、コマンドを使わず、直接エディタで作成してもよいのですが、コマンドを使うと雛形が作られるのでおすすめです。

```
$ scrapy genspider -t crawl quotes quotes.toscrape.com
```

　-tオプションはテンプレートの指定です。ScrapyにはWebサイトクロール用(crawl)、XMLフィードクロール用(xmlfeed)、CSVフィードクロール用(csvfeed)のSpiderテンプレートがあらかじめ用意されています。
　ここで取り上げている対象サイトはWebサイトなので、crawlテンプレートを指定しています。quotesはSpiderのファイル名です。

最後は、クロール対象ドメインを指定します。コマンド実行の結果、my_project/my_project/spiders/quotes.pyが生成されています。

作成された雛形を参考にしつつ、リスト6-14のように書き換えます。

```python
"""http://quotes.toscrape.com/ クローラー.

トップページのみをクロールして、Quoteを収集する.
"""
import scrapy
from scrapy.spiders import CrawlSpider

from my_project.items import Quote


class QuotesSpider(CrawlSpider):
    """Quoteアイテムを収集する."""

    name = 'quotes'
    allowed_domains = ['quotes.toscrape.com']
    start_urls = ['http://quotes.toscrape.com/']

    def parse(self, response):
        """クロールしたページからItemをスクレイピングする."""
        for quote_html in response.css('div.quote'):
            item = Quote()
            item['author'] = quote_html.css('small.author::text').extract_first()
            item['text'] = quote_html.css('span.text::text').extract_first()
            item['tags'] = quote_html.css('div.tags a.tag::text').extract()
            items.append(item)
            yield item
```

リスト6-14：my_project/my_project/spiders/quotes.py

リスト6-14のname、allowed_domains、start_urlsでは、次のようなことを設定しています。

- nameではクロール実行時に指定するクローラー名を設定します。
- allowed_domainsではクロール対象のコンテンツがホストされているドメインを制限できます。
- start_urlsにはクロールの起点となるインデックスページのURLを設定します。

またリスト6-14で記述しているparseメソッドは、CrawlSpiderクラスにあらかじめ用意されているメソッドで、これをオーバーライドして使っています。

　変数start_urlsで設定したインデックスページからクロールが始まり、HTMLソースが取得されます。取得されたHTMLソースはparseメソッドの第2引数responseに、scrapy.http.response.html.HtmlResponseクラスのオブジェクトとして渡されます。このレスポンスオブジェクトにはネットワーク先にリクエストして取得されたHTMLソースも格納されていて、変数response.body、変数response.textでの参照も可能です。

　レスポンスオブジェクトに格納されているHTMLソースに対して、スクレイピングを行うためのメソッドも用意されており、ここではcssというスクレイピング用メソッドを用いて、スクレイピングを行っています。

http://quotes.toscrape.com/

のHTMLソースを見た上で、変数item['author']、item['text']、item['tags']にそれぞれ格納すべきHTML要素のありかをcssメソッドにCSSセレクターを使って指定しています。xpathメソッドを使い、XPathでの指定も可能です。

　どちらかだけを使ってもかまいません。しかし、xpathメソッドを使う場合は注意が必要です。cssメソッドを使った場合は、response.css('div.quote')で絞り込まれた1つ1つのオブジェクトに対してスクレイピングされます。しかしxpathメソッドの場合は、絞り込まれたオブジェクトに対してのスクレイピングではなく、XPathで指定した通りに親のDOM階層からスクレイピングされます。特に理由がなければcssメソッドを使うとよいでしょう。

> **MEMO　オブジェクトを絞り込んでXPathメソッドを使う方法**
>
> オブジェクトを絞り込んでXPathメソッドを使う方法もありますが、ここでは割愛します。詳しくは次のサイトを参照してください。
>
> ・**Item Loaders**
>   URL https://doc.scrapy.org/en/latest/topics/loaders.html

　スクレイピング用メソッドで得られた結果はscrapy.selector.unified.SelectorListクラスのオブジェクトとして返されます。このオブジェクトに対してさらにxpathメソッドやcssメソッドを適用して、目的の値を絞り込んだスクレイピングをすることもできます。

　extractメソッドでは、スクレイピング条件に該当した値をすべて返されます。extract_firstメソッドではスクレイピング条件に合致した最初のオブジェクトのみが返されます。

　最後にyield itemと記述されています。yieldはreturnと振る舞いが似ていますが、呼び出された箇所で指定された値を返し、関数の実行を中断します。そして再び関数が呼び出されると中断後の状況から実行を再開するPythonの命令文の1つです（yieldを含む関数はPythonでは「ジェ

ネレーター」と呼ばれます)。

例えば、parseメソッドの内容を書き換えて、リスト6-15としても同じ結果が得られますが、yieldを使うことでアイテムの返却の仕方について簡潔に記述できるようになります。

```python
    def parse(self, response):
        """クロールしたページからItemをスクレイピングする."""
        items = []
        for quote_html in response.css('div.quote'):
            item = Quote()
            item['author'] = quote_html.css('small.author::text').extract_first()
            item['text'] = quote_html.css('span.text::text').extract_first()
            item['tags'] = quote_html.css('div.tags a.tag::text').extract()
            items.append(item)
        items.append(item)
    return items
```

リスト6-15：my_project/my_project/spiders/quotes.pyの書き換えの例(yieldをreturnに替えた場合)

クロールを実行する

それでは早速、クロールを実行してみましょう。

```
$ scrapy crawl quotes
```

ターミナルには次のようにログが出力されます(リスト6-16)。

```
2017-08-13 02:56:28 [scrapy.utils.log] INFO: Scrapy 1.4.0 started (bot: my_project)
2017-08-13 02:56:28 [scrapy.utils.log] INFO: Overridden settings: {'BOT_NAME': 'my_project', 'NEWSPIDER_MODULE': 'my_project.spiders', 'ROBOTSTXT_OBEY': True, 'SPIDER_MODULES': ['my_project.spiders']}
2017-08-13 02:56:28 [scrapy.middleware] INFO: Enabled extensions:
['scrapy.extensions.corestats.CoreStats',
 'scrapy.extensions.telnet.TelnetConsole',
 'scrapy.extensions.memusage.MemoryUsage',
 'scrapy.extensions.logstats.LogStats']
2017-08-13 02:56:28 [scrapy.middleware] INFO: Enabled downloader middlewares:
['scrapy.downloadermiddlewares.robotstxt.RobotsTxtMiddleware',
 'scrapy.downloadermiddlewares.httpauth.HttpAuthMiddleware',
```

①

```
    'scrapy.downloadermiddlewares.downloadtimeout.DownloadTimeoutMiddleware',
    'scrapy.downloadermiddlewares.defaultheaders.DefaultHeadersMiddleware',
    'scrapy.downloadermiddlewares.useragent.UserAgentMiddleware',
    'scrapy.downloadermiddlewares.retry.RetryMiddleware',
    'scrapy.downloadermiddlewares.redirect.MetaRefreshMiddleware',
    'scrapy.downloadermiddlewares.httpcompression.HttpCompressionMiddleware',
    'scrapy.downloadermiddlewares.redirect.RedirectMiddleware',
    'scrapy.downloadermiddlewares.cookies.CookiesMiddleware',
    'scrapy.downloadermiddlewares.httpproxy.HttpProxyMiddleware',
    'scrapy.downloadermiddlewares.stats.DownloaderStats']
2017-08-13 02:56:28 [scrapy.middleware] INFO: Enabled spider middlewares:
['scrapy.spidermiddlewares.httperror.HttpErrorMiddleware',
 'scrapy.spidermiddlewares.offsite.OffsiteMiddleware',
 'scrapy.spidermiddlewares.referer.RefererMiddleware',
 'scrapy.spidermiddlewares.urllength.UrlLengthMiddleware',
 'scrapy.spidermiddlewares.depth.DepthMiddleware']
2017-08-13 02:56:28 [scrapy.middleware] INFO: Enabled item pipelines:
[]
2017-08-13 02:56:28 [scrapy.core.engine] INFO: Spider opened ───────② 
2017-08-13 02:56:28 [scrapy.extensions.logstats] INFO: Crawled 0 pages (at 0 
pages/min), scraped 0 items (at 0 items/min)
2017-08-13 02:56:28 [scrapy.extensions.telnet] DEBUG: Telnet console 
listening on 127.0.0.1:6023
2017-08-13 02:56:29 [scrapy.core.engine] DEBUG: Crawled (404) <GET http://
quotes.toscrape.com/robots.txt> (referer: None)
2017-08-13 02:56:29 [scrapy.core.engine] DEBUG: Crawled (200) <GET http://
quotes.toscrape.com/> (referer: None) ───────
2017-08-13 02:56:29 [scrapy.core.scraper] DEBUG: Scraped from <200 http:// ③
quotes.toscrape.com/>
{'author': 'Albert Einstein',
 'tags': ['change', 'deep-thoughts', 'thinking', 'world'],
 'text': '"The world as we have created it is a process of our thinking. It '
         'cannot be changed without changing our thinking."'}
```

```
2017-08-13 02:56:29 [scrapy.core.scraper] DEBUG: Scraped from <200 http://
quotes.toscrape.com/>
{'author': 'J.K. Rowling',
 'tags': ['abilities', 'choices'],
 'text': '"It is our choices, Harry, that show what we truly are, far more '
         'than our abilities."'}
2017-08-13 02:56:29 [scrapy.core.scraper] DEBUG: Scraped from <200 http://
quotes.toscrape.com/>
{'author': 'Albert Einstein',
 'tags': ['inspirational', 'life', 'live', 'miracle', 'miracles'],
 'text': '"There are only two ways to live your life. One is as though nothing '
         'is a miracle. The other is as though everything is a miracle."'}
2017-08-13 02:56:29 [scrapy.core.scraper] DEBUG: Scraped from <200 http://
quotes.toscrape.com/>
{'author': 'Jane Austen',
 'tags': ['aliteracy', 'books', 'classic', 'humor'],
 'text': '"The person, be it gentleman or lady, who has not pleasure in a good '
         'novel, must be intolerably stupid."'}
2017-08-13 02:56:29 [scrapy.core.scraper] DEBUG: Scraped from <200 http://
quotes.toscrape.com/>
{'author': 'Marilyn Monroe',
 'tags': ['be-yourself', 'inspirational'],
 'text': '"Imperfection is beauty, madness is genius and it\'s better to be '
         'absolutely ridiculous than absolutely boring."'}
2017-08-13 02:56:29 [scrapy.core.scraper] DEBUG: Scraped from <200 http://
quotes.toscrape.com/>
{'author': 'Albert Einstein',
 'tags': ['adulthood', 'success', 'value'],
 'text': '"Try not to become a man of success. Rather become a man of value."'}
2017-08-13 02:56:29 [scrapy.core.scraper] DEBUG: Scraped from <200 http://
quotes.toscrape.com/>
{'author': 'André Gide',
 'tags': ['life', 'love'],
```

```
          'text': '"It is better to be hated for what you are than to be loved for what '
                  'you are not."'}
2017-08-13 02:56:29 [scrapy.core.scraper] DEBUG: Scraped from <200 http://
quotes.toscrape.com/>
{'author': 'Thomas A. Edison',
 'tags': ['edison', 'failure', 'inspirational', 'paraphrased'],
 'text': '"I have not failed. I\'ve just found 10,000 ways that won\'t work."'}
2017-08-13 02:56:29 [scrapy.core.scraper] DEBUG: Scraped from <200 http://
quotes.toscrape.com/>
{'author': 'Eleanor Roosevelt',
 'tags': ['misattributed-eleanor-roosevelt'],
 'text': '"A woman is like a tea bag; you never know how strong it is until '
         'it\'s in hot water."'}
2017-08-13 02:56:29 [scrapy.core.scraper] DEBUG: Scraped from <200 http://
quotes.toscrape.com/>
{'author': 'Steve Martin',
 'tags': ['humor', 'obvious', 'simile'],
 'text': '"A day without sunshine is like, you know, night."'}
2017-08-13 02:56:29 [scrapy.core.engine] INFO: Closing spider (finished)
2017-08-13 02:56:29 [scrapy.statscollectors] INFO: Dumping Scrapy stats:
{'downloader/request_bytes': 450,
 'downloader/request_count': 2,
 'downloader/request_method_count/GET': 2,
 'downloader/response_bytes': 2701,
 'downloader/response_count': 2,
 'downloader/response_status_count/200': 1,
 'downloader/response_status_count/404': 1,
 'finish_reason': 'finished',
 'finish_time': datetime.datetime(2017, 8, 12, 17, 56, 29, 835108),
 'item_scraped_count': 10,
 'log_count/DEBUG': 13,
 'log_count/INFO': 7,
 'memusage/max': 50573312,
```

```
    'memusage/startup': 50573312,
    'response_received_count': 2,
    'scheduler/dequeued': 1,
    'scheduler/dequeued/memory': 1,
    'scheduler/enqueued': 1,
    'scheduler/enqueued/memory': 1,
    'start_time': datetime.datetime(2017, 8, 12, 17, 56, 28, 623615)}
 2017-08-13 02:56:29 [scrapy.core.engine] INFO: Spider closed (finished)
```

リスト6-16：ログ

ログを確認する（1）

　ログの最初のほうではScrapyでのクロール実行時の設定情報がINFOログとして出力されています。

　INFO: Spider opened（リスト6-16②）から自作Spiderに記述した処理が開始されたことがわかります。

　DEBUG: Crawled (404) <GET http://quotes.toscrape.com/robots.txt> (referer: None) というログがあります（リスト6-16③）。これは、Scrapyにはクロール先の/robots.txtにアクセスし、そこに記述されたルールに従いクロールするという動作がデフォルトで行われるからです（ここで扱う対象サイトにはrobots.txtはなかったようです）。

　robots.txtはWebサイトの管理者がGoogleなどの検索エンジンが使用しているクローラーボットに、自分のサイトのどのページをクロールしてよいかを教えるためのファイルです。例えば、Webサイトの管理者が自分の確認用途のためだけに/all_quotesというパスで、全部の格言を一覧できるページを用意しているけど、そのページを開く処理は負荷が高く検索エンジンにインデックスさせたくないとしましょう。そういった場合に、Webサイトの管理者が/robots.txtに、

```
User-agent: *
Disallow: /all_quotes
```

のように記述していれば、「検索エンジンのロボットは/all_quotesをクロールせず、インデックスもしない」という振る舞いをします。

ATTENTION　ボットについて

robots.txtを無視するボットもいるので注意してください。

ログを確認する (2)

さらにログを見ていくと、はじめのほうに次のログがあります(リスト6-16①)。

```
2017-08-13 02:56:28 [scrapy.utils.log] INFO: Overridden settings: {'BOT_
NAME': 'my_project', 'NEWSPIDER_MODULE': 'my_project.spiders', 'ROBOTSTXT_
OBEY': True, 'SPIDER_MODULES': ['my_project.spiders']}
(…中略…)
2017-08-13 02:56:28 [scrapy.middleware] INFO: Enabled downloader middlewares:
['scrapy.downloadermiddlewares.robotstxt.RobotsTxtMiddleware',
```

ログの中の、Overridden settings:で示された各種設定値の中で、ROBOTSTXT_OBEYがTrueであれば、「robots.txtの内容に従いクロールする」という動作になります。

Scrapyにはmiddlewareというクローラー拡張用の仕組みがあり、デフォルトではrobots.txtを解釈して、指示された内容でクロールするためのmiddlewareも組込まれているため、Spiderにrobots.txtを処理するための記述をしていなくても自動的にこの処理が行われているのです。

ログの中のEnabled downloader middlewares:で示された値の中にRobotsTxtMiddlewareが入っていることがわかります。

> **ATTENTION デフォルトの振る舞いについて**
>
> デフォルトの振る舞いはScrapyプロジェクトの作成の仕方によって異なるので注意してください。

ログを確認する (3)

ログの続きを見ていきましょう。次の出力があるので、http://quotes.toscrape.com/のトップページがクロールされ、スクレイピングされているのがわかります。ページをスクレイピングしてItemを作るためのメソッド(ここではparseメソッド)により、returnまたはyieldされた内容はログ出力されるようになっています。

```
DEBUG: Crawled (200) <GET http://quotes.toscrape.com/> (referer: None)
DEBUG: Scraped from <200 http://quotes.toscrape.com/>
```

次の内容が後続のログに並んでいるのを見ると、トップページの各アイテムは取得できていることがわかります。

```
2017-08-13 02:56:29 [scrapy.core.scraper] DEBUG: Scraped from <200 http://
quotes.toscrape.com/>
{'author': 'Albert Einstein',
 'tags': ['change', 'deep-thoughts', 'thinking', 'world'],
 'text': '"The world as we have created it is a process of our thinking. It '
         'cannot be changed without changing our thinking."'}
```

リスト6-16の終わりのほうのログも見てみましょう(リスト6-17)。

```
2017-08-13 02:56:29 [scrapy.core.engine] INFO: Closing spider (finished) ──①
2017-08-13 02:56:29 [scrapy.statscollectors] INFO: Dumping Scrapy stats: ──②
{'downloader/request_bytes': 450,
 'downloader/request_count': 2, ─────────────────────────────────────────③
 'downloader/request_method_count/GET': 2,
 'downloader/response_bytes': 2701,
 'downloader/response_count': 2,
 'downloader/response_status_count/200': 1,
 'downloader/response_status_count/404': 1,
 'finish_reason': 'finished',
 'finish_time': datetime.datetime(2017, 8, 12, 17, 56, 29, 835108),
 'item_scraped_count': 10,
 'log_count/DEBUG': 13,
 'log_count/INFO': 7,
 'memusage/max': 50573312,
 'memusage/startup': 50573312,
 'response_received_count': 2,
 'scheduler/dequeued': 1,
 'scheduler/dequeued/memory': 1,
 'scheduler/enqueued': 1,
 'scheduler/enqueued/memory': 1,
 'start_time': datetime.datetime(2017, 8, 12, 17, 56, 28, 623615)}
2017-08-13 02:56:29 [scrapy.core.engine] INFO: Spider closed (finished)
```

リスト6-17：終わりのほうのログ

　リスト6-17①を見てわかるように、Spiderの処理が終わるとClosing spiderが出力されます。

　リスト6-17②のDumping Scrapy statsでは、クロール結果の各種統計情報が出力されています。

　リスト6-17③の'downloader/request_count': 2というログにより、リクエストされたページは2つで、ログ出力にCrawledが2件あることがわかり、出力されている数に一致します。

```
DEBUG: Crawled (404) <GET http://quotes.toscrape.com/robots.txt> (referer: 
None)
DEBUG: Crawled (200) <GET http://quotes.toscrape.com/> (referer: None)
```

これらのことから、実質トップページのみがクロールされたことがわかります。
他の項目も見てみましょう。

- downloader/response_status_count/200：1,
  行末に「:1」とあることから、正常にダウンロードできたページが1つだったことがわかります。

- downloader/response_status_count/404：1,
  行末に「:1」とあることから、コンテンツが見つからなくてダウンロードできなかったページが1つあったことがわかります。ここではrobots.txtのことなので、アイテムの取得自体に問題はありません。

- finish_reason
  'finished'と出力されており、正常終了したことがわかります。

- finish_time
  クロール終了時刻です。

- item_scraped_count
  収集されたアイテムの数です。

- start_time
  クロール開始時刻です。finish_timeと比較すると、クロールは2秒で終わったことがわかります。

特定のアイテム数だけが必要な場合

目的により、冒頭の3アイテムしか必要ないという場合は、parseメソッドを次のように書き換えて、クロールとスクレイピングを打ち切りたい箇所に、

```
raise scrapy.exceptions.CloseSpider(reason='abort')
```

→ わかりやすいメッセージに書き換える

を挿入することで、Spiderの処理を終了させることができます。なお、reasonはわかりやすいメッセージに書き換えてください。

挿入したコードはリスト6-18のようになります。

```python
"""http://quotes.toscrape.com/ クローラー.

トップページのみをクロールして、Quoteを収集する.
"""
import scrapy
(…中略…)

    def parse(self, response):
        """クロールしたページからItemをスクレイピングする."""
        for i, quote_html in enumerate(response.css('div.quote')):
            # 試しに3件のアイテムを収集したら打ち切るようにしてみます
            if i > 2:
                raise scrapy.exceptions.CloseSpider(reason='abort')
            item = Quote()
            item['author'] = quote_html.css('small.author::text').extract_first()
            item['text'] = quote_html.css('span.text::text').extract_first()
            item['tags'] = quote_html.css('div.tags a.tag::text').extract()
            yield item
```

リスト6-18：my_project/my_project/spiders/quotes.py

その際のログ出力は次のようになります。

```
2017-08-12 12:26:39 [scrapy.core.engine] INFO: Closing spider (abort)
2017-08-12 12:26:39 [scrapy.statscollectors] INFO: Dumping Scrapy stats:
{'downloader/request_bytes': 450,
(…中略…)
'finish_reason': 'abort',
2017-08-12 12:26:39 [scrapy.core.engine] INFO: Spider closed (abort)
```

収集したアイテムをJSONに変換してファイルに保存する

それでは、収集したアイテムをJSONにしてファイルに保存してみましょう。

収集したアイテムをJSONに変換する

クロールのコマンドラインオプションに -o quotes.json を付け足して実行します。

```
$ scrapy crawl quotes -o quotes.json
```

ログを確認する

先ほどと同じようにログが出力された中に、次のログがあります(全体の出力例は割愛しています)。

```
[scrapy.extensions.feedexport] INFO: Stored json feed (3 items) in: quotes.
json
```

実は、scrapy crawlコマンドに -o オプションでファイル名を、.json、.xml、.csv、.jsonlなどの拡張子とともに与えることで、自動的に各フォーマットでスクレイピングされたアイテムがファイルに保存されるようになっています。

ファイルを確認するためjqをbrewでインストールする

コマンド実行ディレクトリを見ると、quotes.jsonファイルができています。ファイルの中身を見てみましょう。jsonを見やすくするため、jsonユーティリティーのjqをbrew installコマンドでインストールしておきます。

```
$ brew install jq
```

ファイルを確認する

次のようにJSON形式でスクレイピングされたアイテムが保存されているのがわかります(リスト6-19)。もう一度、同じファイル名を指定して実行した場合は、ファイルが追記されることに注意してください。間違いがあってやり直す場合は、一度ファイルを削除してから再実行するとよいでしょう。

```
$ cat quotes.json | jq .

[
  {
    "author": "Albert Einstein",
```

```
      "text": "“The world as we have created it is a process of our thinking. ⏎
It cannot be changed without changing our thinking.”",
      "tags": [
        "change",
        "deep-thoughts",
        "thinking",
        "world"
      ]
    },
    {
      "author": "J.K. Rowling",
      "text": "“It is our choices, Harry, that show what we truly are, far more ⏎
than our abilities.”",
      "tags": [
        "abilities",
        "choices"
      ]
    },
    {
      "author": "Albert Einstein",
      "text": "“There are only two ways to live your life. One is as though ⏎
nothing is a miracle. The other is as though everything is a miracle.”",
      "tags": [
        "inspirational",
        "life",
        "live",
        "miracle",
        "miracles"
      ]
    }
]
```

リスト6-19：quotes.json

XMLを確認する

　他のフォーマットもそれぞれ確認してみましょう。ここではリスト6-20のXMLを確認しています。なお、XMLを見やすくするツールにはxmllintが使えますので、お試しください。xmllinはmacOSに標準でインストールされています。

```
$ scrapy crawl quotes -o quotes.xml
$ cat quotes.xml | xmllint --format -

<?xml version="1.0" encoding="utf-8"?>
<items>
  <item>
    <author>Albert Einstein</author>
    <text>"The world as we have created it is a process of our thinking. It cannot be changed without changing our thinking."</text>
    <tags>
      <value>change</value>
      <value>deep-thoughts</value>
      <value>thinking</value>
      <value>world</value>
    </tags>
  </item>
  <item>
    <author>J.K. Rowling</author>
    <text>"It is our choices, Harry, that show what we truly are, far more than our abilities."</text>
    <tags>
      <value>abilities</value>
      <value>choices</value>
    </tags>
  </item>
  <item>
    <author>Albert Einstein</author>
    <text>"There are only two ways to live your life. One is as though nothing is a miracle. The other is as though everything is a miracle."</text>
    <tags>
      <value>inspirational</value>
      <value>life</value>
      <value>live</value>
      <value>miracle</value>
      <value>miracles</value>
    </tags>
  </item>
</items>
```

リスト6-20：quotes.xml

CSVを確認する

CSVはリスト6-21のようになります。

```
$ scrapy crawl quotes -o quotes.csv
$ cat quotes.csv

author,tags,text                                                    ①
Albert Einstein,"change,deep-thoughts,thinking,world","The world as we
have created it is a process of our thinking. It cannot be changed  ②
without changing our thinking."
J.K. Rowling,"abilities,choices","""It is our choices, Harry, that show
what we truly are, far more than our abilities."""
Albert Einstein,"inspirational,life,live,miracle,miracles","There are
only two ways to live your life. One is as though nothing is a miracle.
The other is as though everything is a miracle."
```

リスト6-21：quotes.csv

リスト6-21①には各値のラベルを表すヘッダー行が出力されています。リスト6-21②のように区切り文字であるカンマを値に含む場合は自動的にダブルクォーテーションで値が囲まれていることがわかります。

この他、「JSONL」というJSONをアイテムごとに1行ずつ出力するフォーマットもサポートされています。また、Pythonの標準シリアライズ形式であるPickle（MEMO参照）もサポートされています。

JSONLは-o quotes.jlまたは-o quotes.jsonlines、Pickleは-o quotes.pickleで出力できます。ぜひ試してみてください。

> **MEMO　Pickle以外の形式**
>
> Pythonの内部で呼び出して使用できるバイナリ形式の「Marshal」もサポートされていますが、必要になる場面はあまりないでしょう。

settings.pyについて

my_project/my_project/settings.pyには、該当するプロジェクト内において「どのようにクロールするか」を設定できます。また、デフォルトではいくつかのmiddlewareが最初から有効になっており、これらの設定もsettings.pyで行えます。ここでは最低限確認しておきたい項目を挙げておきます。

USER_AGENT

クローラーが相手サイトにアクセスする際に使われるUser-Agentを設定できます。サイトによってはUser-Agentによりサーバーが返すHTMLソースを切り替えている場合があります。

Chromeブラウザと同じようなUser-Agentに設定しておくと、Chromeでアクセスした場合と同じようなHTMLソースを返却してもらえることが期待できます。例としては、次のような値になります。

```
Mozilla/5.0 (Macintosh; Intel Mac OS X 10_12_6) AppleWebKit/537.36 (KHTML, like Gecko) Chrome/60.0.3112.90 Safari/537.36
```

クローラーの作法としては、さらにメールアドレスやWebサイトのURLを追記し、誰のボットであるかも明示しておくとよいでしょう。例えば、メールアドレスであれば、次のように最後に付け足しておくとよいでしょう。

```
Mozilla/5.0 (Macintosh; Intel Mac OS X 10_12_6) AppleWebKit/537.36 (KHTML, like Gecko) Chrome/60.0.3112.90 Safari/537.36 Scrapy (█████@█████)
```
　　　　　　　　　　　　　　　　　　　　　　　　　　　　　　　メールアドレス

CONCURRENT_REQUESTS、CONCURRENT_REQUESTS_PER_DOMAIN、CONCURRENT_REQUESTS_PER_IP

Scrapyはデフォルトで相手サイトのコンテンツを並列でダウンロードします。その際の同時リクエスト数を設定できます。デフォルトでは「16」となっており、これは例えば個人運営のサイトであったり、あまり有名でないサービスの場合は多すぎると思われますので、2～4程度にしておくとよいでしょう。同時リクエスト数はドメインやIPごとにも設定でき、それぞれCONCURRENT_REQUESTS_PER_DOMAIN、CONCURRENT_REQUESTS_PER_IP で指定できます。

DOWNLOAD_DELAY、RANDOMIZE_DOWNLOAD_DELAY

DOWNLOAD_DELAYは相手サイトへのリクエストが複数生じる場合に、リクエストごとに遅延させる秒数を指定します。RANDOMIZE_DOWNLOAD_DELAYがTrueの場合(デフォルトではTrueです)、0.5 * DOWNLOAD_DELAY ～ 1.5 * DOWNLOAD_DELAYの範囲で遅延させる秒数がランダム化されます。複数リクエストが生じるような場合は、相手サイトの

負荷を考慮し、1～3程度の値を設定しておくとよいでしょう。

デフォルトでは入っていないので、例えば、DOWNLOAD_DELAY = 3などと記述して入れておくとよいでしょう。

DEFAULT_REQUEST_HEADERS

相手サイトへのリクエストの際に送信するリクエストヘッダーを指定します。多くの場合、デフォルトのままで問題ないと思われますが、例えば相手サイトが日本語と英語の複数言語用のページを持っている場合、デフォルトのままでは英語のページが返される可能性があります。日本語のページをリクエストしたい場合は、DEFAULT_REQUEST_HEADERSのAccept-Languageをjaとしておくとよいでしょう。

DEPTH_LIMIT

Scrapyはデフォルトでリンクを辿って、階層的にコンテンツをダウンロードとスクレイピングする仕組みになっています。例えば1階層（最初の階層）までしか必要ない場合は、これを1と指定しておくとよいでしょう。デフォルトでは0となっており、その場合は階層の上限はありません。デフォルトでは入っていないので入れておくとよいでしょう（例：DEPTH_LIMIT = 1）。

DOWNLOAD_TIMEOUT

相手サイトにリクエストしてコンテンツがダウンロードされるまでの待ち時間を指定します。デフォルトでは180秒です。開発当初はもしかすると不用意に相手サイトの重いページまでクロールしてしまう可能性を考慮すると、最初は10秒など小さめにしておき、後で調整していくとよいでしょう。デフォルトでは入っていないので入れておくとよいでしょう（例：DOWNLOAD_TIMEOUT = 10）。

RETRY_ENABLED、RETRY_TIMES、RETRY_HTTP_CODES

RetryMiddlewareが有効になっている場合、リクエストが失敗した場合のリトライ設定が行えます。

RETRY_ENABLEDはデフォルトではTrueですので、そのままでも失敗時のリトライ処理が行われます。

RETRY_TIMESではリトライ回数の上限を指定します。デフォルトでは2で、ちょうど多すぎない数だと思いますので、このままでよいでしょう。

RETRY_HTTP_CODESは相手サーバーからどのようなステータスコードが返ってきた時にリトライを行わせるかの指定ができます。一般的には、500、502、503、504、408がリトライ対象のステータスコードです。

これらはデフォルトでは入っていませんが、特に問題ありません。

06 リンクを辿ってクロールする

ここではリンクを辿ってクロールする方法を解説します。

リンクを辿ってクロールするには

最初のQuotesSpiderの例では、トップページのみをクロールしていました。ここではリンクを辿ってクロールしてみましょう。

Spiderを書き換える

まずリスト6-22のようにSpiderを書き換えます。挙動確認のため、また間違って相手サーバーへ負荷をかけすぎないようにsettings.pyのDEPTH_LIMITを1にしておきます（リスト6-23）。

```
"""http://quotes.toscrape.com/ クローラー.

リンクを1階層だけクロールして、各ページにつき1個のQuoteを収集する.
"""
import scrapy
from scrapy.linkextractors import LinkExtractor
from scrapy.spiders import CrawlSpider, Rule

from my_project.items import Quote


class QuotesSpider(CrawlSpider):
    """Quoteアイテムを収集する."""

    name = 'quotes'
    allowed_domains = ['quotes.toscrape.com']
    start_urls = ['http://quotes.toscrape.com/']

    rules = (
        Rule(
            LinkExtractor(allow=r'.*'),
            callback='parse_start_url',
```

```
            follow=True,
        ),
    )

    def parse_start_url(self, response):
        """start_urlsのインデックスページもスクレイピングする."""
        return self.parse_item(response)

    def parse_item(self, response):
        """クロールしたページからItemをスクレイピングする."""
        # 1ページにつき1件のアイテムのみを収集してみます
        items = []
        for i, quote_html in enumerate(response.css('div.quote')):
            if i > 1:
                return items
            item = Quote()
            item['author'] = quote_html.css('small.author::text').extract_first()
            item['text'] = quote_html.css('span.text::text').extract_first()
            item['tags'] = quote_html.css('div.tags a.tag::text').extract()
            items.append(item)
```

リスト6-22：my_project/my_project/spiders/quotes.py を書き換える

```
(…中略…)
DEPTH_LIMIT = 1
```

リスト6-23：my_project/my_project/settings.py

rulesでは、「どのようにリンクを辿るか」を次のように指定しています。

- LinkExtractorはスクレイピング対象としてリクエストするリンクを正規表現で制限する。
- callbackではリンク先を抽出した結果を処理するための関数名を指定する。
- followではリンク先から取得した結果に、さらにリンクが含まれている場合に処理するかどうかを指定する。

LinkExtractorで指定した条件に従い、変数start_urlsで設定したインデックスページからクロールが始まり、HTMLが取得されます。取得されたHTMLはRule(callback=...)で指定された関数に渡されます。ここではcallbackにparse_start_urlメソッドを指定しています。

parse_start_urlメソッドはCrawlSpiderのメソッドで、これをオーバーライドし、さらに

parse_itemメソッドを呼ぶことで、トップページの処理を行っています。

　Scrapyはstart_urlsで指定したURLは、そのままでは階層的なクロール対象のリンクが記載させているインデックスページの指定として扱われ、Rule(callback=...)でItem処理用のメソッドを指定すると、トップページのスクレイピングは行われないためです。

ログを確認する

　リスト6-22を実行したら、ログを確認します。ログの終わりのほうを見てみましょう。

```
$ scrapy crawl quotes

2017-08-13 03:17:45 [scrapy.core.engine] DEBUG: Crawled (200) <GET http://
quotes.toscrape.com/> (referer: http://quotes.toscrape.com/)
2017-08-13 03:17:45 [scrapy.core.scraper] DEBUG: Scraped from <200 http://
quotes.toscrape.com/>
{'author': 'Albert Einstein',
 'tags': ['change', 'deep-thoughts', 'thinking', 'world'],
 'text': '"The world as we have created it is a process of our thinking. It '
         'cannot be changed without changing our thinking."'}
2017-08-13 03:17:45 [scrapy.core.scraper] DEBUG: Scraped from <200 http://
quotes.toscrape.com/>
{'author': 'J.K. Rowling',
 'tags': ['abilities', 'choices'],
 'text': '"It is our choices, Harry, that show what we truly are, far more '
         'than our abilities."'}
2017-08-13 03:17:45 [scrapy.spidermiddlewares.depth] DEBUG: Ignoring link
(depth > 1): http://quotes.toscrape.com/
2017-08-13 03:17:45 [scrapy.spidermiddlewares.depth] DEBUG: Ignoring link
(depth > 1): http://quotes.toscrape.com/login
(…中略…)
{'downloader/request_bytes': 15453,
 'downloader/request_count': 57,
 'downloader/request_method_count/GET': 57,
(…中略…)
```

　最後に、意図した通りにトップページ自体もスクレイピングされていることがわかります。そして、/loginページのリンクはDEBUG: Ignoring link (depth > 1)と表示されていることから、取得対象として無視されていることがわかります。これはsettings.pyのDEPTH_LIMIT = 1で設定した通り、取得したリンク先のコンテンツの階層のみしかスクレイピングしないようになっているからです。最後の統計情報を見ると、

```
'downloader/request_count': 57
```

と表示されています。合計で57回のリクエストがあったことがわかります。ログにDEBUG: Ignoring link (depth > 1)を伴って表示されているURLを見るとDEPTH_LIMITを無制限(0)にしていたら、より多くのリクエストがされたであろうことが想像できます。

　以上がScrapyを動かすためのごく基本的な内容です。

07 データベースに保存する

Scrapyのフレームワークを利用した場合のデータの保存方法を解説します。

データベースにアイテムを保存する

本章の06節では、ファイルにスクレイピングしたアイテムを保存していました。ここではデータベースにも保存してみましょう。Scrapyでは、データの保存にはItem Pipelineという仕組みが用意されています。

MySQLに新規データベースを作成してテーブルを作成する

ローカルのMySQLに「quotes」というデータベースを作り、リスト6-24のようにテーブルを作成しましょう。

```
$ mysql.server start
$ mysql -u root -p
mysql> CREATE DATABASE quotes DEFAULT CHARACTER SET utf8;
mysql> use quotes;
    > CREATE TABLE `quotes` (
    >   `id` int(11) unsigned NOT NULL AUTO_INCREMENT,
    >   `author` varchar(255) DEFAULT NULL,
    >   `text` text,
    >   `text_hash` char(64) DEFAULT NULL,──────────────────①
    >   `created_at` timestamp NOT NULL DEFAULT CURRENT_TIMESTAMP,
    >   `updated_at` timestamp NOT NULL DEFAULT CURRENT_TIMESTAMP ON UPDATE ⏎
CURRENT_TIMESTAMP,
    >   PRIMARY KEY (`id`),
    >   UNIQUE KEY `text_hash` (`text_hash`)──────────────────②
    > ) ENGINE=InnoDB AUTO_INCREMENT=3 DEFAULT CHARSET=utf8mb4;

mysql> CREATE TABLE `tags` (
    >   `id` int(11) unsigned NOT NULL AUTO_INCREMENT,
    >   `name` varchar(255) NOT NULL DEFAULT '',
    >   `created_at` timestamp NOT NULL DEFAULT CURRENT_TIMESTAMP,
    >   `updated_at` timestamp NOT NULL DEFAULT CURRENT_TIMESTAMP ON UPDATE ⏎
CURRENT_TIMESTAMP,
```

```
    >   PRIMARY KEY (`id`),
    >   UNIQUE KEY `tag` (`name`)
    >) ENGINE=InnoDB AUTO_INCREMENT=7 DEFAULT CHARSET=utf8mb4;

mysql> CREATE TABLE `quotes_tags` (
    >   `id` int(11) unsigned NOT NULL AUTO_INCREMENT,
    >   `quote_id` int(11) NOT NULL,
    >   `tag_id` int(11) NOT NULL,
    >   `created_at` timestamp NOT NULL DEFAULT CURRENT_TIMESTAMP,
    >   `updated_at` timestamp NOT NULL DEFAULT CURRENT_TIMESTAMP ON UPDATE ⏎
CURRENT_TIMESTAMP,
    >   PRIMARY KEY (`id`),
    >   UNIQUE KEY `quote_tag` (`quote_id`,`tag_id`)
    >) ENGINE=InnoDB AUTO_INCREMENT=7 DEFAULT CHARSET=utf8mb4;
```

リスト6-24：quotes.sql

　リスト6-24①②のtext_hashカラムと、そのユニークインデックスに注目してください。これはそれぞれの格言(quote)の同一性をチェックするためのカラムとインデックスです。サイトの性質上、「発言者が別であっても同じ格言は掲載することはないであろう」ということを考慮した設計です。言い替えれば、「各アイテムのtextが同一であれば同じアイテムとみなせるという仕様とクロールする側が決めた」とも言えます。そして、「たとえサイト側の仕様として、別の発言者で同じ格言が別の発言者で掲載されていたとしても、クロールする側の目的として同じ格言は不要であるならば、このような設計で問題がない」とも言えます。

　また、それぞれの格言は複数のタグを持ち、タグもまた複数の格言に紐付きます。この関係はMany-to-Many(MEMO参照)と呼ばれる関係です。それぞれの紐付きは関連テーブルquotes_tagsにそれぞれのidを保存することで実現します。

MEMO　Many-to-Many

例としてソーシャルブックマークを考えてみましょう。ブックマークには複数のタグが紐付きます。タグもまたそれぞれに複数のブックマークが紐付きます。このように互いに複数の紐付く関連をMany-to-Manyと呼びます。

pipelineを記述する

pipelineは公式ドキュメントを参考に記述していきます。

・Item Pipeline
　URL https://doc.scrapy.org/en/latest/topics/item-pipeline.html

　プロジェクトディレクトリにmy_project/my_project/pipelines.pyをリスト6-25のように記述します。データベースの操作にはOratorを使います。

```python
"""Quotesアイテムを処理するパイプライン."""
from hashlib import sha256

from orator import DatabaseManager, Model
from orator.orm import belongs_to_many

from my_project.settings import ORATOR_CONFIG


db = DatabaseManager(ORATOR_CONFIG)
Model.set_connection_resolver(db)


class Quote(Model):
    """quotesテーブルモデル."""

    @belongs_to_many
    def tags(self):
        return Tag


class Tag(Model):
    """tagsテーブルモデル."""

    @belongs_to_many
    def quote(self):
        return Quote
```

```python
class DatabasePipeline(object):
    """MySQLにQuotesを保存する."""

    def __init__(self):
        """スクレイピングした全itemを格納する変数を用意する."""
        self.items = []

    def process_item(self, item, spider):
        """各アイテムに対する処理."""
        self.items.append(item)
        return item

    def close_spider(self, spider):
        """spider終了時の処理."""
        for item in self.items:
            text_hash = sha256(
                item['text'].encode('utf8', 'ignore')).hexdigest()
            exist_quote = Quote.where('text_hash', text_hash).get()
            if exist_quote:
                continue
            quote = Quote()
            quote.author = item['author']
            quote.text = item['text']
            quote.text_hash = text_hash
            quote.save()

            tags = []
            for tag_name in item['tags']:
                tag = Tag.where('name', tag_name).first()
                if not tag:
                    tag = Tag()
                    tag.name = tag_name
                    tag.save()
                tags.append(tag)
                quote_tags = quote.tags()
                quote_tags.save(tag)
```

リスト6-25：my_project/my_project/pipelines.py

ITEM_PIPELINESを記述する

my_project/my_project/settings.pyのITEM_PIPELINESをリスト6-26のように記述します。

```
(中略)
ITEM_PIPELINES = {
    'my_project.pipelines.DatabasePipeline': 300,
}
(中略)
```
リスト6-26：my_project/my_project/settings.py

リスト6-26の300は、複数のpipelineを使う場合の優先順位です。ここでは1つしか使わないので、そのままで問題ありません。

データベース接続情報を追加する

my_project/my_project/settings.pyにデータベース接続情報も追加しておきましょう（リスト6-27）。

```
(…中略…)
DEPTH_LIMIT = 1
ORATOR_CONFIG = {
    'mysql': {
        'driver': 'mysql',
        'host': 'localhost',
        'database': 'quotes',
        'user': 'root',
        'password': '',
        'prefix': '',
        'log_queries': True,
    }
}
```
リスト6-27：my_project/my_project/settings.py

データベースの内容を確認する

次のコマンドを実行して、データベースの内容を確認してみましょう。なお、データベースの内容は、本書執筆時点（2017年8月現在）のものです。

```
$ scrapy crawl quotes
$ mysql -u root quotes

mysql> select id, author, text from quotes;
+----+----------------------+----------------------------------------------------------------+
| id | author               | text                                                           |
+----+----------------------+----------------------------------------------------------------+
|  3 | Albert Einstein      | "The world as we have created it is a process
of our thinking. It cannot be changed without changing our thinking."
|  4 | J.K. Rowling         | "It is our choices, Harry, that show what we
truly are, far more than our abilities."
|  5 | Jane Austen          | "The person, be it gentleman or lady, who has
not pleasure in a good novel, must be intolerably stupid."
|  7 | Steve Martin         | "A day without sunshine is like, you know,
night."
|  8 | Albert Einstein      | "There are only two ways to live your life. One
is as though nothing is a miracle. The other is as though everything is a
miracle."              |
(…中略…)
+----+----------------------+----------------------------------------------------------------+
12 rows in set (0.00 sec)

mysql> select id, name from tags;
+----+------------------------------+
```

```
| id | name              |
+----+-------------------+
| 11 | abilities         |
| 13 | aliteracy         |
| 28 | be-yourself       |
| 14 | books             |
|  7 | change            |
(…中略…)
+----+-------------------+
39 rows in set (0.00 sec)

mysql> 【select id, quote_id, tag_id from quotes_tags;】
+----+----------+--------+
| id | quote_id | tag_id |
+----+----------+--------+
|  7 |        3 |      7 |
|  8 |        3 |      8 |
|  9 |        3 |      9 |
| 10 |        3 |     10 |
| 11 |        4 |     11 |
(…中略…)
+----+----------+--------+
56 rows in set (0.00 sec)
```

08 デバッグを行う

作成したプログラムは、デバッグをしてプログラムミスがないか確認しましょう。ここではscrapy shellコマンドを利用したデバッグ手法について解説します。

記述間違いをフォローする機能

スクレイピング処理では、次のようにCSSセレクターを記述しました。

```
item['author'] = quote_html.css('small.author::text').extract_first()
```

しかし、記述を間違えている場合、毎回scrapy crawlコマンドを実行していると、そのたびに相手サーバーへリクエストされます。リクエストが多いと、間違った数だけ相手サーバーへの負担になります。

そのような場合に備えて、scrapyにはURLを指定してresponseオブジェクトを作成し、CSSセレクターを試してスクレイピング結果を確認できるデバッグ機能があります。

shellコマンドを実行して出力を確認する

次のshellコマンドを実行しましょう。

```
$ scrapy shell
```

ターミナルには次のように出力されます。

```
(…中略:冒頭にscrapyの設定ログが出力される…)
[s] Available Scrapy objects:
[s]   scrapy     scrapy module (contains scrapy.Request, scrapy.Selector, etc)
[s]   crawler    <scrapy.crawler.Crawler object at 0x1041a2550>
[s]   item       {}
[s]   settings   <scrapy.settings.Settings object at 0x1050f6c50>
[s] Useful shortcuts:
[s]   fetch(url[, redirect=True]) Fetch URL and update local objects (by ↵
default, redirects are followed)
[s]   fetch(req)                  Fetch a scrapy.Request and update local ↵
objects
[s]   shelp()           Shell help (print this help)
[s]   view(response)    View response in a browser
```

これはScrapyの機能を部分的に実行できるインタラクティブシェルです。列記されているメソッドの実行やオブジェクトの参照ができます。

fetch（url）を実行する

例えばfetch(url)を実行すると、response変数にページの取得結果がセットされます。

```
>>> fetch('http://quotes.toscrape.com/')
2017-09-26 18:24:27 [scrapy.core.engine] INFO: Spider opened
2017-09-26 18:24:28 [scrapy.core.engine] DEBUG: Crawled (404) <GET http://
quotes.toscrape.com/robots.txt> (referer: None)
2017-09-26 18:24:28 [scrapy.core.engine] DEBUG: Crawled (200) <GET http://
quotes.toscrape.com/> (referer: None)
```

次のように記述して、CSSセレクターを試してみましょう。

```
>>> response.css('div.quote small.author::text').extract()
['Albert Einstein', 'J.K. Rowling', 'Albert Einstein', 'Jane Austen',
'Marilyn Monroe', 'Albert Einstein', 'André Gide', 'Thomas A. Edison',
'Eleanor Roosevelt', 'Steve Martin']
```

また次のようにspider内で記述したコードを再現することもできます。

```
>>> from my_project.items import Quote
>>> items = []
>>> for quote_html in response.css('div.quote'):
...     item = Quote()
...     item['author'] = quote_html.css('small.author::text').extract_first()
...     item['text'] = quote_html.css('span.text::text').extract_first()
...     item['tags'] = quote_html.css('div.tags a.tag::text').extract()
...     items.append(item)
...
>>> items
[{'author': 'Albert Einstein',
  'tags': ['change', 'deep-thoughts', 'thinking', 'world'],
  'text': '"The world as we have created it is a process of our thinking. It '
          'cannot be changed without changing our thinking."'}, {'author':
'J.K. Rowling',
  'tags': ['abilities', 'choices'],
  'text': '"It is our choices, Harry, that show what we truly are, far more '
          'than our abilities."'}, {'author': 'Albert Einstein',
  'tags': ['inspirational', 'life', 'live', 'miracle', 'miracles'],
  'text': '"There are only two ways to live your life. One is as though nothing '
```

```
          'is a miracle. The other is as though everything is a miracle."'},
 {'author': 'Jane Austen',
  'tags': ['aliteracy', 'books', 'classic', 'humor'],
  'text': '"The person, be it gentleman or lady, who has not pleasure in a good '
          'novel, must be intolerably stupid."'}, {'author': 'Marilyn Monroe',
  'tags': ['be-yourself', 'inspirational'],
  'text': '"Imperfection is beauty, madness is genius and it\'s better to be "
          'absolutely ridiculous than absolutely boring."'}, {'author':
 'Albert Einstein',
  'tags': ['adulthood', 'success', 'value'],
  'text': '"Try not to become a man of success. Rather become a man of value."
 '}, {'author': 'André Gide',
  'tags': ['life', 'love'],
  'text': '"It is better to be hated for what you are than to be loved for what '
          'you are not."'}, {'author': 'Thomas A. Edison',
  'tags': ['edison', 'failure', 'inspirational', 'paraphrased'],
  'text': '"I have not failed. I\'ve just found 10,000 ways that won\'t work.
 "'}, {'author': 'Eleanor Roosevelt',
  'tags': ['misattributed-eleanor-roosevelt'],
  'text': '"A woman is like a tea bag; you never know how strong it is until '
          '"it\'s in hot water."'}, {'author': 'Steve Martin',
  'tags': ['humor', 'obvious', 'simile'],
  'text': '"A day without sunshine is like, you know, night."'}]
```

また、リンクを辿ってクロールを実行した際に、

```
'downloader/request_count': 57
```

とログに表示されていたと思います。実際に確認してみましょう。

```
>>> len(response.xpath('//a/@href').extract())
55
```

上記のようにhttp://quotes.toscrape.com/トップページには55個のリンクが含まれていることがわかります。これにstart_urlsに指定したトップページそれ自体と、robots.txtを加えると、57になります。

このように、スクレイピングでのCSSセレクターやXPathの指定に不慣れな場合も含めて、Spiderを組む前にはscrapy shellを使って事前にスクレイピング結果を確認していくとよいでしょう。exit関数でいったんシェルを抜けます。

```
>>> exit()
```

09 自作プログラムに Scrapyを組込む

ここでは自作のスクリプト（プログラム）にScrapyを組込む方法を解説します。

自作スクリプトを作成する

　scrapyはフレームワークであると同時に、自作スクリプトに組込むためのAPIを用意しています。リスト6-28のような自作スクリプトrun_crawl.pyをプロジェクトディレクトリトップ（my_project）直下に作成します（my_project/my_project直下ではありません）。

```python
"""scrapyのquotesクローラーを呼び出す."""
from scrapy.crawler import CrawlerProcess
from scrapy.utils.project import get_project_settings


def run_crawl():
    """クロールの実行."""
    process = CrawlerProcess(get_project_settings())
    process.crawl('quotes')
    process.start()


if __name__ == '__main__':
    run_crawl()
```

リスト6-28：my_project/run_crawl.py

　次のように実行してみます。

```
$ python -m run_crawl
```

　scrapy crawlコマンドで実行した時と同じようなログが出力されたと思います。この仕組みを使えば、例えば自分のWebサイトにクローラー管理画面を作り、Webのインターフェースからクロールの実行を行う、などといったことが実現できます。
　process.crawlメソッドの引数にはSpiderに設定する変数を指定できるので、start_urlsをデータベースから読み込むこともできます。
　例えば、あらかじめDB.get_crawl_urlsというメソッドが定義されていて、データベースか

らクロール対象のサイトURLを返す場合、リスト6-29のようになります。

```
crawl_urls = DB.get_crawl_urls()
process.crawl('quotes', start_urls=crawl_urls)
```
リスト6-29：データベースからクロール対象のサイトURLを返す

いかがでしょうか？　自作のプログラムから呼び出せることでscrapyの利用の幅が広がると思います。

詳しくは次のドキュメントを参考にしてください。

・**Scrapy 1.4 documentation：Common Practices**
URL https://doc.scrapy.org/en/latest/topics/practices.html

フレームワークを扱う上での注意

フレームワークは便利な反面、中で何が行われているかを知らないまま利用してしまいがちな側面があります。期待しない動作やバグを避けるためにはドキュメントにしっかりと目を通すとよいでしょう。

ただし、オープンソースのドキュメントはボランティアベースで成り立っているため、部分的に内容が古いままだったり、機能の詳細が書かれてないことも多くあります。「動作の裏側はどうなっているのだろう」「こういった機能はないだろうか」と疑問が湧いたら、ぜひフレームワーク自体のソースコードを参照することをおすすめします。もちろん、すべてに目を通すのは時間もかかりますし、難しいので、必要に応じてでよいと思います。ソースを読むことでフレームワークの思想を知ることができたり、時によっては、自分の目的に合わないことがわかり、よりよい技術選定のヒントになったりすると思います。

10 Chromeデベロッパーツールを利用する

Chromeデベロッパーツールを利用すれば、CSSセレクターやXPathなど、クローリングやスクレイピングに必要な情報を得ることができます。ここではChromeデベロッパーツールを利用して、対象ページのCSSセレクターやXPathを確認してみましょう。

Chromeデベロッパーツールについて

　スクレイピングの開発に際しては、対象の要素がどのCSSセレクター、XPathで取得できるのかを試しながら開発を進めることが多いと思います。相手サイトのHTMLソースが入り組んでいる場合、ソースをにらめっこしながらトライ・アンド・エラーを繰り返すのはなかなか大変です。

　Chromeにはデベロッパーツールという開発を補助するツールが付属しています。これを使ってより効率的に対象要素のスクレイピングパスを探すことができます。

　Chromeで、次のQuotes to Scrapeというサイトにアクセスします。

・**Quotes to Scrape**
URL http://quotes.toscrape.com/

Chromeデベロッパーツールを利用するには、次のいずれかの手順で利用できます。

- ［Chromeのメニュー］→［表示］→［開発／管理］→［デベロッパーツール］を選択（macOSの場合）
- ブラウザ右上の「︙」をクリック→［その他のツール］→［デベロッパーツール］を選択

デベロッパーツールを起動すると、画面下部にデベロッパーツールが表示されます（図6-3）。

図6-3：デベロッパーツール

　調査したい対象要素の上にマウスカーソルを移動して、[右クリック]→[検証]をクリックします。または、デベロッパーツールの左上のインスペクターをクリックします。インスペクターのクリック後は(図6-4)、ページ内部の"by Albert Einstein"という文字の上にカーソルを移動してクリックしてみてください。要素を指定することもできます。

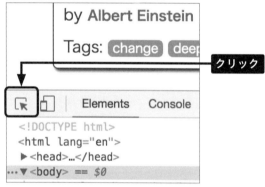

図6-4：左上のインスペクターをクリック

　指定できたら、http://quotes.toscrape.com/のページ上で、発言者の名前を確認してみましょう(図6-5)。

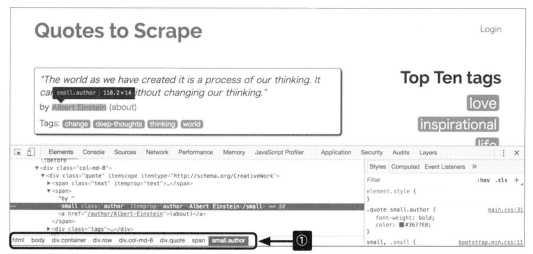

図6-5：発言者の名前を確認する

図6-5①で次のようにDOMの階層が表示されています。

```
html body div.container div.row div.col-md-8 div.quote span small.author
```

CSSセレクターでは最上位の階層から指定する必要はなく、要素の特定に必要な階層からの指定で十分です。

今度は、現在、デベロッパーツールで表示されている[Element]タブから[Console]タブに切り替えて、CSSセレクタの結果を確認してみましょう。表示されたConsoleで次のように入力してみます。

```
$$('span small.author')
```

CSSセレクターによる要素の取得結果は$$メソッドで確認できます。図6-6のような結果が出力されると思います。

図6-6：結果を確認する

最初の要素の内部テキストを確認してみましょう。

```
> $$('span small.author')[0].innerText
< "Albert Einstein"
```

意図したように取得できていることがわかります。CSSセレクターの動作確認はこのようにブラウザから手軽に行うことができます。XPathも確認してみましょう。XPathは$x メソッドで確認できます。

```
> $x('//div[@class="quote"][1]/span/small[@class="author"]/text()')[0]
< "Albert Einstein"
```

XPathでは複数要素のインデックスは1から始まることに注意してください。ブラウザ上で手軽に試せるため積極的に利用していくとよいでしょう。

Chromeデベロッパーツールには豊富な機能があり、この他にもCookieを確認したり、リファラーを確認したりすることもできます。より詳しくはChrome DevToolsを参照してください。

・**Chrome DevTools**
　URL https://developers.google.com/web/tools/chrome-devtools/

Chapter 7

クローラーで集めたデータを利用する

クローラーで集めたデータは、CSV形式に出力した上でスプレッドシートなどでレポートとして共有したり、統計を出して分析用途で用いたりすることもあるでしょう。
しかし、運営しているサービスに組込んだり、他社へ提供したりすることもあると思います。この章ではデータベースからクローラーで集めたデータを提供する方法をいくつか紹介します。

01 フィードを作る

メディアサイトやブログサイトではRSSなどのフィードを発行して更新情報を発信しています。ここでは集めたデータをフィードで配信する際の作り方について解説します。

フィードとは

ブログに投稿された新着記事はRSSなどのフィード(配信用データ)を発行していることが多く、それらは「Feedly」などのフィードリーダーで様々なブログの新着投稿のチェックに使われたり、まとめサイトでは他のまとめサイトの新着記事を紹介するのに使われたりしています。

・Feedly
URL https://feedly.com/

自身で公開しているサービスでRSSを出力する必要がなかったとしても、他のサービスが提供するRSSを扱う場合に有用な知識として、知っておいて損はないでしょう。

代表的なフィードフォーマットには、RSSとAtomがありますが、ここではChapter 6で得られた「青空文庫」のデータを使ったRSSの出力を試してみましょう。

RSSのフォーマット

RSSの仕様は「RSS 2.0 at Harvard Law」に掲載されており、現在よく使われる最新のバージョンはRSS 2.0で、XML 1.0の仕様に準拠しています。

・RSS 2.0 at Harvard Law
URL https://cyber.harvard.edu/rss/rss.html

まずはリスト7-1のRSSデータのサンプルを見てください。「RSS 2.0 at Harvard Law」をベースに簡略化してあります。

```
<?xml version="1.0"?>                                    ①
<rss version="2.0">
  <channel>
    <title>Liftoff News</title>
```

```
      <link>http://liftoff.msfc.nasa.gov/</link>
      <description>Liftoff to Space Exploration.</description>

      <item>
        <title>Star City</title>
        <link>http://liftoff.msfc.nasa.gov/news/2003/news-starcity.asp</link>
        <description>How do Americans get ready to work with Russians aboard
the International Space Station? They take a crash course in culture,
language and protocol at Russia's &lt;a href="http://howe.iki.rssi.ru/GCTC/
gctc_e.htm"&gt;Star City&lt;/a&gt;.</description>
      </item>
      <item>
        <title>The Engine That Does More</title>
        <link>http://liftoff.msfc.nasa.gov/news/2003/news-VASIMR.asp</link>
        <description>Before man travels to Mars, NASA hopes to design new
engines that will let us fly through the Solar System more quickly. The
proposed VASIMR engine would do that.</description>
      </item>
   </channel>
</rss>
```

リスト7-1：「RSS 2.0 at Harvard Law」をベースにしたRSSデータのサンプル

　リスト7-1①の最初の行には<?xml version="1.0"?>を必ず含める必要があります。また、冒頭に空行を含まないように注意してください。これは他のXMLドキュメントを作成する場合も同じようにするとよいでしょう。

　RSSのトップレベルはRSS要素から始まります。ドキュメントの要素全体は<rss version="2.0"> 〜 </rss>で囲む必要があります（リスト7-1②）。

　version属性は必須で、基本的には2.0以外を使うことはないと思われるので、決まり文句として覚えておくとよいでしょう。

RSSの要素

　RSS要素の子要素は、次にようにchannelとitemの2つが挙げられます。

- channel
    サイトの情報を記述します。

- item
    channel要素の階層内に記述します。記事や書籍、商品などの各アイテムを記述します。

channelには必ず含めなければいけない要素があります。channelの必須要素は次のようになります。

- title

    フィードの名前です。サービスの名前と同一の場合も多いです。わかりやすい名前にしておきましょう。

- link

    このフィードを提供するサービスのURLです。特にサービスURLがない場合は適当でもかまいませんが、フィードの運用者がわかるようなURLがよいでしょう。

- description

    フィードの概要文です。短くてもかまわないので、どのような内容を含むのかを記述しておくとよいでしょう。

channelには必須ではないオプションの要素もあります。次はその代表的な要素ですので、参考にしてください。

- lastBuildDate

    フィードの最終更新日です。

- ttl

    「time to live」の略語です。このフィードがどのくらいの時間で更新されるかを設定しておくとよいでしょう。単位は分です。

- image

    この要素ではフィード自体のサムネイルを設定できます。4つの必須要素と3つのオプション要素を含みます。表7-1が必須要素です。

要素名	説明
url	画像のURL
title	画像の説明。channelのtitleと同一でもよい
link	このフィードを提供するサービスのURL。厳密には、この画像がリンクされた際のフィード提供元サービスへのURLだが、channelのlinkと同じでよい

表7-1：imageフィールドの必須要素

なお、表7-1のlinkフィールドのサンプルはリスト7-2のようになります（URLは説明のためのもので実際には存在しません）。

```
<image>
  <url>http://liftoff.msfc.nasa.gov/thumbnail.png</url>
  <title>Liftoff News</title>
  <link>http://liftoff.msfc.nasa.gov/</link>
</image>
```

リスト7-2：image要素の必須要素

item要素には仕様においては含むべき必須要素ではないのですが、通常の利用の場合、次の要素が必須となるでしょう。

● title

アイテムのタイトルを記述します。ブログであれば記事タイトル、本であれば本の名前、商品であれば商品名などになります。

● link

アイテムの詳細ページのURLになります。

● description

アイテムの概要文のための要素です。ブログであれば記事の冒頭の文章、本であれば「あらすじ」、商品であれば商品の紹介文などが入ります。概要文とは言うものの、フィードの提供サービスによってはこの要素の内容に記事の全文を入れることもあります。

フィードを使う側のことを考慮した場合、この他に次の要素も含めておくことをおすすめします。

● guid

アイテムを一意に特定できる文字列です。データベースを使用していれば、レコードのIDを入れておくとよいでしょう。

利用できそうなデータがない場合はlink要素と同じURLを入れることになります。

ただし、ここで注意すべきことがあります。それは、URLの設計によっては、将来URLが変化する可能性があるということです。例えばブログの記事を扱う場合、http://my-blog.com/food/sweets.htmlなどのように記事URLにカテゴリ名を含むことがあります。この例で言うと、カテゴリ名foodは間違えて入力された場合などに、後でgourmetなどに修正される可能性があります。

このようにURLが変わっても、guidが同一であればフィードを利用する側はアイテムの同一性がguidによって判断できます。同じアイテムを間違って別のアイテムとして認識させるような事態を避けることができるので、可能な限り入れるよう、開発の際にぜひ検討してください。

● pubDate

アイテムの公開日です。ブログであれば記事の作成日が該当するでしょう。クロールしたアイテムからRSSを作る場合は、クロールしたアイテムの保存日時でもかまいません。

また、クロール元のサイトにアイテム自体の作成日に該当する要素があれば、その要素も一緒にクロールしておいて、このpubDateに入れておくのもよいでしょう。

名前空間によるRSSの拡張

先に挙げた要素はRSSが標準で持っている要素です。これらの要素を見ると、Web上の「記事」を扱うことを前提においた雰囲気がわかると思います。

それでは、「RSSでは作家名を持つ本や、金額を持つ商品などを扱えないか」と言うと、そのようなことはありません。RSSの要素は拡張ができます。

ここで注意しておきたいことは、独自のタグを安易に追加しないことです。例えばリスト7-3のようなitemの記述は、RSSの仕様として正しくありません。

なおここでは、例として青空文庫に掲載されている芥川龍之介の羅生門を利用しています。

```
<item>
  <title>羅生門</title>
  <link>http://www.aozora.gr.jp/cards/000879/card128.html</link>
  <description>芥川の5作目の短編小説。次の作品『今昔物語集』巻二十九「羅城門登上層見死人盗人語第
十八」に題材を取り、人間のエゴイズムについて作者自身の解釈を加えたものである。</description>
  <writer>
    <id>879</id>
    <name>芥川 竜之介<id>
  </writer>
</item>
```

リスト7-3：itemの記述

<writer>という要素が独自に追加した要素ですが、この要素名はRSSの仕様にはありません。RSSに独自の要素を追加する場合は、XMLの名前空間（MEMO参照）を追加した上で記述する必要があります。

名前空間の宣言は次のようにRSS要素にて記述します。

```
<rss version="2.0" xmlns:book="http://my-service.com/xmlns/book" >
```

適時変更

> **MEMO　XMLの名前空間**
>
> XMLの名前空間については、次のサイトを参照してください。
>
> · **Namespaces in XML 1.0 (Third Edition)**
>   URL https://www.w3.org/TR/REC-xml-names/

xmlnsの後に、コロンで区切って独自の名前空間bookを追加した後、その値として名前空間の定義が記載されたページのURLが入ります（なおhttp://my-service.comは適宜変更してください）。

しかしながら、名前空間の定義を記載したページを用意しておくことは、XMLに精通していないと難しいでしょう。

実際、XMLの仕様として、名前空間のURL（URI）は名前空間を一意に識別するためのものであり、実際に参照可能かどうかは問われていません。

実はRSSには、authorという要素であれば用意されており、ここでの名前空間の問題に関してはこの要素が使えそうです。ただし、「要素をネストする（入れ子構造にする）」、「ネストしたidを持つ」という仕様はないので、ここでは作家名にauthorを使い、作家idのみを独自要素として追加してみます。

サンプルはリスト7-4のようになります。

```xml
<?xml version="1.0"?>
<rss version="2.0" xmlns:book="http://my-service.com/xmlns/book">
  <channel>
    <title>芥川龍之介の新着作品</title>
    <link>http://www.aozora.gr.jp/index_pages/person879.html</link>
    <description>青空文庫に追加された芥川龍之介の新着作品のフィード</description>

    <item>
      <title>羅生門</title>
      <link>http://www.aozora.gr.jp/cards/000879/card128.html</link>
      <description>芥川の5作目の短編小説。次の作品『今昔物語集』巻二十九「羅城門登上層見死人盗人語
第十八」に題材を取り、人間のエゴイズムについて作者自身の解釈を加えたものである。</description>
      <author>芥川　竜之介</author>
      <book:author_id>879</book:author_id>
    </item>

  </channel>
</rss>
```

リスト7-4：作家名にauthorを使い、作家idのみを独自要素として追加した例

また、リスト7-5①のように作家名そのものも独自要素にしてしまい、idは属性として付加してもよいでしょう。

```
<item>
  <title>羅生門</title>
  <link>http://www.aozora.gr.jp/cards/000879/card128.html</link>
  <description>芥川の5作目の短編小説。次の作品『今昔物語集』巻二十九「羅城門登上層見死人盗人語
第十八」に題材を取り、人間のエゴイズムについて作者自身の解釈を加えたものである。</description>
  <book:writer id="879">芥川 竜之介</book:writer> ──①
</item>
```

リスト7-5：作家名そのものも独自要素にしてidを属性で付加する例

名前空間として定義されているもの

名前空間にはすでに公に定義されたものもあります。画像のアドレスなどを扱えるmedia名前空間などがそうです。なお、media名前空間の定義ページについては現在yahoo.com上からは削除されおり、次のサイトから確認できます。

- **Media RSS Specification version 1.5.1**
  URL http://www.rssboard.org/media-rss

よく使われる名前空間はPythonの代表的なフィードパーサーライブラリであるfeedparserでも扱うことができ、ドキュメントを参考に探してみるとよいでしょう。

- **feedparser 5.2.0 documentation**
  URL https://pythonhosted.org/feedparser/namespace-handling.html

マークアップ記号を含める場合の注意

titleやdescriptionなど、任意の文字列を含む可能性のある要素に、HTMLのタグなどのマークアップ文書を含む場合は、そのままではタグの記号がXMLのタグと混同されてしまい、正しく解釈されないため、文字参照(MEMO参照)でエスケープするか、CDATAセクション(MEMO参照)で囲む必要があります。

RSSはXML形式なので、エスケープの方法はXMLの仕様に従う必要があります。リスト7-6に例を挙げます。

MEMO　HTMLにおける数値文字参照と文字実体参照

なお補足までに、HTMLにおける「数値文字参照」は、XMLの世界では「文字参照」と呼ばれ、HTMLにおける「文字実体参照」はXMLの世界では「実体参照」と呼ばれます。

MEMO　CDATAセクション

通常XMLでは<、>などのXMLタグと混同しうる文字は<、>といった記号をエスケープした文字（実体参照）で記述されますが、管理などが煩雑になるため、"<![CDATA["と"]]>"で囲むことで特別に、タグと混同しうる記号もそのまま記述できる部分です。

```
<description>
    作品ページは次のリンクを参照してください。
    <a href="http://www.aozora.gr.jp/cards/000879/card128.html">羅生門</a>
</description>
```
リスト7-6：エスケープしてない例（正しく解釈されません）

文字列参照でエスケープするとリスト7-7のようになります。

```
<description>
    作品ページは次のリンクを参照してください。
    &lt;a href=&quot;http://www.aozora.gr.jp/cards/000879/card128.html&quot;&gt;
羅生門&lt;/a&gt;
</description>
```
リスト7-7：エスケープしている例

XMLで定義されている実体参照は&、<、>、"、'の5種類であり、それぞれ&、<、>、"、'で使用できます。

それ以外の記号は文字参照で記述する必要があります。例えば音符記号♪は10進数による指定では♪、16進数による指定では♪と記述しなければなりません。

CDATAセクションを記述する

CDATAセクションを使うには、対象の文書を<![CDATA[と]]>で囲みます。リスト7-6の例をCDATAセクションを適用したものにすると、リスト7-8のようになります。

```
<description><![CDATA[
    作品ページは次のリンクを参照してください。
    <a href="http://www.aozora.gr.jp/cards/000879/card128.html">羅生門</a>
```

```
]]></description>
```
リスト7-8：リスト7-6の例にCDATAセクションを適用した例

7 標準XMLモジュールを利用してRSSを作成する

　Pythonに標準で付属しているXMLモジュール群を使い、RSSを作成してみましょう。リスト7-9のコードをrss_with_et.pyというファイル名でカレントディレクトリに保存します。

```python
"""xml.etree.ElementTree でRSSを作る."""
import xml.etree.ElementTree as ET                                    ──①
from xml.dom import minidom


# 独自名前空間の定義（http://my-service.com/xmlns/book は例です）
NAMESPACES = {'book': 'http://my-service.com/xmlns/book'}              ──②


def create_rss():
    """RSSを作る."""
    for ns_name, ns_uri in NAMESPACES.items():
        ET.register_namespace(ns_name, ns_uri)  # 名前空間の登録       ──③

    # <rss>要素の作成
    elm_rss = ET.Element(
        "rss",
        attrib={
            'version': "2.0",
            'xmlns:book': NAMESPACES['book']
        },                                                             ──④
    )

    # <channel>要素の作成
    elm_channel = ET.SubElement(elm_rss, 'channel')                    ──⑤

    # channel要素のサブ要素を一括で追加する
    channel_sources = {
        'title': "芥川龍之介の新着作品",
        'link': "http://www.aozora.gr.jp/index_pages/person879.html",  ──⑥
        'description': "青空文庫に追加された芥川龍之介の新着作品のフィード",
    }
```

```python
    children_of_channel = []                                              ──⑦
    for tag, text in channel_sources.items():  ──┐
        child_elm_of_channel = ET.Element(tag)   │
        child_elm_of_channel.text = text         ├──⑧
        children_of_channel.append(child_elm_of_channel) ──┘

    # 一括で要素を追加
    elm_channel.extend(children_of_channel)                               ──⑨

    # <item>要素の追加: 一つずつサブ要素を追加している
    elm_item = ET.SubElement(elm_channel, 'item')                         ──⑩

    # <item><title>要素の追加
    elm_item_title = ET.SubElement(elm_item, 'title'  ──┐
    elm_item_title.text = "羅生門"                      ├──⑪

    # <item><link>要素の追加                                              ──⑫
    elm_item_link = ET.SubElement(elm_item, 'link')  ──┐
    elm_item_link.text = "http://www.aozora.gr.jp/cards/000879/card128.html" ──┘

    # <item><description>要素の追加                                       ──⑬
    elm_item_description = ET.SubElement(elm_item, 'description')  ──┐
    elm_item_description.text \
        = ('<a href="http://www.aozora.gr.jp/index_pages/person879.html">芥川
</a>の5作目の短編小説。'
           "次の作品『今昔物語集』巻二十九「羅城門登上層見死人盗人語第十八」に題材を取り、"
           "人間のエゴイズムについて作者自身の解釈を加えたものである。")  ──┘

    # <item><book:writer>要素の追加
    elm_item_writer = ET.SubElement(elm_item, 'book:writer', id="879") ──┐
    elm_item_writer.text = "芥川 竜之介"                                ├──⑭

    # XML文字列に変換
    xml = ET.tostring(elm_rss, 'utf-8')                                   ──⑮

    # 先頭行に <?xml version="1.0"?> を追加し、整形する
    with minidom.parseString(xml) as dom:  ──┐
        return dom.toprettyxml(indent="  ")  ├──⑯
```

```
if __name__ == '__main__':
    rss_str = create_rss()
    print(rss_str)
```
リスト7-9：rss_with_et.py

　リスト7-9①では標準付属のXMLライブラリであるxml.etree.ElementTreeをインポートしています。名前が長いのでas文を使い、ETという別名で参照できるようにしています。

　リスト7-9②で独自名前空間を辞書型変数NAMESPACESで定義しています。RSSが標準で持っていない名前空間bookを追加するために使います。{'名前空間名': '名前空間のURL'}となります。「名前空間のURL」は名前空間の定義を記載したページのURLを指定しますが、実際には存在しなくてもかまいません。

　ただし、インターネット上で一意になる必要があるので、すでに存在するURLは指定しないように注意してください。インターネット上に公開するフィードを作成する場合は、フィードをホストするドメインと/xmlns/bookのような適当なパスを組み合わせるとよいでしょう。インターネット上に公開しないフィードを作成する場合は、本例のように適当な存在しないドメインとパスを組み合わせておくとよいでしょう。

　リスト7-9③でxml.etree.ElementTreeモジュールにリスト7-9②で定義した名前空間を登録しています。リスト7-9②で定義したNAMESPACESは辞書型変数なので、辞書型変数のitemsメソッドにより、キーとバリューのペアをループで取り出し、それぞれns_name、ns_uriに格納しながらループ処理しています。ET（xml.etree.ElementTreeの別名）のregister_namespaceメソッドに名前空間名（ns_name）、名前空間のURL（ns_uri）を与えて、名前空間の登録ができます。

　本例のNAMESPACES変数は名前空間のペアを1つしか定義していませんが、NAMESPACES変数に名前空間の定義を追加した場合でも処理できるようにループで処理するようにしています。

　リスト7-9④ではXMLの最上位の要素<rss>に相当するXML要素オブジェクトelm_rssをET.Elementメソッドで作成しています。引数には要素名rssを指定しています。キーワード引数attribに辞書変数を指定することで、rss要素の属性にRSSバージョンと独自名前空間を追加しています。

　RSSを作成する場合、現行のRSSの普及バージョンはRSS 2.0なので、versionキーのバリューは毎回"2.0"にしておくとよいでしょう。名前空間のキーは「xmlns:名前空間」のフォーマットとなる仕様なので、これに従います（xmlnsはxml namespaceの略）。名前空間のバリューには名前空間のURLを指定します。

　この処理で次のXMLに相当するXMLオブジェクトが作成されることになります。

```
<rss version="2.0" xmlns:book="http://my-service.com/xmlns/book">
</rss>
```

リスト7-9⑤の<rss>要素直下の<channel>要素に相当するXML要素オブジェクトelm_channelをET.SubElementメソッドで作成しています。

ET.SubElementメソッドは、第1引数にET.Elementメソッドで作成したオブジェクトを指定することで、その要素直下に属するサブ要素とすることができます。

サブ要素の名前channelを第2引数で指定しています。<channel>要素はフィード自体の情報を持つ要素です。

この処理で次のXMLに相当するXMLオブジェクトが作成されることになります。

```
<channel>
</channel>
```

<channel>要素には、必須のサブ要素として<title>、<link>、<description>があり、リスト7-9⑥は、それらの要素を一括で作成(リスト7-9⑧)するための準備です。

辞書型変数channel_sourcesに必須要素の要素名と、要素の内容(タグに囲まれた内容)を持たせています。次のXML要素群を作ることを前提にしています。

```
<title>芥川龍之介の新着作品</title>
<link>http://www.aozora.gr.jp/index_pages/person879.html</link>
<description>青空文庫に追加された芥川龍之介の新着作品のフィード</description>
```

リスト7-9⑦は、この後のリスト7-9⑧で作成するXML要素オブジェクト群を格納するためのリスト変数children_of_channelの作成です。

リスト7-9⑧ではリスト7-9⑥で準備した<channel>要素の必須要素の内容を持つ辞書型変数channel_sourcesをitemsメソッドでキーとバリューのペアを取り出し、ループ処理しています。要素名と要素の内容がそれぞれループ処理用の一時変数であるtag変数、text変数に格納されます。

ET.Elementメソッドに要素名tag変数を与えて、XML要素オブジェクトchild_elm_of_channelを作成しています。要素の内容は、child_elm_of_channel.textプロパティに要素の内容を格納して作成します。

作成されたXML要素オブジェクトchild_elm_of_channelを、リスト7-9⑦で作成したリスト変数にchildren_of_channel.appendメソッドで追加します。

リスト7-9⑨ではリスト7-9⑤で作成した<channel>要素に相当するXML要素オブジェクトのサブ要素を、elm_channel.extendメソッドにより一括で追加しています。内部的には、ET.SubElementによるサブ要素の作成を複数回行うのと同じ処理になります。

この処理で次のXMLに相当するXMLオブジェクト構造が作成されることになります。

```
<channel>
<title>芥川龍之介の新着作品</title>
```

```
<link>http://www.aozora.gr.jp/index_pages/person879.html</link>
<description>青空文庫に追加された芥川龍之介の新着作品のフィード</description>
</channel>
```

ここまででフィード自体の情報を持ったXML要素オブジェクトが作成できたことになります。

リスト7-9⑩で<channel>要素直下の<item>要素に相当するXML要素オブジェクトelm_itemをリスト7-9⑤と同じようにET.SubElementメソッドで作成しています。ここで作るフィードでは、<item>要素は、作家の作品情報を持つ要素です。

リスト7-9⑪で<item>要素直下の<title>要素に相当するXML要素オブジェクトelm_item_titleをET.SubElementメソッドで作成しています。要素の内容は、elm_item_title.textプロパティに要素の内容を格納して作成します。

リスト7-9⑫ではリスト7-9⑪と同様に<item>要素直下の<link>要素に相当するXML要素オブジェクトelm_item_linkをET.SubElementメソッドで作成しています。

リスト7-9⑬ではリスト7-9⑫と同様に<item>要素直下の<description>要素に相当するXML要素オブジェクトelm_item_descriptionをET.SubElementメソッドで作成しています。長い文字列を変数に格納する場合は、複数の文字列に分割し、括弧で囲むことで結合し、コードの折り返しています。

リスト7-9⑪からリスト7-9⑬の処理で次のXMLに相当するXMLオブジェクトが作成されることになります。

```
<title>羅生門</title>
<link>http://www.aozora.gr.jp/cards/000879/card128.html</link>
<description>&lt;a href=&quot;http://www.aozora.gr.jp/index_pages/person879.
html&quot;&gt;芥川&lt;/a&gt;の5作目の短編小説。次の作品『今昔物語集』巻二十九「羅城門登上層見死
人盗人語第十八」に題材を取り、人間のエゴイズムについて作者自身の解釈を加えたものである。</description>
```

リスト7-9⑭で独自名前空間を持つXML要素<book:writer>に相当するXML要素オブジェクトelm_item_writerをET.SubElementメソッドで作成しています。第1引数にこの要素が所属する親要素elm_itemを指定しています。第2引数には独自名前空間bookを持った要素名book:writerを指定しています。キーワード引数idを指定することで、この要素の属性値をセットしています。ここでは作家IDを指定しています。<book:writer>は作家情報を持つ要素になります。

この処理で次のXMLに相当するXMLオブジェクトが作成されることになります。

```
<book:writer id="879">芥川 竜之介</book:writer>
```

リスト7-9⑮には、ここまでに作成したXML要素オブジェクトが、すべて最上位の<rss>要素に相当するelm_rssオブジェクトに格納されていることになります。ET.tostringメソッドで、elm_rssオブジェクトをXML文字列に変換します。第2引数にはXML文字列の文字コードを指

定します。一般的にXMLの文字コードはUTF-8となっています。

リスト7-9⑮で変換したXML文字列は改行やインデントが入っておらず、また、XML文書に必要なXML宣言<?xml version="1.0"?>も含まれていません。XML文字列を整形し、XML宣言を付けるため、一度リスト7-9 ⑯のようにminidom.parseStringメソッドによりパースして、xml.dom.minidom.Documentクラスのオブジェクトdomを得ます。dom.toprettyxmlメソッドにより、XML宣言が付加されたXML文字列に変換することができます。キーワード引数indentに2つ分のスペースを指定することで、各XML要素のインデントを指定しています。

コマンドの実行

次のコマンドでrss_with_et.pyを実行します。

```
$ python rss_with_et.py
```

実行結果は次のようになります。

```xml
<?xml version="1.0" ?>
<rss version="2.0" xmlns:book="http://my-service.com/xmlns/book">
  <channel>
    <title>芥川龍之介の新着作品</title>
    <link>http://www.aozora.gr.jp/index_pages/person879.html</link>
    <description>青空文庫に追加された芥川龍之介の新着作品のフィード</description>
    <item>
      <title>羅生門</title>
      <link>http://www.aozora.gr.jp/cards/000879/card128.html</link>
      <description>&lt;a href=&quot;http://www.aozora.gr.jp/index_pages/person879.html&quot;&gt;芥川&lt;/a&gt;の5作目の短編小説。次の作品『今昔物語集』巻二十九「羅城門登上層見死人盗人語第十八」に題材を取り、人間のエゴイズムについて作者自身の解釈を加えたものである。</description>
      <book:writer id="879">芥川 竜之介</book:writer>
    </item>
  </channel>
</rss>
```

実行結果の<description>要素を見てみましょう。

```
<description>&lt;a href=&quot;http://www.aozora.gr.jp/index_pages/person879.html&quot;&gt;芥川&lt;/a&gt;の5作目の短編小説。次の作品『今昔物語集』巻二十九「羅城門登上層見死人盗人語第十八」に題材を取り、人間のエゴイズムについて作者自身の解釈を加えたものである。</description>
```

リスト7-9⑮で格納した要素の内容の冒頭文は次の内容でした。

```
<a href="http://www.aozora.gr.jp/index_pages/person879.html">芥川</a>の5作目の短
編小説。
```

それぞれ比較すると、コマンドの実行結果ではHTMLタグがエスケープされています。これはET.tostringメソッドがXMLの仕様に従いXMLのタグと混同しうる記号をエスケープするようになっているからです。この機能により要素の内容にHTMLを含めても適格なXMLが作成できていることになります。

> **COLUMN　XMLのCDATAセクションについて**
>
> xml.etree.ElementTreeモジュールのtostringメソッドは、要素の内容（.textに代入されている文字列）にマークアップ記号を含んでいる場合、自動的にエスケープしてくれます。この際、.textに代入される文字列はCDATAセクション `<![CDATA[ ]]>` で囲みたくなることもあるかもしれません。そうすればエスケープなどせずとも、そのままで見やすい内容が得られるからです。
>
> ところが、PythonのXMLライブラリにはCDATAを丁度よい具合に出力してくれるインターフェースは用意されていません。上記プログラムの実行結果のように、特段CDATAセクションを使わなくとも、マークアップ記号をエスケープして正しいXMLを出力する機能がもともと備わっているからです。
>
> ・「Python 3.6.1 ドキュメント」（20.7. xml.dom.minidom — 最小限の DOM の実装（原文））
> URL https://docs.python.jp/3/library/xml.dom.minidom.html#minidom-and-the-dom-standard
>
> CDATAセクションをパースする機能はあっても、出力に使用できる表向きのインターフェースはドキュメントに記載されていません。しかしドキュメントには記載されていないものの、例えば、
>
> ```
> from xml.dom import minidom
>
> d = minidom.Document()
> link = d.createCDATASection('<a href="http://example.com">これはリンクのマー
> クアップです</a>')
> print(link.toxml())
> ```
>
> というコードを実行してみると、
>
> ```
> <![CDATA[<a href="http://example.com">これはリンクのマークアップです</a>]]>
> ```
>
> と出力してくれる内部的なインターフェースはありますが、CDATAセクションのエスケープには対応していません。ですので、次のコードはエラーになります。

```
d = minidom.Document()
cdata = d.createCDATASection('CDATAセクションは <![CDATA[ と ]]> で囲みます')
print(cdata.toprettyxml())
```

エラー結果は次の通りです。

```
ValueError: ']]>' not allowed in a CDATA section
```

それではCDATAを扱うにはどうすればよいのでしょうか? 単純に文字列に]]> を見つけたら]]> に置換すればよいのでしょうか?
]]> のエスケープの例は実は次のようになります。

```
<![CDATA[]]]]><![CDATA[>]]>
```

どうでしょう? 随分と複雑になってきた感じがしないでしょうか。
このようにCDATAセクションの扱いについてはなかなか悩ましい点があるので、素直にマークアップ文字をエスケープして扱うとよいでしょう。

feedgenを利用してRSSを作成する

　標準付属しているxmlモジュールxml.etree.ElementTreeを使ったRSSフィードの作成では、channel要素とitem要素の追加は両方ともSubElementメソッドを通じて行っており、慣れないうちはどの要素にどのような内容を追加しているかイメージしにくいかもしれません。
　また、要素の内容を作成するには、要素のインスタンスを作成した上で、textプロパティに文字列を代入しています。つまり、次のようなコードを繰り返していました。

```
elm_item_title = ET.SubElement(elm_item, 'title')
elm_item_title.text = "羅生門"
```

　上記の方法よりも、もう少しわかりやすくフィードを作る方法として、feedgenというライブラリを使った方法を紹介します。

・Feedgenerator
URL https://github.com/lkiesow/python-feedgen

feedgenをインストールする

　feedgenは、pip installコマンドでインストールできます。

```
$ pip install feedgen
```

feedgenでは各アイテムの親要素の作成と、各アイテム自体の作成のためのメソッドが分かれています。注意点としては、やはり名前空間の追加についてになります。feedgenには独自に名前空間を拡張する機能もサポートされています。

名前空間を追加する

ここでは xmlns:book="http://my-service.com/xmlns/book" の名前空間を追加してみましょう。

feedgenには最初からdc(Dublin Core Metadata Initiative)やiTunes Podcast用の拡張名前空間用のモジュールが備わっています。それぞれ参考にしてください。

- **dc**
  URL https://github.com/lkiesow/python-feedgen/blob/master/feedgen/ext/dc.py

- **Podcast：channel要素**
  URL https://github.com/lkiesow/python-feedgen/blob/master/feedgen/ext/podcast.py

- **Podcast：item要素**
  URL https://github.com/lkiesow/python-feedgen/blob/master/feedgen/ext/podcast_entry.py

ディレクトリを作成する

feedgenで作るプログラム用のディレクトリを作成します。

```
$ mkdir rss_with_feedgen
$ cd rss_with_feedgen
```

名前空間用のクラスを作成する

名前空間用のクラスを作成します(リスト7-10)。ファイル名はfeedgen_ext.pyとします。

```
"""feedgen拡張名前空間 (book: http://my-service.com/xmlns/book)."""
from lxml import etree


from feedgen.ext.base import BaseExtension


class BookBaseExtension(BaseExtension):  ──①
    """book拡張名前空間."""
```

```python
# 独自名前空間のURL
BOOK_NS = "http://my-service.com/xmlns/book"

def __init__(self):                                                          ──②
    """独自に追加する要素名 writer に __ を付けてインスタンス変数を作成."""
    # 変数は辞書型で受け取る想定
    self.__writer = {}

def extend_ns(self):                                                         ──③
    """拡張名前空間."""
    return {'book': self.BOOK_NS}

def _extend_xml(self, elm):                                                  ──④
    """要素の追加."""
    if self.__writer:
        writer = etree.SubElement(
            elm,  # writer要素を従属させる親要素
            '{%s}writer' % self.BOOK_NS,  # {名前空間のURL}要素名
            attrib={'id': self.__writer.get('id')}  # id属性の適用
        )
        writer.text = self.__writer.get('name')  # 要素の内容の適用
    return elm

def writer(self, name_and_id_dict=None):                                     ──⑤
    """self.__writerへの受け渡し."""
    if name_and_id_dict is not None:
        name = name_and_id_dict.get('name')
        id_ = name_and_id_dict.get('id')
        if name and id_:
            self.__writer = {'name': name, 'id': id_}
        elif not name and not id_:  # 要素の内容 name がない場合は要素を作成しない
            self.__writer = {}
        else:
            raise ValueError('nameとidは両方セットしてください.')
    return self.__writer


class BookFeedExtension(BookBaseExtension):                                  ──⑥
```

```
        """channel要素に適用."""

        def extend_rss(self, rss_feed):  ─────────────────────────────⑦
            """要素の追加時に呼ばれる."""
            channel = rss_feed[0]
            self._extend_xml(channel)



class BookEntryExtension(BookBaseExtension):  ─────────────────────────⑧
    """item要素に適用."""

    def extend_rss(self, entry):  ─────────────────────────────────────⑨
        """要素の追加時に呼ばれる."""
        self._extend_xml(entry)
```

リスト7-10：rss_with_feedgen/feedgen_ext.py

　feedgenライブラリを使ったRSSの作成において、独自名前空間の拡張には、<channel>要素と<item>要素それぞれに拡張用のクラス(それぞれ、リスト7-10⑥とリスト7-10⑧が相当する)を作成する必要があります。

　両者に適用する共通処理をリスト7-10④で定義しており、それぞれリスト7-10⑦とリスト7-10⑨で使用しています。リスト7-10④の共通利用のために、それぞれのクラスの共通基底クラスとしてリスト7-10①を作成しています。

　リスト7-10②でRSS仕様にない独自要素<book:writer>を追加するために、要素のデータを持つインスタンス変数self.__writerを作成しています。

　リスト7-10③は独自名前空間を拡張するためのextend_nsメソッドです。名前空間名と、名前空間のURLを辞書型で返すようにします。

　リスト7-10④は独自要素writerのXML要素オブジェクトを作成するメソッド定義です。引数elmには、writerオブジェクトが従属する親となるXML要素オブジェクト(<item>要素に相当するXML要素オブジェクト)が渡される想定です。リスト7-10②で作成したインスタンス変数からXML要素の構築に必要な属性値(id)、と要素の内容(name)を取り出してセットしています。

　リスト7-10⑤は、リスト7-10②で作成したインスタンス変数self.__writerに属性値(id)と要素の内容(name)を渡すためのメソッドです。引数name_and_id_dictは辞書型で渡される想定です。それぞれ辞書型のgetメソッドで内容を取り出した後、インスタンス変数self.__writerに格納しています。

フィード生成プログラムを作成する

次にフィード生成プログラム rss_with_feedgen.py を作成します（リスト7-11）。

```python
"""feedgenで青空文庫の芥川龍之介の新作フィードを出力する."""
from feedgen.feed import FeedGenerator

# feedgen_ext.py からchannel要素用とitem要素用の
# 独自名前空間拡張用クラスをインポート
from feedgen_ext import BookEntryExtension, BookFeedExtension    ──①


def create_feed():
    """RSSフィードの生成."""

    # フィードデータ格納用
    fg = FeedGenerator()    ──②

    # 独自名前空間の登録と、独自名前空間の拡張用クラスの適用
    fg.register_extension(    ──③
        'book',
        extension_class_feed=BookFeedExtension,
        extension_class_entry=BookEntryExtension,
    )

    # <channel><title>要素
    fg.title("芥川龍之介の新着作品")
    # <channel><link>要素: <link>タグの内容は href で指定
    fg.link(href="http://www.aozora.gr.jp/index_pages/person879.html")    ──④
    # <channel><description>要素
    fg.description("青空文庫に追加された芥川龍之介の新着作品のフィード"

    # <channel><item>要素の追加                                           ──⑤
    fe = fg.add_entry()
    # <channel><item><title>要素
    fe.title("羅生門")
    # <channel><item><link>要素
    fe.link(href="http://www.aozora.gr.jp/cards/000879/card128.html")
    # <channel><item><description>要素
    fe.description(
```

```
                '<a href="http://www.aozora.gr.jp/index_pages/person879.html">芥川</a>
の5作目の短編小説。'
                "次の作品『今昔物語集』巻二十九「羅城門登上層見死人盗人語第十八」"
                "に題材を取り、人間のエゴイズムについて"
                "作者自身の解釈を加えたものである。")

    # <channel><item><book:writer>要素（独自名前空間を持つ要素）
    fe.book.writer({'name': "芥川 竜之介", 'id': "879"})    # 値は辞書型変数で渡す ──⑥

    # フィードデータをRSSフォーマットに変換する（pretty=True で整形）
    return fg.rss_str(pretty=True) ────────────────────────────⑦


if __name__ == '__main__':
    rss_str = create_feed()
    print(rss_str.decode())
```

リスト7-11：rss_with_feedgen/rss_with_feedgen.py

リスト7-11①では、rss_with_feedgen/feedgen_ext.pyで作成した独自名前空間bookの追加を行うためのクラスBookEntryExtension、BookFeedExtensionをインポートしています。

リスト7-11②でフィードデータ格納用オブジェクトfgをFeedGenerator関数で作成します。フィードに含めるデータはすべてこのオブジェクトをもとに構築します。

リスト7-11③では、リスト7-11①でインポートしたクラスを使い、フィードオブジェクトにregister_extensionメソッドで独自名前空間名bookとともに登録しています。

リスト7-11④で<channel>要素直下に含める<title>要素、<link>要素、<description>要素の値を、それぞれfg.title、fg.link、fg.descriptionメソッドで追加しています。

リスト7-11⑤ではfg.add_entryメソッドにより<item>要素に相当するXML要素オブジェクトfeを作成しています。<item>要素直下に含める作品情報として<title>要素、<link>要素、<description>要素の値をfe.title、fe.link、fe.descriptionメソッドで追加しています。

リスト7-11⑥で独自名前空間bookを持つ独自要素writerをfe.book.writerメソッドで追加しています。この独自要素の追加はリスト7-11③の処理により可能になっています。

リスト7-11⑦のfg.rss_strメソッドにより作成したフィードデータをRSSフォーマットの文字列に変換しています。pretty=Trueを指定しない場合は、XML要素ごとに行が分かれず、要素すべてで1行になります。

実行して出力結果を確認する

次のコマンドでプログラムを実行してみましょう。

```
$ python -m rss_with_feedgen
```

結果は次のように出力されます。

```
<?xml version='1.0' encoding='UTF-8'?>
<rss xmlns:atom="http://www.w3.org/2005/Atom" xmlns:book="http://my-service.
com/xmlns/book" xmlns:content="http://purl.org/rss/1.0/modules/content/"
version="2.0">
  <channel>
    <title>芥川龍之介の新着作品</title>
    <link>http://www.aozora.gr.jp/index_pages/person879.html</link>
    <description>青空文庫に追加された芥川龍之介の新着作品のフィード</description>
    <docs>http://www.rssboard.org/rss-specification</docs>
    <generator>python-feedgen</generator>
    <lastBuildDate>Sat, 09 Sep 2017 23:06:42 +0000</lastBuildDate>
    <item>
      <title>羅生門</title>
      <link>http://www.aozora.gr.jp/cards/000879/card128.html</link>
      <description>&lt;a href="http://www.aozora.gr.jp/index_pages/person879.
html"&gt;芥川&lt;/a&gt;の5作目の短編小説。次の作品『今昔物語集』巻二十九「羅城門登上層見死人盗
人語第十八」に題材を取り、人間のエゴイズムについて作者自身の解釈を加えたものである。</description>
      <book:writer id="879">芥川 竜之介</book:writer>
    </item>
  </channel>
</rss>
```

名前空間にxmlns:atom="http://www.w3.org/2005/Atom"、xmlns:content="http://purl.org/rss/1.0/modules/content/"が入っていますが、これはfeedgenのデフォルトの挙動です。使わない名前空間が入ってしまったことになりますが、RSSとしては特に問題ありません。

ちなみに、Pythonの代表的なWebフレームワークであるDjangoにもRSSの出力機能が備わっています。

- Django documentation：The syndication feed framework
  URL https://docs.djangoproject.com/en/1.11/ref/contrib/syndication/

ただし、RSSの出力のためだけにDjangoをセットアップするまでもない場合、フィードの出力が必要な時は、feedgenとxml.etree.ElementTree（またはその拡張版とも言えるlxml）を使ってみて、どちらか使いやすいほうを採用するとよいでしょう。

02 FlaskでWeb APIを作る

Pythonにはライブラリだけではなく、様々なフレームワークも用意されています。ここではPythonのフレームワークを利用してWeb APIを作成する方法を解説します。

Web APIとPythonのWebフレームワーク

　Pythonには、Web APIを作成するのに便利なフレームが用意されています。ここではデータベースに保存したデータを、リクエストに応じてJSONで返すWeb APIを作ってみましょう。
　PythonのWebフレームワークと言うと、汎用的なWebアプリケーションの作成に必要なライブラリが十二分に備わっているフルスタックフレームワークDjango（次の節で紹介します）が代表的ですが、Webフレームワークに最低限必要な機能のみを実装したマイクロWebフレームワークもあり、1ファイルのみで作られているBottleや、Pythonの有名なテンプレートエンジンである「Jinja2」の作者によるFlaskがあります。

- **Bottle**
  URL http://bottlepy.org/docs/dev/index.html

- **Jinja2**
  URL http://jinja.pocoo.org/

- **Flask**
  URL http://flask.pocoo.org/

Flaskを使ったWeb APIを作成する

　ここではFlaskを使ったWeb APIの例を見てみましょう。
　練習用のデータベースにはMySQLの開発グループが提供している「sakilaデータベース」を使います。sakilaデータベースは次のサイトからダウンロードできます。

- **MySQL Documentation：Other MySQL Documentation**
  URL https://dev.mysql.com/doc/index-other.html

上記のページでは他にも世界各国の統計をモデルにデータベース化した「world database」なども提供されており、大規模なデータのクロールをする際のデータベース設計の参考となるでしょう。

ATTENTION　練習用データベースsakila databaseのデータベース設計について

idフィールドの命名などいくつか現場にそぐわない設計もあり、あくまで参考にとどめることに注意してください。

MEMO　PostgreSQLのサンプルデータベース

ちなみにPostgreSQLでもサンプルデータベースがあります。次のサイトで確認してください。

・**PostgreSQL Tutorial：PostgreSQL Sample Database**
　URL http://www.postgresqltutorial.com/postgresql-sample-database/

sakilaデータベースについて

sakilaデータベースはオンラインDVDショップのデータを表現したもので、詳細は次のサイトで確認できます。

・**MySQL Documentation：Sakila Sample Database**
　URL https://dev.mysql.com/doc/sakila/en/

sakilaデータベースをインポートする

https://dev.mysql.com/doc/index-other.html からsakila databaseと書かれた行にあるzipファイルをダウンロードし、解凍してください（図7-1）。

Example Databases				
Title	Download DB	HTML Setup Guide	PDF Setup Guide	
employee data (large dataset, includes data and test/verification suite)	Launchpad	View	US Ltr | A4	
world database	Gzip | Zip	View	US Ltr	
world_x database	TGZ | Zip			
sakila database	TGZ | Zip	View	US Ltr | A4	
menagerie database	TGZ | Zip			

図7-1：zipファイルをダウンロード

解凍したファイルは次のコマンドでデータベースごとインポートできます。

```
$ cd sakila-db
$ mysql -u root < sakila-schema.sql
$ mysql -u root < sakila-data.sql
```

上記2つのファイル以外に、sakila.mwbというファイルがあります。これはMySQL開発グループが提供するGUIのデータベース管理ツールMySQL Workbench用のファイルで、MySQL Workbenchで開くとデータベースがどのような構造になっているか、つまり、ER図（MEMO参照）を確認できます。

> **MEMO　ER図**
>
> 実体関連図（Entity-relationship Diagram）をER図とも言います。リレーショナルデータベースを抽象的に表現する手法の1つです。

・**MySQL Workbench**
　URL https://www.mysql.com/jp/products/workbench/

sakilaのデータベース構造の外観は、次のURLからも確認できます。

・**MySQL Documentation：Sakila Sample Database:Structure**
　URL https://dev.mysql.com/doc/sakila/en/sakila-structure.html

ここでは、sakilaデータベースの中から映画タイトルのテーブルであるfilmを使ってみます。

Flaskをインストールする

Flaskをインストールしましょう。pip installコマンドでFlaskをインストールできます。

```
$ pip install Flask
```

サンプルを修正する

動作確認のため、http://flask.pocoo.org/のトップページにあるサンプルの動作を確認してみましょう。「hello.py」という名前でリスト7-12のコードを保存します。

```
from flask import Flask
app = Flask(__name__)   # Flaskインスタンスの作成
```

```
# トップページ / にアクセスした際に実行される関数
@app.route("/")
def hello():    # 関数名は任意
    return "Hello World!"
```
リスト7-12：hello.py

サンプルを起動してブラウザで確認する

起動は次のコマンドで行います。

```
$ FLASK_APP=hello.py flask run
```

Flaskをインストールすることで使えるようになるflask runコマンドは、環境変数FLASK_APPで指定されたプログラムを実行するようになっています。

ブラウザでhttp://127.0.0.1:5000/にアクセスしてみましょう。"Hello World!"という文字が表示されていれば問題ありません（図7-2）。確認できたら、[control]+[C]キーを押して、実行状態から抜けます。

図7-2：サンプルの実行画面

データベースに接続する

Flask単体では、MySQLデータベースへの接続機能はありません。データベースを扱うためのORMライブラリとして、ここではPeeweeを使います。

・**Peewee**
　URL https://github.com/coleifer/peewee

> **MEMO　ORMライブラリ**
>
> リレーショナルデータベースのデータを、オブジェクト指向言語のクラスなど、プログラムのデータにマッピングするためのライブラリです。ORMライブラリを使うことで、データベース操作処理でSQL文を組み立てることなく、データベースからデータを取得したり、追加したりできます。

Peeweeをインストールする

pip installコマンドでPeeweeをインストールします。

```
$ pip install peewee
```

データベース操作用のファイルを作成する

次のPeeweeのサイトのドキュメントを参考にして、データベース操作用のファイルを作成します。これは後でFlaskを使ったWebアプリケーションを作成する際に、データベースへのアクセスに使用します。

・**Docs:Managing your Database**
URL http://docs.peewee-orm.com/en/latest/peewee/database.html

具体的には、次のコマンドを実行して、データベース操作用の雛形を出力します。

```
$ python -m pwiz -e mysql -u root sakila
```

peeweeには存在するデータベースの内容から自動的にデータベースモデルの雛形を出力する機能があります。上記のコマンドでターミナルに出力された雛形(誌面では割愛)を参考にして、次のコードをdb.pyというファイル名で作成します。

```
"""データベースモデル."""
import peewee
from playhouse.pool import PooledMySQLDatabase

# sakilaデータベースへのアクセス情報
db = PooledMySQLDatabase(                                      ─①
    'sakila',
    max_connections=8,
    stale_timeout=10,
    user='root')


class BaseModel(peewee.Model):                                 ─②
    """共通基底モデル."""

    class Meta:
        database = db
```

```python
class Language(BaseModel):                                          ──③
    """languageテーブル用モデル."""

    language_id = peewee.SmallIntegerField(primary_key=True)
    name = peewee.CharField(max_length=20)
    last_update = peewee.TimestampField()

    class Meta:
        db_table = 'language'


class Film(BaseModel):                                              ──④
    """filmテーブル用モデル."""

    film_id = peewee.SmallIntegerField(primary_key=True)
    title = peewee.CharField(index=True)
    description = peewee.TextField(null=True)
    release_year = peewee.DateField(formats="%Y")
    # 外部キー
    language = peewee.ForeignKeyField(Language)
    length = peewee.SmallIntegerField()
    last_update = peewee.TimestampField()

    def to_dict(self):
        return {
            'film_id': self.film_id,
            'title': self.title,
            'description': self.description,
            'release_year': self.release_year,
            'language': self.language.name,
            'length': self.length,
            'last_update': self.last_update.isoformat(),
        }

    class Meta:
        db_table = 'film'
```

リスト7-13：db.py

リスト7-13①でsakilaデータベースへのアクセス情報を持ったオブジェクトdbを作成しています。

リスト7-13②でdb.pyに定義するデータベーステーブルモデルではすべてをsakilaデータベースに紐付けるために、共通定義するための基底クラスを作成しています。

リスト7-13③はlanguageテーブル用モデルの定義です。後続のfilmテーブル用モデルのlanguageフィールド定義に使用します。

リスト7-13④はfilmテーブル用モデルの定義です。filmテーブルに存在するlanguage_idフィールドはlanguageテーブルのlanguage_idを参照することを意味するため、peewee.ForeignKeyFieldメソッドでLanguageクラスを参照するように指定しています。その際、フィールド名は_idを省略したlanguageという名前にします。

peeweeでデータベースのテーブル用モデルを作成する際のフィールド定義については、次のサイトを参照してください。

・peewee Model and Fields
URL http://docs.peewee-orm.com/en/latest/peewee/models.html

Filmオブジェクトを辞書で返すメソッドto_dictメソッドを独自に追加しています。これは後ほど作成するFlaskのWebアプリケーションで、JSONのレスポンスを作成するために使います。

iPythonを起動してアイテムを取得する

実際にデータベースからアイテムを取得してみましょう。ここでは標準のインタラクティブシェルの代わりに、補完機能など便利な機能が備わっているインタラクティブシェルを提供するiPythonを使ってみます。pip installコマンドでiPythonをインストールします。iPythonを起動して、アイテムの取得を試します。iPythonのシェルに切り替え、db.pyからFilmクラスをインポートしています。

```
$ pip install ipython
$ ipython

In [1]: # film_id = 10 のアイテムを取得します。

In [2]: from db import Film

In [3]: film = Film.get(Film.film_id == 10)

In [4]: film.film_id
Out[4]: 10
```

```
In [5]: film.title
Out[5]: 'ALADDIN CALENDAR'

In [6]: film.to_dict()
Out[6]:
{'description': 'A Action-Packed Tale of a Man And a Lumberjack who must ↵
Reach a Feminist in Ancient China',
 'film_id': 10,
 'language': 'English',
 'last_update': '2006-02-15T05:03:42',
 'length': 63,
 'release_year': 2006,
 'title': 'ALADDIN CALENDAR'}

In [7]: # 先頭3件を取得する

In [8]: films = Film.select().limit(3)

In [9]: [film.to_dict() for film in films]
Out[9]:
[{'description': 'A Epic Drama of a Feminist And a Mad Scientist who must ↵
Battle a Teacher in The Canadian Rockies',
  'film_id': 1,
  'language': 'English',
  'last_update': '2006-02-15T05:03:42',
  'length': 86,
  'release_year': 2006,
  'title': 'ACADEMY DINOSAUR'},
 {'description': 'A Astounding Epistle of a Database Administrator And a ↵
Explorer who must Find a Car in Ancient China',
  'film_id': 2,
  'language': 'English',
  'last_update': '2006-02-15T05:03:42',
  'length': 48,
  'release_year': 2006,
  'title': 'ACE GOLDFINGER'},
 {'description': 'A Astounding Reflection of a Lumberjack And a Car who must ↵
Sink a Lumberjack in A Baloon Factory',
```

```
    'film_id': 3,
    'language': 'English',
    'last_update': '2006-02-15T05:03:42',
    'length': 50,
    'release_year': 2006,
    'title': 'ADAPTATION HOLES'}]
```

上記を確認すると、sakilaデータベースのfilmテーブルからアイテムが取得できているようです。確認できたら[control]+[D]キーを押してシェルコマンドの入力状態から抜けます。

FlaskのプラグインFlask-RESTfulを利用する

Flaskにはプラグインによる機能を拡張するための機構があります。プラグインを追加することでデフォルトにはない機能を追加できます。また、次のサイトを見ると、Flaskには実に様々なプラグインがあることがわかります。

・Awesome Flask
URL https://github.com/humiaozuzu/awesome-flask

ここでは、この中からFlask-RESTfulを使います。このライブラリは、RESTfulの設計思想にもとづき、Web APIを開発することができます。

Flask-RESTfulをインストールする

pip installコマンドでFlask-RESTfulをインストールします。

```
$ pip install flask-restful
```

Flaskアプリケーションを作成する

リスト7-14のコードでFlaskアプリケーション作成を作成します。ファイル名はflask_film_api.pyとしてください。

```
"""filmテーブル用RESTful API."""
from flask import Flask, abort
from flask_restful import Api, Resource, reqparse


# db.py から Filmテーブルモデル用のクラスをインポート
from db import Film                                                    ①
```

```python
app = Flask(__name__)

# RESTful API 用インスタンスの作成
api = Api(app)


# 単一のアイテムを表示する用
class FilmItem(Resource):                                          ──②
    """特定のFilm."""

    def get(self, film_id):                                        ──③
        """GET実行時のアクション."""
        try:
            # filmテーブルからfilm_id を検索してデータベースから取得する
            film = Film.get(Film.film_id == film_id)
        except Film.DoesNotExist:
            # 見つからなかった場合は処理を中断して 404 を返す
            abort(404, description="Film not found.")

        # 辞書形式でreturnすると、自動的にJSONに変換される
        return film.to_dict()


# 複数のアイテムを一覧で表示する用
class FilmList(Resource):                                          ──④
    """Filmリスト."""

    # 1ページあたりのアイテム数
    ITEMS_PER_PAGE = 5

    def __init__(self, *args, **kwargs):                           ──⑤
        """GETで受け取るパラメーター用のparserを作る."""
        self.parser = reqparse.RequestParser()

        # これにより ?page=2 のようにページ数を指定できるようにする
        self.parser.add_argument('page', type=int, default=1)
        super().__init__(*args, **kwargs)

    def get(self):                                                 ──⑥
```

```python
    """GET実行時のアクション."""
    # GET で受け取ったパラメーター (例: ?page=2) をパースする
    args = self.parser.parse_args()

    # filmテーブルから5件ずつ、pageパラメーターに応じてアイテムを取得する
    films = Film.select()\
        .order_by(Film.film_id)\
        .paginate(args['page'], self.ITEMS_PER_PAGE)  # ページング処理

    # 辞書形式でreturnすると、自動的にJSONに変換される
    return [film.to_dict() for film in films]


# どのURL形式で、どの処理が実行されるかを割り当てる
api.add_resource(FilmItem, '/film/<int:film_id>') ────────────⑦
api.add_resource(FilmList, '/films') ─────────────────────────⑧

if __name__ == '__main__':
    # Webサーバーの実行
    app.run(debug=True)
```

リスト7-14：flask_film_api.py

　リスト7-14①では、db.pyからsakilaデータベースのfilmテーブル用モデルであるFilmクラスをインポートしています。

　リスト7-14②はfilmテーブルからfilm_idを指定して単一のデータを取得・表示するためのクラスです。リスト7-14⑦で/film/<int:film_id>（<int:film_id>はint型の数値が入ることを表す）のURLパスと紐付けています。

　リスト7-14③は、HTTPプロトコルのGETメソッドで、このgetメソッドが呼び出されます。Film.getメソッドにより引数film_idに該当するデータをfilmテーブルから抽出して、film.to_dictメソッドにより辞書型に変換して返却します。

　film_idが該当するデータが見つからなかった場合、Film.getメソッドはFilm.DoesNotExist例外を発生させるため、その場合はabortメソッドでHTTPプロトコルの404ステータスを返しています。descriptionにはその際に表示するメッセージを指定します。

　リスト7-14④はfilmテーブルから複数のデータを取得・表示するためのクラスです。リスト7-14⑧で/filmsのURLパスと紐付けています。

　リスト7-14⑤ではResourceクラスの__init__メソッドをオーバーライドしています。*args, **kwargsですべての引数を受け取り、通常の引数とキーワード引数をそれぞれ、args, kwargs変数に格納しています。

MEMO 関数・メソッドの引数 *args について

関数の引数に*argsと書くことで、キーワード引数以外の引数のすべてをargs変数にタプル型で格納できます。

次の関数を定義した場合、func(1, 2, 'a', 'b')で関数を呼び出すと、args変数にはタプル型で(1, 2, 'a', 'b')という値が入ります。

```
def func(*args):
    print(args)
```

MEMO 関数・メソッドの引数 **kwargs について

関数の引数に**kwargsと書くことで、キーワード引数のすべてをkwargs変数に辞書型で格納できます。

次の関数を定義した場合、func(one=1, two=2, three=3)で関数を呼び出すと、kwargs変数には辞書型で{'one': 1, 'two': 2, 'three': 3}という値が入ります。

```
def func(**kwargs):
    print(kwargs)
```

/films?page=2のようにURLパラメーター pageでページ番号を指定できるようにURLパラメーターをパースするためのreqparse.RequestParserメソッドを呼び出しています。

self.parser.add_argumentメソッドでパースする対象のURLパラメーター pageを指定しています。pageパラメーターは数値として扱うのでtype=intを指定しています。

pageパラメーターがない場合はデフォルトでpage=1を指定した時と同じ状態にするため、default=1を指定しています。最後に、super().__init__メソッドで、親クラスResourceの__init__メソッドを呼び出すのを忘れないようにしてください。

その際、引数argsを*argsで、キーワード引数**kwargsをアンパックして渡しています。

MEMO 変数のアンパックについて

変数argsに(1, 2, 3)というタプル型の値が入っていた場合、func関数にfunc(*args)というように渡すと、func(1, 2, 3)を実行した場合と同じように処理されます（args変数の値が展開して渡されます）。

変数kwargsに{'one': 1, 'two': 2, 'three': 3}という辞書型の値が入っていた場合、関数funcにfunc(**kwargs)というように渡すと、func(one=1, two=2, three=3)を実行した場合と同じように処理されます（kwargs変数の値が展開して渡されます）。

このように変数に*、**を付けることを「変数のアンパック」と呼びます。

リスト7-14⑥ではHTTPプロトコルのGETメソッドでこのgetメソッドが呼び出されます。

Film.selectメソッドによりfilmテーブルからデータの取得を実行することを指定しています。続くorder_byメソッドによりfilmテーブルのデータをfilm_idの昇順で並べ替えています。

paginateメソッドで、filmテーブルのデータをself.ITEMS_PER_PAGE変数の値(5)で分割し、そのページ番号をURLパラメーターpageの値を保持しているargs['page']変数で指定します。続けて部分的に取り出す指定をして、結果をfilms変数に格納しています。

films変数をリスト内包表記を使って、1件ずつのデータをto_dictメソッドで辞書型に変換してリストに格納して返却しています。

MEMO　リスト内包表記

リスト内包表記はリストを生成する際に、for文を使う場合に比べて短く書く表記方法です。次のfor文を見てみましょう。

1から3までの数値に2をかけた値を保持するリスト変数squaresを作成する処理です。

```
squares = []
for i in [1, 2, 3]:
    squares.append(i * 2)
```

リスト変数squaresの値は[2, 4, 6]となります。リスト内包表記を使うと、この処理は次のコードに置き換えることができます。

```
squares = [i * 2 for i in [1, 2, 3]]
```

書式は [一時変数を使った値 for 一時変数 in リスト変数] となっています。

リスト7-14⑦api.add_resourceメソッドによりFilmItemクラスをURLパス/film/(film_id)に紐付ける指定をしています。

(film_id)部分を<int:film_id>と書くことで、film_idはint型に変換して受け渡されるようになります。この処理により、FilmItemクラスでの処理では、例えば、/film/10というURLパスにアクセスした際に、film_idを10として受け取れるようになります。

リスト7-14⑧のapi.add_resourceメソッドによりFilmItemクラスをURLパス/filmsに紐付ける指定をしています。リスト7-14⑤で使用しているURLパラメーターpageはここで指定する必要はありません。

Webサーバーを起動してレスポンスを確認する

リスト7-14のファイルを使って、Webアプリケーションを起動してみましょう。

```
$ python flask_film_api.py
```

ブラウザでhttp://127.0.0.1:5000/film/10にアクセスしてみましょう。すると次のようなレスポンスが返ってきます。

```
{
    "film_id": 10,
    "title": "ALADDIN CALENDAR",
    "description": "A Action-Packed Tale of a Man And a Lumberjack who must ↵
Reach a Feminist in Ancient China",
    "release_year": 2006,
    "language": "English",
    "length": 63,
    "last_update": "2006-02-15T05:03:42"
}
```

filmテーブルにおけるfilm_idが10のデータが取得できています。

次にhttp://127.0.0.1:5000/films?page=2にアクセスしてみましょう。レスポンスは次のようになります。

```
[
    {
        "film_id": 6,
        "title": "AGENT TRUMAN",
        "description": "A Intrepid Panorama of a Robot And a Boy who must ↵
Escape a Sumo Wrestler in Ancient China",
        "release_year": 2006,
        "language": "English",
        "length": 169,
        "last_update": "2006-02-15T05:03:42"
    },
    {
        "film_id": 7,
        "title": "AIRPLANE SIERRA",
        "description": "A Touching Saga of a Hunter And a Butler who must ↵
Discover a Butler in A Jet Boat",
        "release_year": 2006,
        "language": "English",
        "length": 62,
        "last_update": "2006-02-15T05:03:42"
```

```
        },
        {
            "film_id": 8,
            "title": "AIRPORT POLLOCK",
            "description": "A Epic Tale of a Moose And a Girl who must Confront ⏎
 a Monkey in Ancient India",
            "release_year": 2006,
            "language": "English",
            "length": 54,
            "last_update": "2006-02-15T05:03:42"
        },
        {
            "film_id": 9,
            "title": "ALABAMA DEVIL",
            "description": "A Thoughtful Panorama of a Database Administrator ⏎
 And a Mad Scientist who must Outgun a Mad Scientist in A Jet Boat",
            "release_year": 2006,
            "language": "English",
            "length": 114,
            "last_update": "2006-02-15T05:03:42"
        },
        {
            "film_id": 10,
            "title": "ALADDIN CALENDAR",
            "description": "A Action-Packed Tale of a Man And a Lumberjack who ⏎
 must Reach a Feminist in Ancient China",
            "release_year": 2006,
            "language": "English",
            "length": 63,
            "last_update": "2006-02-15T05:03:42"
        }
]
```

　pageパラメーターを変えてみると、filmテーブルからの取得範囲も変わり、それに伴いレスポンスも変化することがわかります。

　filmテーブルを見ると、film_idにおいて、6から10までのデータを5件取得できていることがわかります。URLパラメーター ?page=2の指定により、最初の1ページ分の5件がスキップされています。

03 DjangoでWeb APIを作る

PythonにはFlask以外にもDjangoというフルスタックWebフレームワークがあります。ここではDjangoを利用して、Web APIを作成してみましょう。

Djangoを利用してWeb APIを作る

PythonのフルスタックWebフレームワークDjangoでRESTfulなWeb APIを作成してみましょう。

DjangoとDjango REST Frameworkをインストールする

・Django REST Framework
　URL http://www.django-rest-framework.org/

pip installコマンドでDjangoとDjango REST Framework、その関連ライブラリをインストールします。

```
$ pip install django djangorestframework django-filter djangorestframework-filters
```

Djangoのプロジェクトを作成する

インストールができたら、Djangoのプロジェクトを作成します（Djangoにおけるプロジェクトとは、特定の目的のための、プログラムファイルや設定ファイルの集まりを指します）。次のコマンドを入力してください。

```
$ django-admin startproject django_film_api
$ cd django_film_api
$ python manage.py startapp film
```

作成されるディレクトリ構造は、図7-3のようになります。

```
django_film_api
└── django_film_api
    ├── __init__.py
    ├── settings.py
    ├── urls.py
    └── wsgi.py
    ├── film
    │   ├── __init__.py
    │   ├── admin.py
    │   ├── apps.py
    │   ├── migrations
    │   │   └── __init__.py
    │   ├── models.py
    │   ├── tests.py
    │   └── views.py
    └── manage.py
```

図7-3：作成されるディレクトリ構造

Django ORMのモデルを定義する

sakilaデータベースのfilmテーブルに対応する形でDjango ORMのモデルを定義します。実はDjangoにも実際のデータベースの内容からデータベースモデルの雛形を出力する機能があります。

次のコマンドを実行してデータベースモデルの雛形を出力（本書では出力結果を割愛）します。

```
$ python manage.py inspectdb
```

models.py の内容を書き換える

上記のコマンドで出力された結果を参考にして、django_film_api/film/models.pyの内容をリスト7-15のように書き換えます。

```python
"""データベースモデル."""
from django.db import models


class Language(models.Model):  ── ①
    """languageテーブル用モデル."""

    language_id = models.AutoField(primary_key=True)
    name = models.CharField(max_length=20)
    last_update = models.DateTimeField()
```

```
    def __str__(self):                                              ──②
        return '%s %s' % (self.language_id, self.name)

    class Meta:
        managed = False                                             ──③
        db_table = 'language'                                       ──④


class Film(models.Model):                                           ──⑤
    """filmテーブル用モデル."""

    film_id = models.SmallIntegerField(primary_key=True)
    title = models.CharField(max_length=255)
    description = models.TextField(blank=True, null=True)
    release_year = models.PositiveSmallIntegerField(blank=True, null=True)
    language = models.ForeignKey('Language', models.DO_NOTHING)
    length = models.SmallIntegerField(blank=True, null=True)
    last_update = models.DateTimeField()

    class Meta:
        managed = False                                             ──⑥
        db_table = 'film'                                           ──⑦
```
リスト7-15：django_film_api/film/models.py

　各アプリケーションディレクトリのmodels.pyファイルではDjangoで扱うデータベースの各テーブル用のデータモデルを定義します。

　リスト7-15①はsakilaデータベースのlanguageテーブル用モデルの定義です。後続のfilmテーブル用モデルFilmのlanguageフィールド定義に使用します。

　models.Modelを継承したデータベーステーブル用モデルのフィールド定義については、次のドキュメントを参照してください。

・モデルフィールドリファレンス | Django documentation | Django
　URL https://docs.djangoproject.com/ja/1.11/ref/models/fields/

　後述するコマンド python manage.py runserverで開発サーバーを起動してhttp://127.0.0.1:8000/films/ をブラウザで開いた画面において、[Filters]ボタンをクリックして表示される[Language]のドロップダウンリストでは、モデルの__str__メソッドの結果が表示されます

（リスト7-15②で定義）。その際にlanguageデータベースのlanguage_idとnameフィールドを表示するために定義しています。

　リスト7-15③でMetaクラスのmanagedフィールドにFalseを指定することで、models.pyの内容からデータベーステーブルを作成・保存するコマンドpython manage.py migration（Chapter 8でDjangoの管理画面機能 Django Admin を構築する際に使用しています）を実行しても、実際にデータベーステーブルを作成しないようにしています。これは本章の02節「FlaskでWeb APIを作る」の際に、sakilaデータベーステーブルの作成をすでに行っており、二重に作成処理を行わないようにするためです。この指定はリスト7-15⑥でも同様です。

　リスト7-15④ではこのモデルをsakilaデータベースのlanguageテーブルに紐付けています。

　リスト7-15⑤はsakilaデータベースのfilmテーブル用モデルの定義です。filmテーブルに存在するlanguage_idフィールドはlanguageテーブルのlanguage_idを参照することを意味するため、models.ForeignKeyメソッドでLanguageクラスを参照するように指定しています。その際、フィールド名は_idを省略したlanguageという名前にします。

　リスト7-15⑦では、このモデルをsakilaデータベースのfilmテーブルに紐付けています。

settings.pyの内容を変更する

　django_film_api/django_film_api/settings.pyを変更します。それぞれの該当箇所をリスト7-16のように変更してください。

```
"""
Django settings for django_film_api project.

Generated by 'django-admin startproject' using Django 1.11.4.

For more information on this file, see
https://docs.djangoproject.com/en/1.11/topics/settings/

For the full list of settings and their values, see
https://docs.djangoproject.com/en/1.11/ref/settings/
"""

import os

# Build paths inside the project like this: os.path.join(BASE_DIR, ...)
BASE_DIR = os.path.dirname(os.path.dirname(os.path.abspath(__file__)))
```

```
# Quick-start development settings - unsuitable for production
# See https://docs.djangoproject.com/en/1.11/howto/deployment/checklist/

# SECURITY WARNING: keep the secret key used in production secret!
SECRET_KEY = '(ランダムな文字列が入ります)'

# SECURITY WARNING: don't run with debug turned on in production!
DEBUG = True ───────────────────────────────────────────────────── ①

ALLOWED_HOSTS = ['*'] ─────────────────────────────────────────── ②


# Application definition

INSTALLED_APPS = [ ────────────────────────────────────────────── ③
    'django.contrib.admin',
    'django.contrib.auth',
    'django.contrib.contenttypes',
    'django.contrib.sessions',
    'django.contrib.messages',
    'django.contrib.staticfiles',

    'rest_framework', ────────────────────────────────────────── ④
    'django_filters', ────────────────────────────────────────── ⑤

    # `python manage.py startapp film` で作成した film ディレクトリの内容を有効化する
    'film.apps.FilmConfig', ──────────────────────────────────── ⑥
]

# REST_FRAMEWORK の内容は元のsettings.pyにはないので追記してください
REST_FRAMEWORK = { ──────────────────────────────────────────── ⑦
    'DEFAULT_FILTER_BACKENDS': (
        'rest_framework.filters.DjangoFilterBackend',
        'rest_framework.filters.SearchFilter',
        'rest_framework.filters.OrderingFilter',
    ),
    'PAGE_SIZE': 10
}
```

```python
MIDDLEWARE = [
    'django.middleware.security.SecurityMiddleware',
    'django.contrib.sessions.middleware.SessionMiddleware',
    'django.middleware.common.CommonMiddleware',
    'django.middleware.csrf.CsrfViewMiddleware',
    'django.contrib.auth.middleware.AuthenticationMiddleware',
    'django.contrib.messages.middleware.MessageMiddleware',
    'django.middleware.clickjacking.XFrameOptionsMiddleware',
]

ROOT_URLCONF = 'django_film_api.urls'

TEMPLATES = [
    {
        'BACKEND': 'django.template.backends.django.DjangoTemplates',
        'DIRS': [],
        'APP_DIRS': True,
        'OPTIONS': {
            'context_processors': [
                'django.template.context_processors.debug',
                'django.template.context_processors.request',
                'django.contrib.auth.context_processors.auth',
                'django.contrib.messages.context_processors.messages',
            ],
        },
    },
]

WSGI_APPLICATION = 'django_film_api.wsgi.application'


# Database
# https://docs.djangoproject.com/en/1.11/ref/settings/#databases

DATABASES = {　──────────────────────────────────────⑧
    'default': {
        'ENGINE': 'django.db.backends.mysql',
        'HOST': 'localhost',
        'NAME': 'sakila',
```

```
        'USER': 'root',
        'PASSWORD': '',
    }
}


# Password validation
# https://docs.djangoproject.com/en/1.11/ref/settings/#auth-password-validators

AUTH_PASSWORD_VALIDATORS = [
    {
        'NAME': 'django.contrib.auth.password_validation.UserAttributeSimilarityValidator',
    },
    {
        'NAME': 'django.contrib.auth.password_validation.MinimumLengthValidator',
    },
    {
        'NAME': 'django.contrib.auth.password_validation.CommonPasswordValidator',
    },
    {
        'NAME': 'django.contrib.auth.password_validation.NumericPasswordValidator',
    },
]


# Internationalization
# https://docs.djangoproject.com/en/1.11/topics/i18n/

LANGUAGE_CODE = 'en-us'

TIME_ZONE = 'UTC'

USE_I18N = True

USE_L10N = True
```

```
USE_TZ = True


# Static files (CSS, JavaScript, Images)
# https://docs.djangoproject.com/en/1.11/howto/static-files/

STATIC_URL = '/static/'
```
リスト7-16：django_film_api/django_film_api/settings.py

プロジェクト名(dango_film_api/dango_film_api/)直下のsettings.pyファイルではDjangoの総合的な設定を行います。

リスト7-16①はDjangoのデバッグオプションです。Trueにしておくと開発サーバー画面を表示した際にエラーがあれば、エラー原因が表示されます。このDjangoで作成したWebアプリケーションを外部に公開する場合はFalseにしておくとよいでしょう(エラー原因を表示することで悪意のある第三者から攻撃手段を推測されるのを防ぎます)。

リスト7-16②のALLOWED_HOSTSには、Djangoを使ったWebアプリケーションをホストするマシンのホスト名を入れます。*はワイルドカードとなり、任意のホスト名を表します。ALLOWED_HOSTSの定義に含まれないホスト名を持つマシンでこのWebアプリケーションを起動し、ブラウザでWebアプリケーションの画面にアクセスするとBad Request (400)と表示されエラーとなります(リスト7-16①でDEBUG = Falseを指定している場合のみにこの制限の影響を受けます)。

リスト7-16③このWebアプリケーションで使用するモジュールを指定します。次の内容はデフォルトで設定されており変更は不要です。

```
    'django.contrib.admin',
    'django.contrib.auth',
    'django.contrib.contenttypes',
    'django.contrib.sessions',
    'django.contrib.messages',
    'django.contrib.staticfiles',
```

リスト7-16④でDjango REST Frameworkを使用するため、djangorestframeworkライブラリを有効化しています。

リスト7-16⑤でDjango REST Frameworkを使用したWebアプリケーションのリクエストでフィルター機能を使用するため、django-filtersライブラリを有効化しています。

フィルター機能を有効化することで、特定のデータベースフィールドの値を指定して、その値に該当するデータのみをデータベーステーブルからフィルタリングして取得することができます。

リスト7-16⑥でpython manage.py startapp filmコマンドで作成したfilmアプリケーションを有効化しています。

Djangoには「プロジェクト」と「アプリケーション」という概念があります。

django-admin startproject django_film_apiのコマンドで作成したdjango_film_apiディレクトリの内容が「プロジェクト」です。この中に、「アプリケーション」という単位で、機能のまとまりを作成して、利用します。

例えば、レンタルDVDを管理するWebアプリケーションの場合は、顧客管理機能とレンタルDVDの貸出状況管理の機能は別と捉えることができ、このような場合には、それぞれ独立したアプリケーション単位で作成できます。

すべての機能を1つのアプリケーションに内包することも可能ですが、機能のまとまりごとに分割可能な場合は、アプリケーションを分けたほうが保守がしやすくなるでしょう。

film.apps.FilmConfigはdango_film_api/film/app.pyのFilmConfigクラスを指定しています。このクラスはpython manage.py startapp filmコマンドを実行した際にfilmディレクトリとともに自動的に作成されます。

リスト7-16⑦は、リスト7-16④で有効化したDjango REST Frameworkの設定です。

DEFAULT_FILTER_BACKENDSは、リスト7-16⑤で有効化したフィルター機能においてデフォルトで使用するライブラリの指定です。この指定がない場合は、フィルター機能を個別に実装することになります。多くの場合はこの3つを指定しておけば十分でしょう（独自にフィルター機能を実装し、かつデフォルトで使用する場合はここに実装したモジュールを追加します）。

リスト7-16⑧では、このWebアプリケーションで使用するデータベースと、そのアクセス情報を指定します。ローカルのMySQL内のsakilaデータベースを指定しています。

filmテーブルからアイテムを取得する

それでは作成したデータベースモデルを使って、filmテーブルからアイテムを取得してみましょう。

インタラクティブシェルに切り替えてデータベースの内容を確認する

ここではDjangoの環境を適用されたインタラクティブシェルを使ってみましょう。次のコマンドでインタラクティブシェルに入ります。

```
$ python manage.py shell
```

次のように入力して、データベースの内容を確かめてみましょう。

```
In [1]: # film/models.py のインポート

In [2]: from film import models
```

```
In [3]: # sakilaデータベースの filmテーブルからfilm_id=10 の内容を取得

In [4]: film = models.Film.objects.get(film_id=10)

In [5]: film.film_id
Out[5]: 10

In [6]: film.title
Out[6]: 'ALADDIN CALENDAR'

In [7]: # sakilaデータベースの filmテーブルから最初の3件のデータを取得

In [8]: films = models.Film.objects.all()[:3]

In [9]: # Djangoのmodelを辞書型に変換するユーティリティーをインポート

In [10]: from django.forms.models import model_to_dict

In [11]: # 辞書形式に変換して内容を見てみる

In [12]: [model_to_dict(film) for film in films]
Out[12]:
[{'description': 'A Epic Drama of a Feminist And a Mad Scientist who must 
Battle a Teacher in The Canadian Rockies',
  'film_id': 1,
  'language': 1,
  'last_update': datetime.datetime(2006, 2, 15, 5, 3, 42, tzinfo=<UTC>),
  'length': 86,
  'release_year': 2006,
  'title': 'ACADEMY DINOSAUR'},
 {'description': 'A Astounding Epistle of a Database Administrator And a 
Explorer who must Find a Car in Ancient China',
  'film_id': 2,
  'language': 1,
  'last_update': datetime.datetime(2006, 2, 15, 5, 3, 42, tzinfo=<UTC>),
  'length': 48,
  'release_year': 2006,
  'title': 'ACE GOLDFINGER'},
```

```
 {'description': 'A Astounding Reflection of a Lumberjack And a Car who must ↵
Sink a Lumberjack in A Baloon Factory',
  'film_id': 3,
  'language': 1,
  'last_update': datetime.datetime(2006, 2, 15, 5, 3, 42, tzinfo=<UTC>),
  'length': 50,
  'release_year': 2006,
  'title': 'ADAPTATION HOLES'}]
```

上記の結果を見ると、データベースからアイテムが取得できているようです。

views.py を変更する

django_film_api/film/views.pyをリスト7-17のように変更します。

```python
"""API用ビュー."""
from rest_framework import serializers, viewsets

# film/models.py のインポート
from film import models                                                    ─①


# models.pyのLanguageモデルのデータをJSONに変換するためのクラス
class LanguageSerializer(serializers.ModelSerializer):                     ─②
    """Languageシリアライザー."""

    class Meta:
        model = models.Language   # models.Languageとの紐付け              ─③
        fields = '__all__'   # 全フィールドを表示                          ─④


# models.pyのFilmモデルをJSONに変換するためのクラス
class FilmSerializer(serializers.ModelSerializer):                         ─⑤
    """Filmシリアライザー."""

    # languageフィールドには上で定義しておいた LanguageSerializerを適用
    language = LanguageSerializer()                                        ─⑥

    class Meta:
        model = models.Film   # models.Film との紐付け                     ─⑦
        fields = '__all__'   # 全フィールドを表示                          ─⑧
```

```python
# /films のURLで呼ばれるクラス
class FilmViewSet(viewsets.ModelViewSet):  ──────────────⑨
    """Film用ViewSet."""
    # Filmモデルからクエリオブジェクトを取得し queryset にセット（必須）
    queryset = models.Film.objects.all()  ──────────────⑩

    # シリアライザークラスの指定（必須）
    serializer_class = FilmSerializer  ──────────────⑪

    # オプション
    filter_fields = '__all__'  ──────────────⑫
    ordering_fields = '__all__'  ──────────────⑬
    search_fields = ('title',)  ──────────────⑭
```

リスト7-17：django_film_api/film/views.py

　各アプリケーションディレクトリのviews.pyでは、特定のURLにアクセスされた際に呼び出される処理を定義します。

　ここで定義したクラス・関数は後述のdjango_film_api/django_film_api/urls.pyファイルで、URLパスとの関連付けに使用します。

　リスト7-17①でdango_film_api/film/models.pyをインポートしています。

　リスト7-17②はlanguageテーブルのデータをシリアライズするためのクラスです。

> **MEMO　シリアライズ**
>
> オブジェクトの内容をバイト列や特定のフォーマットを持つ文字列に変換することです。
> Django REST Frameworkではserializers.ModelSerializerクラスを継承したシリアライザークラスの定義により、あるデータモデルが持つデータをJSONフォーマットに変換できます。Django REST frameworkのシリアライザーの詳細は次の公式ドキュメントを参照してください。
>
> ・Serializers - Django REST framework
> 　URL http://www.django-rest-framework.org/api-guide/serializers/

　リスト7-17③で、このシリアライザーをmodels.Languageクラスと紐付けています。

　リスト7-17④で、このシリアライザーで取得・表示するフィールドを指定します。'__all__'で全フィールドを指定できます。特定のフィールドのみを扱う場合は、fields = ('name',)のようにタプル型で指定します。

リスト7-17⑤は、filmテーブルのデータをシリアライズするためのクラスです。

リスト7-17⑥では、languageフィールドにはfilmテーブルのlanguage_idフィールドで参照されるlanguageテーブルのデータをシリアライズしたデータを格納するため、リスト7-17②で定義したLanguageSerializerのインスタンスをLanguageSerializerメソッドで生成しています。

リスト7-17⑦で、このシリアライザーをmodels.Filmクラスと紐付けています。

リスト7-17⑧では、リスト7-17④と同様にこのシリアライザーで取得・表示するフィールドに全フィールドを指定しています。

ここまでが各データベーステーブルモデル用のシリアライザーの定義です。

リスト7-17⑨はDjango REST FrameworkにおけるViewSetの定義です。

> **MEMO** **Django REST FrameworkにおけるViewSetとは**
>
> /filmsというURLパスにアクセスされた際の処理としてFilmViewSetクラスが紐付けされているとします。
>
> この時、HTTPのメソッドGET(取得)、POST(作成)、PUT(更新)、DELETE(削除)に応じて個別のメソッドを定義せずとも、リスト7-17⑩で指定されているクエリオブジェクトと、リスト7-17⑪で指定されているシリアライザークラスを通じて、関連するデータベーステーブル(filmテーブル)データの、取得・作成・更新・削除が行えるようにするための仕組みです。詳細は次の公式ドキュメントを参照してください。
>
> ・ViewSets - Django REST framework
>   URL http://www.django-rest-framework.org/api-guide/viewsets/

リスト7-17⑩は、このViewSetで扱うテーブルからデータを取得する際に使用されるSQLクエリの組み立てに使われるクエリオブジェクトです。基本的にはmodels.pyで定義したデータベースモデル用クラスのobjects.allメソッドを呼び出すようにします。

リスト7-17⑪はシリアライザークラスの指定です。シリアライズに使用するクラス名FilmSerializerを指定しています。

リスト7-17⑫でデータベーステーブルからデータをフィルタリングして取得する際に対象となるフィールドをfilter_fields変数に指定します。全フィールドが対象の場合は'__all__'で指定できます。

リスト7-17⑬でデータベーステーブルのデータを並べ替えて取得する際に、並べ替えの基準として使用可能なフィールドをordering_fields変数に指定します。全フィールドが対象の場合は'__all__'で指定できます。

リスト7-17⑭でデータベーステーブルからデータを検索する際に、検索対象となるフィールドをsearch_fields変数に指定します。全フィールドが対象の場合は'__all__'で指定できます。

ここでは例としてtitleフィールドのみから検索するように、'title'と指定しています。フィールドの指定はタプル型で行います。

django_film_api/django_film_api/urls.pyをリスト7-18のように変更します。

```
"""URLルーティング定義."""
from django.conf.urls import url, include

from rest_framework import routers ──────────────①

from film import views ──────────────②

router = routers.DefaultRouter() ──────────────③

# /films のURLに views.FilmViewSet を紐付ける
router.register(r'films', views.FilmViewSet) ──────────────④

urlpatterns = [
    url(r'^', include(router.urls)), ──────────────⑤
]
```

リスト7-18：django_film_api/django_film_api/urls.py

プロジェクトディレクトリのurls.pyでは、特定のURLパスと、そのURLパスにアクセスされた際に呼び出される処理に関連するクラスや関数を紐付けます。

リスト7-18①のDjango REST Frameworkライブラリrest_frameworkからURLルーティング(どのURLパスでどの処理を呼び出すか)用のモジュールroutersをインポートしています。

リスト7-18②でdango_film_api/film/views.pyをインポートしています。

リスト7-18③でDjango REST FrameworkのURLルーティング情報を作成するため、routersモジュールのDefaultRouterクラスをインスタンス化し、routerオブジェクトを作成しています。

リスト7-18④のrouter.registerメソッドにより、URLパスfilmsとviews.FilmViewSetクラスを紐付けてrouterオブジェクトに格納しています。

リスト7-18⑤について説明します。Djangoにおいて、URLルーティング情報はプロジェクトディレクトリ(django_film_api)直下のurls.pyファイル内で、リスト型の変数urlpatternsで定義します(この変数名は既定です)。

urlpatternsのリストに含める要素はurl関数にURLパスを表す正規表現文字列と、URLパスに紐づくクラス・関数を指定して作成します。この紐付け情報を「URLパターン」と呼びます。

url関数の第1引数に指定されているr'^'はURLパス/を意味します。r'文字列'はraw文字列の作成を意味します。

> **MEMO** 正規表現とraw文字列
>
> 正規表現においてはバックスラッシュはエスケープを意味するため、バックスラッシュ記号自体をマッチさせたい場合はバックスラッシュ記号を2回続けて '\\' で表します。
>
> 加えて、Pythonではバックスラッシュは文字のエスケープを意味するため、Pythonで '\\' という文字列を作成すると、単一のバックスラッシュ記号の文字となります。このため、バックスラッシュそのものをPythonの正規表現パターン文字として作成するには\\\\と書かねばなりません。
>
> Pythonのインタラクティブシェルを起動して、次の内容を入力して結果を見てみましょう。
>
> ```
> >>> print('\\')
> \
> >>> print('\\\\')
> \\
> ```
>
> 文字列の先頭にrを付けたraw文字列ではバックスラッシュをエスケープ扱いしません。Pythonのインタラクティブシェルで確認してみましょう。
>
> ```
> >>> print(r'\\')
> \\
> ```
>
> バックスラッシュ記号がエスケープされず、そのまま表示されています。このため、Pythonの正規表現パターン文字の構築にはraw文字列がよく使われます。

正規表現とraw文字列

router.urlsプロパティにはリスト7-18④のrouter.registerメソッドで作成されたURLパターンが格納されています。

リスト7-18⑤でurl関数の第2引数にinclude(router.urls)関数の結果を指定することで、第1引数のURLパス直下にrouter.urlsのURLパターン（URLパスfilmsを持つ）URLパターンを紐付けています。

Django自体のURLルーティングの設定方法については、次の公式ドキュメントを参照してください。

・URLディスパッチャ | Django documentation | Django
　URL https://docs.djangoproject.com/ja/1.11/topics/http/urls/

また、Django REST FrameworkのURLルーティングについては、次の公式ドキュメントを参照してください。

- **Routers - Django REST framework**
  URL http://www.django-rest-framework.org/api-guide/routers/

開発用Webサーバーを起動する

リスト7-17、7-18のようにviews.py、urls.pyを書き終えたら、Djangoに内蔵されている開発用Webサーバーを次のコマンドで起動します。

```
$ python manage.py runserver
```

ブラウザでhttp://127.0.0.1:8000/films/にアクセスしてみましょう（図7-4）。ページネーションなども画面上から試せます。立ち上げたサーバーは[Ctrl]+[C]キーで終了できますが、ここではまだ立ち上げたままにします。

図7-4：サンプルの実行画面

JSONで結果が得られるか確認する

画面上にはGUIでJSONの結果が出力されていますが、外部のプログラムでリクエストした時にHTMLではなくJSONで結果が得られるかを確認してみましょう。

httpieをインストールする

Pythonで作られたHTTPリクエストユーティリティーである「httpie」を使ってみましょう。開発用サーバーは起動したままで、別のターミナルを起動します。pip installコマンドでhttpieをインストールします。

```
$ pip install httpie
```

リクエストをする

リクエストは次のように http コマンドで行います。

```
$ http 'http://localhost:8000/films/?page=2'
```

出力結果を確認する

出力結果は次のようになります。

```
HTTP/1.0 200 OK
Allow: GET, POST, HEAD, OPTIONS
Content-Length: 3131
Content-Type: application/json
Date: Wed, 16 Aug 2017 18:50:08 GMT
Server: WSGIServer/0.2 CPython/3.6.1
Vary: Accept, Cookie
X-Frame-Options: SAMEORIGIN

{
    "count": 1000,
    "next": "http://localhost:8000/films/?page=3",
    "previous": "http://localhost:8000/films/",
    "results": [
        {
            "description": "A Boring Epistle of a Butler And a Cat who must ⏎
Fight a Pastry Chef in A MySQL Convention",
            "film_id": 11,
            "language": {
                "language_id": 1,
                "last_update": "2006-02-15T05:02:19Z",
                "name": "English"
            },
            "last_update": "2006-02-15T05:03:42Z",
            "length": 126,
            "release_year": 2006,
            "title": "ALAMO VIDEOTAPE"
        },
        {
```

```
            "description": "A Fanciful Saga of a Hunter And a Pastry Chef ↵
who must Vanquish a Boy in Australia",
            "film_id": 12,
            "language": {
                "language_id": 1,
                "last_update": "2006-02-15T05:02:19Z",
                "name": "English"
            },
            "last_update": "2006-02-15T05:03:42Z",
            "length": 136,
            "release_year": 2006,
            "title": "ALASKA PHANTOM"
        },
        ...
        {
            "description": "A Boring Drama of a Woman And a Squirrel who ↵
must Conquer a Student in A Baloon",
            "film_id": 20,
            "language": {
                "language_id": 1,
                "last_update": "2006-02-15T05:02:19Z",
                "name": "English"
            },
            "last_update": "2006-02-15T05:03:42Z",
            "length": 79,
            "release_year": 2006,
            "title": "AMELIE HELLFIGHTERS"
        }
    ]
}
```

　いかがでしょうか？　httpieを使うと、JSONが整形されて出力されるので、とても見やすいと思います。

　このようにDjango REST Frameworkを使うことで、とても簡単に「RESTfulな」Web APIが作れます。内部利用向けのAPIを手軽に作れますので、ぜひ試してみてください。

　Django自体のドキュメントは次のURLから参照できます。

・Django ドキュメント | Django documentation | Django
URL https://docs.djangoproject.com/ja/1.11/

04 タグクラウドを作る

文書に含まれる単語の頻度を視覚化する手段としてタグクラウドがあります。ここでは小説のテキストからタグクラウドを生成してみます。

小説のテキストからタグクラウドを生成する

ここでは青空文庫に掲載されている芥川龍之介の作品「鼻」から特徴的な単語は何かを知るためにタグクラウドを出力してみます。

・芥川龍之介 鼻
　URL http://www.aozora.gr.jp/cards/000879/files/42_15228.html

Janomeをセットアップする

日本語の文書を単語に区切るライブラリにJanomeを使います。英語の文章であればスペースで区切ることで文章を単語に分割できますが、日本語の場合は文章を単語に分割するためには、日本語の単語や、単語の持つ文法的な情報をもとに文章を解析するツールが必要になります。

・Janome
　URL http://mocobeta.github.io/janome/

Janomeをpip installコマンドでインストールします。

```
$ pip install janome
```

word_cloud、BeautifulSoup、Pillow、requests、lxmlをインストールする

タグクラウドを生成できるライブラリword_cloudをインストールします。スクレイピングのためにBeautifulSoupもインストールしておきましょう。画像を出力するため、画像処理ライブラリPillowもインストールしておきます。HTTPライブラリであるrequests、XML（HTML）ライブラリのlxmlもインストールしておきます。

・word_cloud
　URL https://github.com/amueller/word_cloud

・BeautifulSoup
URL https://www.crummy.com/software/BeautifulSoup/bs4/doc/

・Pillow
URL https://github.com/python-pillow/Pillow

・lxml
URL http://lxml.de/

・Requests
URL http://requests-docs-ja.readthedocs.io/en/latest/

requests、beautifulsoup（バージョンは4）、lxml、wordcloud、pillowをpip installコマンドでインストールします。

```
$ pip install requests beautifulsoup4 lxml wordcloud pillow
```

Jupyterをインストールする

出力結果を見やすくするため、Jupyterを使ってみましょう。Jupyterはコードを含むドキュメントを作成でき、ドキュメントの中で実際にコードを動かし結果も見られるツールです。

・Jupyter
URL https://jupyter.org/

Jupyterをpip installコマンドでインストールします。

```
$ pip install jupyter
```

Jupyterのサーバーを起動する

次のコマンドでJupyterのサーバーを起動します。

```
$ jupyter notebook
```

新規ドキュメントを作成して実行する

ブラウザでhttp://localhost:8888/treeのページが開かれます(図7-5)。

図7-5：jupyter notebook

ページ上の[New](図7-6①)→[Python 3](図7-6②)を選択して、新規ドキュメントを作成します。

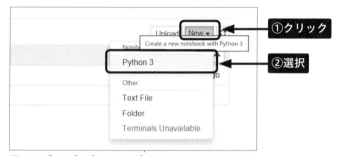

図7-6：[New]→[Python 3]を選択

ドキュメントとして、リスト7-19の内容を入力します。

```
import requests
from janome.tokenizer import Tokenizer
from bs4 import BeautifulSoup
from wordcloud import WordCloud


# HTMLの取得
url = 'http://www.aozora.gr.jp/cards/000879/files/42_15228.html'  ─①
r = requests.get(url, timeout=10)  ─②


# パース
soup = BeautifulSoup(r.content, 'lxml')  ─③


# 本文の抽出
```

```
text_elm = soup.find('div', attrs={'class': 'main_text'})                    ─④
# ルビ要素を削除
[e.extract() for e in text_elm.select('rt')]                                  ─⑤

# ルビが削除されたテキストを取得
text = text_elm.text                                                          ─⑥

# ストップワードの取得
stop_word_url = 'http://svn.sourceforge.jp/svnroot/slothlib/CSharp/↵
Version1/SlothLib/NLP/Filter/StopWord/word/Japanese.txt'
r_stopword = requests.get(stop_word_url, timeout=10)                          ─⑦
stop_words = r_stopword.text.split()

# 単語に分割
t = Tokenizer()
words = []
for token in t.tokenize(text):
    if token.part_of_speech.split(',')[0] == '名詞' and token.surface not in ↵
stop_words:
        words.append(token.surface)                                           ─⑧

# wordcloudオブジェクトの作成
font_path = '/System/Library/Fonts/ヒラギノ角ゴシック W3.ttc'                 ─⑨
wordcloud = WordCloud(background_color="white", font_path=font_path, regexp=↵
r"\w+").generate(" ".join(words))                                             ─⑩

# グラフ出力
import matplotlib.pyplot as plt                                               ─⑪
plt.imshow(wordcloud, interpolation='bilinear')                               ─⑫
plt.axis("off")                                                               ─⑬
plt.show()                                                                    ─⑭
```

リスト7-19：jupyter notebookを起動して入力した内容

　リスト7-19①はスクレイピング対象URLです。

　リスト7-19②はスクレイピング対象URLからHTMLソースを取得しています。

　リスト7-19③では、リスト7-19②で取得したHTMLソースをlxmlライブラリをパーサーとして指定した上で、BeautifulSoupオブジェクトに変換しています。

　リスト7-19④では、soup.findメソッドで、main_textクラスを持ったdivタグを指定し、小説の本文要素オブジェクトを取得しています。

リスト7-19⑤で、本文要素オブジェクトから、漢字にルビを振るタグrtを削除しています。text_elm.selectメソッドでルビのタグrtを指定し、取得したルビタグオブジェクトを、リスト内包表記で変数eに取り出し、e.extractメソッドにより削除しています。

リスト7-19⑥で、text_elm.textプロパティの参照により、ルビが削除され、HTMLタグを含まない本文テキストを取得しています。

リスト7-19⑦では、ストップワードを取得しています。ストップワードとは、テキストの分析目的に応じて分析対象から除外する語のことです。ここで指定しているURLではストップワードのサンプルが改行区切りのテキストとして提供されているので利用させてもらいます（このテキストファイルはSlothLibという京都大学が開発する自然言語処理ライブラリファイルの1つです）。requests.getメソッドでファイルの内容を取得し、r_stopword変数にレスポンスオブジェクトを格納します。requests.getメソッドで得られたレスポンスオブジェクトから取得内容を文字列型として取り出すためにr_stopword.textプロパティを参照し、文字列型のsplitメソッドにより改行で区切って、stop_words変数にストップワードの集まりをリスト変数として格納しています。

リスト7-19⑧では、JanomeライブラリのTokenize関数により、日本語の文字列を単語に分割するためのオブジェクト（トークナイザー）tを作成して、そのメソッドt.tokenizeにより文字列を単語情報のリストに変換し、ループ処理で1つずつ変数tokenに取り出しています。単語情報tokenのpart_of_speechプロパティはカンマ区切りで文法的な情報を文字列として持っています。カンマ区切りの先頭に品詞が入っているので、ここでは名詞のみを取り出す判定をしています。加えて、token.surfaceプロパティにより単語文字列を取り出し、ストップワードに含まれていないかを判定しています。この処理で、リスト変数wordsには名詞でかつ、ストップワードでない単語が格納されます。

リスト7-19⑨では、リスト7-19⑩で使用する日本語フォントのパスを指定しています。日本語を画像に出力するためにフォントの指定がないと文字化けするため、この指定をしています。

リスト7-19⑧で、作成したリスト変数wordsを" ".join()メソッドで単語をスペース区切りの文字列にしてgenerateメソッドに与えています。

リスト7-19⑩でWordCloudクラスのオブジェクトを作成しています。背景色はデフォルトでは黒色で見づらいので、background_color="white"の指定で白色に指定しています。font_pathにはリスト7-19⑨の日本語フォントパスを指定しています。

デフォルトでは単語の抽出に正規表現r"\w[\w']+"が使用され、1文字の単語が描画されないので、regexp=r"\w+"の指定をしています。

リスト7-19⑪でグラフを描画するため、matplotlib.pyplotをpltの別名でインポートしています。

リスト7-19⑫で、plt.imshowメソッドにリスト7-19⑩で作成したwordcloudオブジェクトを指定して、グラフ描画を準備しています。

interpolation='bilinear'は、画像拡大時のピクセルの補完方法として、バイリニア補完と呼

ばれる補完方法を指定しています。

　バイリニア補完は、画像の拡大縮小を行う際に、拡大した画像を滑らかにするために使われるアルゴリズムの1つです（補完アルゴリズムについては画像処理における専門的な話題となるため、本書では割愛しますが、興味がある方は調べてみるとよいでしょう）。

　リスト7-19⑬でグラフの軸の表示をplt.axisメソッドで指定しています。offは、「グラフの軸を表示しない」という意味になります。

　リスト7-19⑭でplt.showメソッドにより、jupyterノートブック上にグラフの表示を行います。

　グラフ描画に使用しているmatplotlibライブラリにはとても多くの機能があります。詳細は次の公式ドキュメントを参照してください。

・**pyplot – Matplotlib 2.0.2 documentation**
　URL　https://matplotlib.org/api/pyplot_api.html#matplotlib.pyplot.imshow

　メニューから［Cell］（図7-7①）→［Run Cells］（図7-7②）を選択して、実行します。

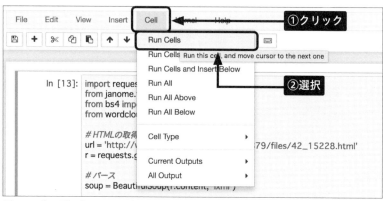

図7-7：［Cell］→［Run Cells］を選択

　すると図7-8のような画像が画面上に表示されます。

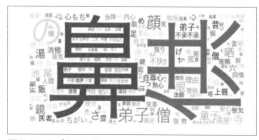

図7-8：タグクラウド

　画像を見てわかるように、出現頻度の高い単語は大きく表示されています。このようにタグクラウド出力を行うことで、視覚的に文書（ここでは講演内容）の特徴を確認できます。

Chapter 8 クローラーの保守・運用

一度作ったプログラムは、たとえ使い捨てのつもりで作ったとしても、二度三度またはそれ以上繰り返し使うことが多いと思います。それはクローラーでも同じです。つまり、システムの運用をすることになります。
プログラムを使い続けていく中で、毎回手動で操作・実行している部分をより運用しやすくしていくことで、クロールをより継続的に行えるようになります。

01 定時的な実行・周期的な実行

クローリングは決まった時間、決まった周期で行うことが多いと思います。ここでは、自動で決まった時間にクローリングする方法について解説します。

定時的にクローリングするには

「毎日朝9時と夕方5時にあるサイトをクロールしたい」、このような決まった時間にプログラムを繰り返し実行することは「定時的(定期的)な実行」と呼ばれたりすることがあります。これとは別に、「プログラムの実行が終了次第、5分の間隔を空けて継続的に実行したい」、このような実行形式は「周期的な実行」と呼ばれたりします。

定時的な実行を行うには

定時的な実行ではcronがよく使われます。cronはUNIX系のシステムに常駐するデーモンプログラムの1種で、月、日、時、分と曜日を指定して、任意のコマンドの実行タイミングを設定できます。

設定はユーザーごとに別に持つことになります。例えば、rootユーザーと、普段システムにログインして使うユーザーのcron設定(crontab)は別になります。

cronの設定例

それでは、cronの設定例を見てみましょう。

起動時に設定されているcronの状態は次のコマンドを入力して、見ることができます(なお、初期状態では設定ファイルがないので、表示されません)。

```
$ crontab -l
```

書式は次のようになります。

```
分  時  日  月  曜日  コマンド
```

例えば、半年ごとに今年の振り返りをデスクトップ通知してみましょう。

> **ATTENTION　cronの設定ファイルがない場合**
>
> cronの編集されたファイルがない場合、次のような結果になります。
>
> ```
> $ crontab -l
> crontab: no crontab for (ユーザー名)
> ```
>
> crontab -eでcronの設定ファイルを編集すれば確認できるようになります。

cronの設定で利用する例（デスクトップ通知を行う）

macOSでは次のコマンドでデスクトップ通知が簡単に行えます（図8-1）。

```
$ osascript -e 'display notification "半年間の振り返りをしましょう" with title "振り返り↵
リマインダー"'
```

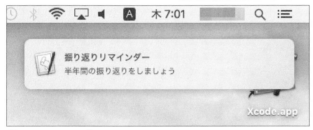

図8-1：リマインダー

cronを編集する

次のコマンドを入力して、crontabの編集が行えます。

```
$ crontab -e
```

標準環境では、エディターとしてviが起動します。viが起動したら、[i]キーを押して挿入モードにして、設定内容を記述します。編集が終わったら、[esc]キーを押して、編集モードを終了します。中断は:q!、保存して終了する場合は:wqと入力します。

日時の設定

日時を毎年の6月30日の午前9時5分とした場合、cronの設定は次のようになります。

```
0 9 30 6 *  osascript -e 'display notification "半年間の振り返りをしましょう" with ↵
title "振り返りリマインダー"'
```

曜日の設定

フィールドはカンマ区切りで複数指定することもできます。毎週水曜日と土曜日に指定する場合、cronの設定は次のようになります。

```
0 9 * * wed,sat osascript -e 'display notification "半年間の振り返りをしましょう" with title "振り返りリマインダー"'
```

配信間隔の設定

スラッシュに続けて配信間隔を指定することもできます（commandには任意のコマンドが入ると思ってください）。

```
*/20 * * * * command
```
↑任意のコマンドを指定

この場合、commandは20分ごとに実行されます。

日時、曜日、間隔を組み合わせた設定

この他、ハイフンを使って範囲も指定できます。それらを組み合わせることもできます。

```
0-30/10 9-18/2 * 1-12/2 wed,sat command
```
↑任意のコマンドを指定

上記の例は、「1月から12月の間で、2ヶ月ごと、毎週水曜日と土曜日の9時から18時の間で2時間ごと、0分から30分の間で10分ごとにcommandを実行する」という設定になります。

特定の時間ごとに実行する設定

45分に1回実行する場合はどうなるでしょうか？　まずは設定の目安となる実行時間をリストアップしてみます。

```
0時0分
0時45分
1時30分
2時15分
3時0分
...
21時0分
21時45分
22時30分
23時15分
24時0分　（0時0分と同じ）
```

1時間ごとに見ていくと、0分と45分、30分、15分に分かれているのがわかります。この場合、次のように複数行に亘りそれぞれのグループ分の設定をするとよいでしょう。

```
0,45 */3 * * * command      ← 任意のコマンドを指定
30 1-22/3 * * * command     ← 任意のコマンドを指定
15 2-23/3 * * * command     ← 任意のコマンドを指定
```

毎分ごとに実行する設定

あまり該当するケースがないと思いますが、参考までに毎分30秒の時にコマンドを実行する場合は次のようになります。

```
* * * * * command & sleep 30; command    ← 任意のコマンドを指定
```

最初のcommand &でcommandをバックグラウンド起動した後、sleepコマンドで30秒待機し、その後でcommandを実行するようになっています。

cronの環境変数

cronにはcrontabに環境変数をセットできます。例えば、PATHには実行コマンドを探す先のパスを指定できます。例えば、自作プログラムのディレクトリにPATHが通ってない場合は、そのパスを設定する必要があります。

cronはユーザーごとに環境変数が分かれていますが、例えば、.bashrc、.bash_profileなどに設定した環境変数は受け継がれないので、必要なパスを設定する(「パスを通す」と表現したりします)ことを忘れないでください。

パスを確認する

パスを確認してみましょう。which envでenvコマンドのパスを確認します。

```
$ which env
> /usr/bin/env
```

cronを設定して内容を確認する

次のようにcronを設定しましょう。なお確認が終わったら、この設定は削除してください。

```
* * * * * /usr/bin/env > ~/cron_env.log
```

1分ほど待ったら、次のコマンドを実行します。

```
$ cat ~/cron_env.log
```

すると次のような内容を確認できます。

```
SHELL=/bin/sh
USER=peketamin
PATH=/usr/bin:/bin
PWD=/Users/peketamin
SHLVL=1
HOME=/Users/peketamin
LOGNAME=peketamin
_=/usr/bin/env
```

シェルのバージョンを確認する

cronはシェルとして/bin/shが使われることがわかります。macOSでは/bin/shもbashになっています。次のコマンドで確認できます。

```
$ sh --version
GNU bash, version 3.2.57(1)-release (x86_64-apple-darwin16)
Copyright (C) 2007 Free Software Foundation, Inc.
```

特定のディレクトリを基準に実行する場合

PATHには/usr/bin:/binしか設定されていません。特定のディレクトリを基準としてプログラムを実行する必要がある場合、ディレクトリを移動してからプログラムを実行する必要があることに注意してください。

例えば、自作プログラムが/home/username/crawler/src/commands/crawl.pyにあり、このプログラムが内部で/home/username/crawler/src/commands/settings.pyを相対パスで読み込むような場合は、次のような設定になります（6時間ごとにクローラーを実行する場合）。

```
0 */6 * * * cd /home/username/crawler/src/commands && python -m crawl
```

ローカルメールで内容を配送する

実行されるコマンドが標準出力に文字列を出力するような場合、cronではデフォルトでローカルメールでその内容が配送されるようになっています。

ここでは、crontab -eで次のような設定をします。

```
* * * * * echo 'test' && date
```

1分ほど待ち、ターミナルで[Enter]キーを押すと、次の内容が出力されます。

```
You have mail in /var/mail/peketamin
```

ローカルメールの内容を確認する

ローカルで配送されたメールは、mailコマンドで読むことができます。

```
$ mail

Mail version 8.1 6/6/93.  Type ? for help.
"/var/mail/peketamin": 7 messages 7 unread
>U  1 peketamin@yokoyamayu   Mon Aug 21 19:33   21/857    "Cron <peketamin@↵
yokoyamayuki-no-MacBook-Pro> echo 'test' && date"
```

特定のメールを確認する

メール番号を入力すると、該当する番号のメールの内容を読むことができます。

例えば[1]+[ENTER]キーと入力すると、次のような内容を確認できます。なお、mailは[q]キーで終了できます。

```
From peketamin@yokoyamayuki-no-MacBook-Pro.local  Mon Aug 21 19:33:00 2017
X-Original-To: peketamin
Delivered-To: peketamin@yokoyamayuki-no-MacBook-Pro.local
From: peketamin@yokoyamayuki-no-MacBook-Pro.local (Cron Daemon)

To: peketamin@yokoyamayuki-no-MacBook-Pro.local
Subject: Cron <peketamin@yokoyamayuki-no-MacBook-Pro> echo 'test' && date
X-Cron-Env: <SHELL=/bin/sh>
X-Cron-Env: <PATH=/usr/bin:/bin>
X-Cron-Env: <LOGNAME=peketamin>
X-Cron-Env: <USER=peketamin>
X-Cron-Env: <HOME=/Users/peketamin>
Date: Mon, 21 Aug 2017 19:33:00 +0900 (JST)

test
Mon Aug 21 19:33:00 JST 2017
```

ディスクの圧迫を防ぐ

特に設定をしない限り、mailの内容は/var/mail/にどんどん溜まり続けます。出力内容が多い場合は、ディスクを圧迫してしまいます。不要な場合はMAILTOを空に指定して、実行コマンドの出力結果をローカルメールで配送しないようにするとよいでしょう。

```
MAILTO=""
* * * * * echo 'test' && date
```

ただし、上記のように設定してしまうと、実行コマンドの出力結果がどこにも保存されなくなってしまいます。プログラム内部でログを保存していればよいのですが、「動作確認のためにとりあえず出力結果だけをファイルにリダイレクトしたい」という場合もあるでしょう。

出力結果だけをファイルにリダイレクトする

例えば、出力結果だけをファイルにリダイレクトしたい場合、次のように設定するとよいでしょう。

```
MAILTO=""
* * * * * echo 'test' && date 2>&1 >> ~/command.log
```

上記のコマンドの2>&1は、標準エラー出力(ファイルディスクリプター番号2)を標準出力(ファイルディスクリプター番号1)と同じ出力先にして、さらにホームディレクトリのcommand.logファイルにリダイレクトしています。

command.logのログの内容を見てみましょう。

```
Mon Aug 21 19:43:00 JST 2017
Mon Aug 21 19:44:00 JST 2017
Mon Aug 21 19:45:00 JST 2017
...
```

echo `test`で期待したtestという文字が表示されていません。これは出力結果をリダイレクトしているのが、後半のdateコマンドの結果のみだからです。

両方のコマンドとも出力結果をファイルに出力する場合は、次のようにそれぞれリダイレクトを設定する必要があります。

```
MAILTO=""
* * * * * echo 'test' 2>&1 >> ~/command.log && date 2>&1 >> ~/command.log
```

1日ごとにファイル名を変える

1日ごとにファイル名を変えたい場合は、次のようなコマンドで指定します。

```
MAILTO=""
* * * * * echo 'test' 2>&1 >> ~/command_$(date +"\%Y-\%m-\%d\%H:\%M:\%S").log
```

> **MEMO 長期で運用する場合**
>
> ただし、この設定も長期に亘り運用するとディスクを圧迫するので、logrotateを設定してログファイルを交換していくか、定期的にログを別のディスクに移動するようにしてログが過剰に増えないようにするとよいでしょう。

　$()記法でdateコマンドの実行結果を展開しています。日時のフォーマット指定は＋記号に続けて行いますが、crontabの中ではパーセント記号はコマンドの終端として解釈されるため、バックスラッシュでエスケープしていることに注意してください。また、dateコマンドの書式は、システムによって異なることに注意してください。なお、ここで紹介している例は、macOS（BSD系UNIX）のものです。

周期的な実行を行う

　cronでは、日時を指定したコマンドを実行できます。例えば、プログラムが終わり次第、30分の間隔を空けて繰り返し実行したい場合は、cronでは不都合があります。そこでUNIX系で使えるユーティリティーのwatchを使ってみましょう。

watchをインストールする

brew installコマンドでwatchをインストールできます。

```
$ brew install watch
```

echo_date.sh を作成する

　echo_date.shを作成します。echo_date.shはリスト8-1のような内容にします。teeコマンドで標準出力にも出力しつつ、出力内容を~/echo_date.logに追記しています。

```
echo_date() {
echo "command run at -> $(date +\"%Y-%m-%d\ %H:%M:%S\")";
sleep 5;
}
```

```
echo_date | tee -a ~/echo_date.log
```

リスト8-1：echo_date.sh

実行周期を指定して、ログの内容を確認する

次のコマンドを実行して、30秒ほど待ってください。-nオプションに続けて数値を指定することで、実行周期を秒単位で指定できます(図8-2)。次のコマンドでは実行周期を2秒にしています。

```
$ watch -n2 bash echo_date.sh
```

図8-2：実行周期を秒単位で指定

watchコマンド実行後、[Ctrl]+[C]キーで終了します。その後、~/echo_date.logの内容を見てみます。

```
$ cat ~/echo_date.log
command run at -> "2017-08-21 21:21:35"
command run at -> "2017-08-21 21:21:42"
command run at -> "2017-08-21 21:21:49"
```

2秒ごとにecho_date関数が実行されますが、echo_date関数の実行は内部でsleepで5秒に設定しているため、合計で7秒ごとにログが出力されていることがわかります。

バックグラウンドで実行し続けるようにする

ターミナルを終了しても、バックグラウンドで実行を続けるようにすることもできます。

スクリプトを修正する

echo_date.shをリスト8-2(echo_date_2.sh)のように修正します。

```
function echo_date() {
    echo "command run at -> $(date +\"%Y-%m-%d\ %H:%M:%S\")";
}

(
while true
do
    echo_date >> ~/echo_date.log;
    sleep 300;
done
) &
disown
echo $! > ~/echo_date.pid
```

リスト8-2：echo_date_2.sh

①の部分：`while true` から `done` まで

リスト8-2①の(while true ...)&の中で、echo_date関数を実行した後、5秒スリープする処理を繰り返し行うようにします。そして、&でバックグラウンドジョブにして、disownで現在のジョブテーブルから外しています。その後、スクリプト実行をkillコマンドでプロセスidを指定して終了させるため、直前に実行したプロセス(while true ...)のプロセスidを~/echo_date.pidに出力しています。

スクリプトを実行する

スクリプトの実行は、次のように入力して行います。

```
$ bash echo_date_2.sh
```

すぐに結果がターミナルに戻ってくるのがわかると思います。ログにはsleepで指定した5秒ごとに、echo_date関数の結果が出力されているのがわかります。

```
$ cat ~/echo_date.log

command run at -> "2017-08-21 21:44:10"
command run at -> "2017-08-21 21:44:15"
command run at -> "2017-08-21 21:44:20"
command run at -> "2017-08-21 21:44:25"
```

プロセスIDを確認する

次のようにプロセスIDを確認して、スクリプトを終了します。

```
$ cat ~/echo_date.pid
50028
```

プロセスIDを再確認する

念のため、次のようにpsコマンドでもプロセスIDを確認します。

```
$ ps auxw | grep echo_date_2.sh

peketamin        50235   0.0  0.0  2443044   816 s000  S+    9:57PM   0:00.00 ↵
grep echo_date_2.sh
peketamin        50028   0.0  0.0  2452848   592 s000  S     9:52PM   0:00.08 ↵
bash echo_date_2.sh
```

bash echo_date_2.shの実行プロセスとプロセスIDが一致することがわかります。

スクリプトを終了する

スクリプトを終了するには、killコマンドを使います。ここでは、SIGHUPシグナルを送って、終了させます。

```
$ kill -SIGHUP `cat ~/echo_date.pid`
```

スクリプトの終了を再確認する

もう一度、psコマンドを実行すると、プロセスが終了していることがわかります。

```
$ ps auxw | grep echo_date_2.sh

peketamin        50297   0.0  0.0  2432804   772 s000  S+    9:58PM   0:00.00 ↵
 grep echo_date_2.sh
```

02 多重起動の防止

1つのプログラムが終わらないうちに、同じプログラムが重複して実行されると予期せぬ不具合を生む危険性があります。ここではその危険性を減らすための手法について紹介します。

同一処理の多重起動への対策

周期的な実行では1つの処理が終わってから同じ処理を繰り返し呼びますが、cronを使うような定期的な実行では、同一処理の多重起動に注意しなければなりません。

例えば、1時間に一度実行するクロール処理をcronで設定したとしましょう。

運用開始後は1時間あれば終わっていたクロール処理が運用してしばらく経つと、相手サイトのページ数が増えたり、対象サイトが増えたことで1時間で終わらなくなるといったケースが可能性として考えられます（いわゆる「バッチの突き抜け」が起こります）。

このような事態を避けるため、クローラーの設計によっては、CPUやメモリを非常に多く使うことも考えられます。そのような場合は最悪、マシンの過負荷によりシステム全体が停止します（ログインしたり、lsするだけでも非常に時間がかかったりするでしょう）。また、同じ処理が同時に走ることでデータの不整合を起こす危険性も考えられます。

リスト8-3のように多重起動を防止する処理を記述します。

```
#!/bin/bash
function main_command() {                                    ─①
    echo 'コマンドを実行しています...';
    sleep 30;
}

# プロセスIDを書き込むファイル名
PIDFILE=/tmp/lock_example.pid                                ─②

# もしプロセスIDを書き込むファイルが存在していれば
if [ -f $PIDFILE ];then                                      ─③
    # プロセスIDを変数 PID へ格納
    PID=$(cat $PIDFILE);                                     ─④

    # ps コマンドで変数PIDのプロセスIDを持つプロセスが存在するか確認する
    ps -p $PID > /dev/null 2>&1;                             ─⑤
```

```
        # 上記コマンドの実行結果が 0 ならばプロセスが存在する
        if [ $? -eq 0 ];then
            echo "既に起動しています. PID: $PID";                                  ──⑥
            exit 1;
        # そうでない場合は、プロセスIDを書き込んだファイルは存在するがプロセスが存在していない
        else
            echo "$PIDFILE は存在しますがプロセスは起動していません.";
            echo "状況を確認して問題がなければ $PIDFILE を削除して再実行してください.";  ──⑦
            exit 1;
        fi
fi

# プロセスIDをファイル名 PIDFILE のファイルに書き込む
echo $$ > $PIDFILE;                                                          ──⑧
echo "プロセスを起動します. プロセスID: $(cat $PIDFILE)";                      ──⑨
# main_command を実際に起動したいコマンドに置き換えてください
main_command;                                                                ──⑩
# コマンドの実行が終わったらプロセスIDを書き込んだファイルも削除する
rm $PIDFILE;                                                                 ──⑪
```

リスト8-3：lock_example.sh

　リスト8-3①では多重実行を抑制したいコマンドを関数として定義しています。ここでは例として、echoコマンドとsleepコマンドのみを記述しています。もしPythonのクローラープログラムcrawler.pyを周期実行する場合は、例えば次のように記述するとよいでしょう。

```
function main_command() {
    python /User/peketamin/python/crawler.py
    sleep 5;
}
```

　リスト8-3②でこのシェルスクリプトを実行した際のプロセスのIDを書き込むためのファイル名(パス)を変数PIDFILEに格納しています。
　値が格納された変数は$PIDFILEのようにドルマークを付けることで参照できます。このファイルは、プロセスを途中で終了させる際のpkillコマンドの引数に指定するプロセスIDを得るために使用します。
　なお、このプロセスを強制終了させる場合のコマンドは次のようなコマンドになります。

```
$ pkill -TERM -P `cat /tmp/lock_example.pid`
```

このコマンドではファイル/tmp/lock_example.pidに書かれたプロセスIDをcatコマンドで出力して、得られたプロセスIDをpkillコマンドで終了させています。
　-TERMは終了に使うシグナルとしてSIGTERMを使うことを表し、-Pは親プロセスIDの指定を表します。
　通常のkillコマンドを使わず、pkillコマンドを使って親プロセスIDを指定している理由は、単純にプロセスIDだけを指定して終了させると、終了させたプロセスが内部で別のプロセス（子プロセス。子プロセスを起動させたプロセスは親プロセスと呼ばれます）を起動していた場合、子プロセス自体は終了されずに残るからです。
　リスト8-3③のように [-f ファイル名] と書くことで、ファイルの存在確認をしています。
　[]は括弧内の条件を評価することを意味します。-fはファイルの存在確認を行う条件演算子です。
　リスト8-3④のcatコマンドは、ファイルの内容を出力できるコマンドです。
　$()記法によりcat $PIDFILEのコマンド実行結果を展開して変数PIDに格納しています。
　リスト8-3⑤のpsコマンドは実行中のプロセスを確認するコマンドです。-pオプションでプロセスIDを指定して、プロセスの存在確認ができます。ここではコマンド実行後の「終了ステータス」（リスト8-3⑥で参照）のみを必要とするため、実行結果は/dev/nullにリダイレクトして破棄しています。
　/dev/nullは、UNIX系システムで不要な出力を破棄するために使われる特別なファイルです。このコードではpsコマンドの実行においてエラーが発生しても画面に何も出力しないようにしています。
　もし標準出力と標準エラー出力の制御の詳細が知りたい場合は、次の公式ドキュメントを参照してください。

・Bash Reference Manual 3.6 Redirections
　URL https://www.gnu.org/software/bash/manual/bash.html#Redirections

　リスト8-3⑥ではリスト8-3⑤のコマンド実行によりプロセスIDとして$PIDを持つプロセスが見つかったかどうかを判断しています。コマンド実行後の終了ステータスは$?記法で参照し、0と-eq条件演算子で、それらが同じ値であるかを確認しています。
　終了ステータスとはコマンド実行結果が正常か異常かを表す値で、一般的に0の場合が正常終了、0以外の場合が異常終了を表します。このスクリプトでは、プロセスが終了していれば、リスト8-3⑪の処理でプロセスIDを書き込んだファイルを削除するようになっています。もしプロセスIDを書き込んだファイルが存在して、そのファイルに書かれたプロセスIDを持つプロセスが存在していれば、echoコマンドで既に同じプロセスが起動している旨のメッセージを表示して、exitコマンドでこのスクリプトの実行を終了します。
　exitコマンドの引数は終了ステータスになります。ここでは1を指定しているので、このケースにおけるスクリプトの終了は異常終了を表します。

リスト8-3⑦は、プロセスIDを書き込んだファイルが存在するものの、そのプロセスIDを持つプロセスが見つからなかったケースです。このシェルスクリプトの実行において何らかの異常が起きて、リスト8-3⑪の処理が正常に行われなかった場合は、このケースに入ります。

この場合、もしかしたら、何かの異常で別のプロセスIDで同じプログラムのプロセスが実行されている可能性もあるため、スクリプトの実行を終了します。異常状況の原因がわかっている場合（自分で無理やり中断した、など）もあるのでその場合は、プロセスIDを書き込んだファイルを削除して再実行させる旨をメッセージに表示しています。

リスト8-3⑧の$$記法では、このスクリプト自身を実行しているプロセスIDが得られます。得られたプロセスIDをechoコマンドで出力します。そして、プロセスIDを書き込むファイル（$PIDFILE）にリダイレクトして、出力した内容を書き込んでいます。

リスト8-3⑨では、$(cat $PIDFILE)で自身のプロセスIDを起動メッセージに埋め込み、echoコマンドで出力しています。

リスト8-3⑩は、メインの処理となるコマンドを実行します。

リスト8-3⑪のように、リスト8-3⑩のコマンド実行が終了したら、プロセスIDを書き込んだファイルを削除します。

bashコマンドの詳細については、次の公式ドキュメントを参照してください。

・**Bash Reference Manual**
　URL https://www.gnu.org/software/bash/manual/bash.html

スクリプトを実行して確認する

リスト8-3 のスクリプトの動作を実際に多重実行してみて確認してみましょう。次のコマンドでは、最初にlock_example.shをバックグラウンド実行し、その1秒後に同じスクリプトlock_example.shを重複実行するようになっています。

```
$ bash lock_example.sh & sleep 1; bash lock_example.sh
```

実行結果は次のようになります。

```
プロセスを起動します．プロセスID：58143
コマンドを実行しています...
既に起動しています．PID：58143
```

プロセスが二重に実行されていないか実際に確認してみましょう。次のコマンドで確認できます。

```
$ ps aux | pgrep -f lock_example.sh
58143
```

　psコマンドに引数auxオプションを付けてすべてのプロセスを出力し、出力内容をプロセスに対するgrepを行うpgrepコマンドに渡しています。pgrepコマンドのオプション-fは、grepしたいプロセス名(一部でも可)の指定に使用します。

　実行結果にlock_example.shという文字列を含むプロセスが1つだけ、プロセスID 58143で表示されていることを確認できました。

　コマンド自体の実行に限らず、同じ処理の重複実行はデータの不整合を起こす危険性があるため、十分に注意する必要があります。

03 管理画面の利用

データベースを利用するアプリケーションでは、データの閲覧・変更を行う際にWebブラウザからアクセスできる管理画面を用意しておくと、サーバーにログインすることなくデータの管理ができて便利です。ここでは軽量Webアプリケーションフレームワーク Flask の管理画面ライブラリ flask-admin と、Djangoの管理画面機能である Django Admin を利用した管理画面の作成手法について紹介します。

クロール対象をデータベースで管理する

クローラーを運用していると、当初はクロール対象だったサイトやインデックスページを一時的に、または恒久的にクロール停止にしたいことがあると思います。クロール対象をデータベースで管理している場合は、ブラウザで閲覧・操作できる管理画面を開発して、制御するとよいでしょう。

Chapter 6で作成した青空文庫の作家データベースを元に、管理画面開発の一例を紹介します。

データベースの作成

MySQLサーバーを起動して、ログインします。

```
$ mysql.server start
$ mysql -u root -p
```

Chapter 6で同名のデータベースを作成しているので、一旦データベースを削除します。

```
mysql> DROP DATABASE aozora_bunko;
```

新規に同名のデータベースを作成します。

```
mysql> CREATE DATABASE aozora_bunko DEFAULT CHARACTER SET utf8;
```

データベースを切り替えます。

```
mysql> use aozora_bunko
```

「aozora_bunko」に切り替えたら、リスト8-4の内容のテーブルを作成します。

```sql
CREATE TABLE `writers` (
  `id` int(11) unsigned NOT NULL,
  `is_active` tinyint(1) NOT NULL DEFAULT '1',
  `name` varchar(128) NOT NULL DEFAULT '',
  `created_at` timestamp NOT NULL DEFAULT CURRENT_TIMESTAMP,
  `updated_at` timestamp NOT NULL DEFAULT CURRENT_TIMESTAMP ON UPDATE ⏎
CURRENT_TIMESTAMP,
  PRIMARY KEY (`id`)
) ENGINE=InnoDB DEFAULT CHARSET=utf8mb4;

INSERT INTO `writers` (`id`, `is_active`, `name`)
VALUES (879, 1, '芥川 竜之介');
```

リスト8-4：aozora_bunko.sql

peeweeとflask-adminを使う

Flaskの管理画面ライブラリであるflask-adminは、いくつかのORMライブラリをサポートしており、peeweeもその1つです。

仮想環境の作成とインストール

venvで仮想環境を作り、次のサイトを参考にして、pip installコマンドでflask-adminとpeeweeをインストールします。

・flask-admin/examples/peewee/
URL https://github.com/flask-admin/flask-admin/tree/master/examples/peewee

```
$ python3.6 -m venv venv_flask_admin
$ source venv_flask_admin/bin/activate
(venv_flask_admin)$ pip install Flask Flask-Admin mysqlclient peewee wtf-⏎
peewee ipython
```

データベース操作用スクリプト

flask自体はデータベース操作機能を持たないため、データベースの操作・テーブル定義を持つaozora_bunko_db.pyというスクリプトを作成して、リスト8-5のように記述します。

```
"""データベースモデル."""
import datetime
```

```python
import peewee
from playhouse.pool import PooledMySQLDatabase

db = PooledMySQLDatabase(                                              ──①
    'aozora_bunko',
    max_connections=8,
    stale_timeout=10,
    user='root')


class BaseModel(peewee.Model):                                         ──②
    """共通基底モデル."""

    created_at = peewee.DateTimeField(default=datetime.datetime.utcnow)
    updated_at = peewee.DateTimeField()

    def save(self, *args, **kwargs):
        self.updated_at = datetime.datetime.utcnow()
        super().save(*args, **kwargs)

    class Meta:
        database = db


class Writer(BaseModel):
    id = peewee.IntegerField(primary_key=True)                         ──③
    name = peewee.CharField()
    is_active = peewee.BooleanField()

    class Meta:
        db_table = 'writers'
```

リスト8-5：aozora_bunko_db.py

　リスト8-5は、ORMライブラリpeeweeを使ったデータベーステーブルの定義を持つモデル用のファイルです。

　Chapter 7でもpeeweeを使用したデータベースモデル用のファイルを作成しているので参考にしてください。

　リスト8-5①でaozora_bunkoデータベースへのアクセス情報を持ったオブジェクトdbを作成しています。

aozora_bunko_db.pyに定義するデータベーステーブルモデルではすべてaozora_bunkoデータベースに紐付けるため、リスト8-5②で共通定義するための基底クラスを作成しています。

リスト8-5③はwritersテーブル用モデルの定義です。idフィールドには作家IDを整数値で格納するためpeewee.IntegerFieldメソッドで定義しています。またidフィールドはwritersテーブルの主キー（データベーステーブルの中でレコードを一意に識別するのに利用する）なので、primary_key=Trueの指定をしています。

nameフィールドには作家名を文字列で格納するためpeewee.CharFieldメソッドで定義しています。

is_activeフィールドはこの作家データの有効・無効を表すためのフィールドです。それぞれTrueまたはFalseで指定されるため、peewee.BooleanFieldメソッドで定義しています。これらの値はデータベースに保存される際はそれぞれ1と0に置き換わります。

このモデルをwritersテーブルと紐付けるため、MetaクラスのdX_tableフィールドで'writers'を指定しています。

peeweeでデータベースのテーブル用モデルを作成する際のフィールド定義については、次のサイトを参照してください。

・**peewee：Models and Fields**
 URL http://docs.peewee-orm.com/en/latest/peewee/models.html

セッション用のシークレットキーを作成する

Webアプリケーションでは、「セッション」と呼ばれるデータに、Webアプリケーションのユーザーごとの情報を保存します。

ユーザーに紐付けられる情報は暗号化されます。暗号化される際には「シークレットキー」と呼ばれるランダムな文字列を使用して暗号化が施されます。

セキュリティのためシークレットキーは、Webアプリケーションの作成者以外に知られないようにしてください。

セッション用のシークレットキーは次のように生成します。ここのシークレットキーは例です。

```
$ python -c 'import os,binascii; print(binascii.hexlify(os.urandom(24)))'
xxxxxxxxxxxxxxxxxxxxxxxxxxxxxxxxxxxxxxxxxxxxxxxx
```
セッション用のシークレットキー

生成されたシークレットキーは後述するWebアプリケーション用スクリプトflask_admin_server.pyで使用します。

スクリプトを作成する

flask_admin_server.pyを作成して、リスト8-6のように記述します。

```python
from flask import Flask

import flask_admin ────────────────────────────────────────────┐①
from flask_admin.contrib import peewee as flask_admin_peewee ──┘

import peewee

import aozora_bunko_db ──────────────────────────────────────── ②


app = Flask(__name__) ─────────────────────────────────────────── ③

# シークレットキーの設定
app.config['SECRET_KEY'] = 'xxxxxxxxxxxxxxxxxxxxxxxxxxxxxxxxxxxxxxxxxxxxxxx' ── ④
                          (セッション用のシークレットキーを入力してください)

class WriterAdmin(flask_admin_peewee.ModelView): ──────────────── ⑤
    """writersテーブル管理画面用クラス."""
    column_display_pk = True
    column_sortable_list = ('id', 'name', 'is_active')
    column_filters = column_sortable_list
    column_editable_list = ('name', 'is_active')
    form_columns = column_sortable_list

    def on_model_change(self, form, model, is_created): ────────── ⑥
        if is_created:
            model.save(force_insert=True)


@app.route('/') ────────────────────────────────────────────────── ⑦
def index():
    return '<a href="/admin/">Click me to get to Admin!</a>'


if __name__ == '__main__':
    import logging
    logging.basicConfig()
    logging.getLogger().setLevel(logging.DEBUG)
```

```
    # 管理画面用オブジェクトの作成
    admin = flask_admin.Admin(app, name='Example: Peewee') ─────────⑧

    # writersテーブル用管理画面の追加
    admin.add_view(WriterAdmin(aozora_bunko_db.Writer)) ─────────⑨

    app.run(debug=True)
```
リスト8-6：flask_admin_server.py

　Flaskとflask-adminライブラリを使ったWebアプリケーションのコードです。Chapter 7でFlaskを使ったWebアプリケーションコードを紹介しているので参考にしてください。

　リスト8-6①でflask-adminライブラリのモジュールflask_adminとORMライブラリpeeweeのサポートのためのモジュール(flask_admin.contrib.peewee)をflask_admin_peeweeの名前でインポートしています。

　リスト8-6②でデータベースのテーブルモデルを持つaozora_bunko_db.pyをインポートしています。

　リスト8-6③でFlask(__name__)メソッドでFlaskを使用したWebアプリケーション用のオブジェクトappを作成しています。Flaskアプリケーションを作成する場合の定型文的なコードです。

　リスト8-6④で先程作成したセッション用のシークレットキーをapp.config['SECRET_KEY']に指定しています。

　リスト8-6⑤でpeeweeのデータベースモデル用管理画面情報を構築するためのクラスWriterAdminをflask_admin_peewee.ModelViewを継承して作成しています。

　column_display_pk = Trueの指定でデータ一覧画面に主キーを表示します。Falseを指定すると主キーは表示されません。

　column_sortable_listにはデータ一覧画面に列表示するデータベーステーブルモデルのフィールドを指定しています。ここでは、作家ID、作家名、作家データの有効・無効を表すフィールドをタプル型で列挙('id', 'name', 'is_active')しています。

　column_filtersにはデータ一覧画面で、データの絞り込み表示に使用するフィールドを指定します。column_sortable_listと同じフィールドを指定するため、column_sortable_listを代入しています。

　column_editable_listにはデータ一覧画面で直接編集が可能なデータベーステーブルモデルのフィールドを指定しています。作家名、作家データの有効・無効を表すフィールドをタプル型で列挙('name', 'is_active')しています。

　form_columnsにはデータ編集画面で編集可能にするフィールドを指定しています。column_sortable_listと同じフィールドにしています。

　リスト8-6⑥では、flask_admin_peewee.ModelViewのメソッドのオーバーライドとなって

おり、on_model_changeメソッドはデータ編集画面で、データが作成、または編集された場合に呼び出されます。

peeweeで定義できるデータベーステーブルモデルにおいては、対象テーブルのidフィールドが空の場合に自動的に連番が割り当てられるようになっていない場合（MySQLにおいてはidフィールドにAUTO_INCREMENT属性がない場合）、peewee.Model.saveメソッドの呼び出しのみではオブジェクトのデータはデータベースに保存されないという仕様があります。この場合、オブジェクトの内容をデータベースに保存するにはpeewee.Model.saveメソッドの引数にforce_insert=Trueを指定する必要があります。

青空文庫の作家IDはあらかじめ決まっているため、別の作家を追加する場合に、作家IDに自動的に連番を割り当ててしまうと、このデータベースと青空文庫とで作家IDにズレが生じてしまうため、作家データ用テーブルwritersのidフィールドにはAUTO_INCREMENT属性を付加していません。

また、flask-adminのデータ編集画面においては、データの作成時には内部的にpeewee.Model.saveメソッドが呼ばれますが、引数には何も指定されず、そのままではデータベースにオブジェクトのデータを保存できません。データ編集画面で作成されたデータを保存するためにこのようなメソッドオーバーライドを定義しています。

引数formには編集フォームからPOSTされたデータが格納されています。

引数modelにはこの管理画面用クラスが紐付くデータベーステーブルモデルのオブジェクトが格納されています。

ここではリスト8-6⑨の処理によりaozora_bunko_db.Writerクラスのオブジェクトが格納されています。引数is_createdには、編集画面が新規作成画面であればTrue、編集画面であればFalseが格納されています。このメソッドの詳細は次の公式ドキュメントを参照してください。

- **flask_admin.model - flask-admin 1.5.0 documentation**
  URL http://flask-admin.readthedocs.io/en/latest/api/mod_model/#flask.ext.admin.model.BaseModelView.on_model_change

また、peeweeのデータベースモデル定義におけるidフィールドの扱いについては次の公式ドキュメントを参照してください。

- **Models and Fields - peewee 2.10.1 documentation**
  URL http://docs.peewee-orm.com/en/latest/peewee/models.html#id3

リスト8-6⑦でトップページのURLパス/にアクセスした際に実行される関数を定義しています。flask_adminライブラリを使用すると、URLパス/adminに管理画面が用意されるので、そのリンクのみを表示するようにしています。

リスト8-6⑧のflask_admin.Adminメソッドでflask-adminライブラリを使用した管理画面構築用オブジェクトを作成しています。第1引数にはリスト8-6③で作成したappを指定しています。キーワード引数nameには管理画面のタイトル(<title>タグで表示されます)を指定します。データベース操作用にpeeweeライブラリを使用しているためExample: Peeweeとしています。

リスト8-6⑨ではリスト8-6⑤で作成した管理画面情報を構築するためのクラスをWriterAdminメソッドでオブジェクト化し、admin.add_viewメソッドに与えて、writersテーブル用の管理画面をリスト8-6⑦で作成した管理画面用オブジェクトに登録しています。WriterAdminメソッドには管理画面で操作対象となるデータベーステーブルwriterのデータベーステーブルモデル情報を持つクラスaozora_bunko_db.Writerを引数に指定しています。

管理画面を開いてブラウザにアクセスする

次のコマンドを実行して、管理画面を起動します。

```
$ python -m flask_admin_server
```

次のアドレスにブラウザでアクセスします。

```
http://127.0.0.1:5000/admin/writer/
```

データベースのwritersテーブルに登録されている作家一覧が表示されます(図8-3)。

図8-3①で芥川 龍之介のデータのIs Activeの列には、作家データが有効な状態を示すマークが表示されていることがわかります。次に、「879」と作家IDが表示されている箇所の左の列に、エンピツマークとゴミ箱マークが並んでいます。エンピツマークをクリックします(図8-3②)。

図8-3：作家一覧画面

すると作家情報の編集画面に遷移します(図8-4)。

Is Activeのチェックマークをクリックして外し(図8-4①)、[Save]ボタンをクリックしてみましょう(図8-4②)。

図8-4：作家情報の編集画面

作家一覧画面で芥川 龍之介のデータにおいて、Is Activeの列が無効を示すマークに変化したことがわかります（図8-5①）。

作家データが並んでいる行の上にはList、Create、Add Filter、With Selectedというタブが並んでいます。[Create]ボタンをクリックすると（図8-5②）、作家データの作成画面になります。

図8-5：芥川 龍之介のデータが無効状態になった画面

吉川英治（URL http://www.aozora.gr.jp/index_pages/person1562.html）の作家データを追加してみましょう（図8-6）。この時、[Is Active]をクリックして、チェックマークを付けておきます（図8-6①）。[Save]ボタンをクリックします（図8-6②）。

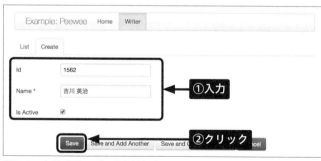

図8-6：吉川 英治のデータを追加する

すると作家一覧画面に戻り、データが追加されているのがわかります（図8-7）。[Add Filter]タブをクリックしてみましょう。

図8-7：作家一覧画面で[Add Filter]ボタンをクリック

メニューが開くので、[Name]を選択します（図8-8）。

図8-8：[Add Filter]ボタンをクリックして[Name]を選択

すると、図8-9のような画面になります。表示されたテキストボックスに「吉川」と入力して（図8-9①）、[Apply]ボタンをクリックしてみましょう（図8-9②）。

図8-9：「吉川」と入力して[Apply]ボタンをクリック

すると、作家名に「吉川」を含む作家データだけが絞り込まれて表示されたことがわかります（図8-10①）。[Reset Filters]ボタンをクリックすると（図8-10②）、フィルター適用前の状態に戻ります。

図8-10：作家名で絞り込まれた画面

　このように、flask-adminを利用することでデータベーステーブルのデータの閲覧・作成・更新・削除がブラウザから行えます。動作確認ができたらターミナルに戻り、[Ctrl] + [C]キーを押して、flask-adminを終了します。

Django Adminを使う

　Djangoには、Django Adminと呼ばれる管理画面機能がデフォルトで付属しています。

仮想環境を作り、Djangoをインストールする

　venvコマンドで仮想環境を作り、pip installコマンドでDjangoをインストールします。

```
$ python3.6 -m venv venv_django
$ source venv_django/bin/activate
(venv_django)$ pip install django mysqlclient ipython
```

Djangoプロジェクトとアプリを作成する

　仮想環境にDjangoをインストールできたら、次のコマンドを実行して、Djangoプロジェクトとアプリを作成します。

```
(venv_django)$ django-admin startproject aozora_bunko
(venv_django)$ cd aozora_bunko
(venv_django)$ python manage.py startapp book
```

　上記のコマンドを実行するとaozora_bunko/aozora_bunko/settings.pyが生成されます。

スクリプトを編集する

　Djangoの基本的な設定をするため、自動生成されたaozora_bunko/aozora_bunko/settings.pyを編集します。それぞれの該当箇所をリスト8-7のように変更してください（リスト8-7には全内容が入っています）。なおChapter 7のDjangoでWeb APIを作成していますので、そちらも参考にしてください。

```
"""
Django settings for aozora_bunko project.

Generated by 'django-admin startproject' using Django 1.11.4.

For more information on this file, see
https://docs.djangoproject.com/en/1.11/topics/settings/

For the full list of settings and their values, see
https://docs.djangoproject.com/en/1.11/ref/settings/
"""

import os

# Build paths inside the project like this: os.path.join(BASE_DIR, ...)
BASE_DIR = os.path.dirname(os.path.dirname(os.path.abspath(__file__)))


# Quick-start development settings - unsuitable for production
# See https://docs.djangoproject.com/en/1.11/howto/deployment/checklist/

# SECURITY WARNING: keep the secret key used in production secret!
SECRET_KEY = 'ランダムな文字列が自動的に入ります'

# SECURITY WARNING: don't run with debug turned on in production!
DEBUG = True                                                          ──①

ALLOWED_HOSTS = ['*']                                                 ──②


# Application definition

INSTALLED_APPS = [                                                    ──③
    'django.contrib.admin',
    'django.contrib.auth',
    'django.contrib.contenttypes',
    'django.contrib.sessions',
    'django.contrib.messages',
    'django.contrib.staticfiles',
```

```
    'book.apps.BookConfig',                                         ──④
]

MIDDLEWARE = [
    'django.middleware.security.SecurityMiddleware',
    'django.contrib.sessions.middleware.SessionMiddleware',
    'django.middleware.common.CommonMiddleware',
    'django.middleware.csrf.CsrfViewMiddleware',
    'django.contrib.auth.middleware.AuthenticationMiddleware',
    'django.contrib.messages.middleware.MessageMiddleware',
    'django.middleware.clickjacking.XFrameOptionsMiddleware',
]

ROOT_URLCONF = 'aozora_bunko.urls'

TEMPLATES = [
    {
        'BACKEND': 'django.template.backends.django.DjangoTemplates',
        'DIRS': [],
        'APP_DIRS': True,
        'OPTIONS': {
            'context_processors': [
                'django.template.context_processors.debug',
                'django.template.context_processors.request',
                'django.contrib.auth.context_processors.auth',
                'django.contrib.messages.context_processors.messages',
            ],
        },
    },
]

WSGI_APPLICATION = 'aozora_bunko.wsgi.application'


# Database
# https://docs.djangoproject.com/en/1.11/ref/settings/#databases

DATABASES = {                                                       ──⑤
```

```
    'default': {
        'ENGINE': 'django.db.backends.mysql',
        'HOST': 'localhost',
        'NAME': 'aozora_bunko',
        'USER': 'root',
        'PASSWORD': '',
    }
}


# Password validation
# https://docs.djangoproject.com/en/1.11/ref/settings/#auth-password-validators

AUTH_PASSWORD_VALIDATORS = [
    {
        'NAME': 'django.contrib.auth.password_validation.UserAttributeSimilari↵
tyValidator',
    },
    {
        'NAME': 'django.contrib.auth.password_validation.↵
MinimumLengthValidator',
    },
    {
        'NAME': 'django.contrib.auth.password_validation.↵
CommonPasswordValidator',
    },
    {
        'NAME': 'django.contrib.auth.password_validation.↵
NumericPasswordValidator',
    },
]


# Internationalization
# https://docs.djangoproject.com/en/1.11/topics/i18n/

LANGUAGE_CODE = 'en-us'

TIME_ZONE = 'UTC'
```

```
USE_I18N = True

USE_L10N = True

USE_TZ = True


# Static files (CSS, JavaScript, Images)
# https://docs.djangoproject.com/en/1.11/howto/static-files/

STATIC_URL = '/static/'
```
リスト8-7：aozora_bunko/aozora_bunko/settings.py

　プロジェクト名(aozora_bunko/aozora_bunko)直下のsettings.pyファイルでは、Djangoの総合的な設定を行います。

　リスト8-7①はDjangoのデバッグオプションです。Trueにしておくと開発サーバー画面を表示した際にエラーがあれば、エラー原因が表示されます。このDjangoで作成したWebアプリケーションを外部に公開する場合はFalseにしておくとよいでしょう(エラー原因を表示することから悪意のある第三者に攻撃手段を推測されるのを防ぎます)。

　リスト8-7②ではDjangoを使ったWebアプリケーションをホストするマシンのホスト名を入れます。*はワイルドカードとなり、任意のホスト名を表します。

　ALLOWED_HOSTSの定義に含まれないホスト名を持つマシンで、このWebアプリケーションを起動し、ブラウザでWebアプリケーションの画面にアクセスするとBad Request (400)と表示され、エラーとなります(リスト8-7①でDEBUG = Falseを指定している場合のみにこの制限の影響を受けます)。

　リスト8-7③では、このWebアプリケーションで使用するモジュールを指定します。次の内容はデフォルトで設定されており、変更は不要です。

```
    'django.contrib.admin',
    'django.contrib.auth',
    'django.contrib.contenttypes',
    'django.contrib.sessions',
    'django.contrib.messages',
    'django.contrib.staticfiles',
```

　リスト8-7④でpython manage.py startapp bookコマンドで作成したbookアプリケーションを有効化しています。

　book.apps.BookConfigはaozora_bunko/book/app.pyのBookConfigクラスを指定して

います。このクラスはpython manage.py startapp bookコマンドを実行した際にbookディレクトリとともに自動的に作成されます。

リスト8-7⑤では、このWebアプリケーションで使用するデータベースと、そのアクセス情報を指定します。ローカルのMySQL内のaozora_bunkoデータベースを指定しています。

雛形を出力する

Djangoには、既存のデータベースからデータベースモデルの雛形を出力・表示する機能があります。次のコマンドでデータベースモデルの雛形を出力して、aozora_bunko/book/models.pyのスクリプトを作成する際の参考にします。

```
(venv_django)$ python manage.py inspectdb
```

上記コマンドを実行するとaozora_bunkoデータベースの内容からDjangoのデータベースモデルの雛形が出力されます(紙面では割愛します)。

スクリプトを修正する

出力された雛形を参考に、自動生成されたaozora_bunko/book/models.pyをリスト8-8のように修正します。

```
from django.db import models


class BaseModel(models.Model):                                    ─①
    created_at = models.DateTimeField(auto_now_add=True)
    updated_at = models.DateTimeField(auto_now=True)

    class Meta:
        abstract = True                                           ─②
        managed = False                                           ─③


class Writer(BaseModel):                                          ─④
    id = models.IntegerField(primary_key=True)
    name = models.CharField(max_length=128)
    is_active = models.BooleanField()                             ─⑤

    def __str__(self):                                            ─⑥
        return "{}: {}".format(self.id, self.name)
```

```
    class Meta:
        managed = False ─────────────────────────── ⑦
        db_table = 'writers' ────────────────────── ⑧
```

リスト8-8：aozora_bunko/book/models.py

　各アプリケーションディレクトリのmodels.pyファイルではDjangoで扱うデータベースの各テーブル用のデータモデルを定義します。

　リスト8-8①のaozora_bunko/book/models.pyに定義するデータベーステーブルモデルは本例では1つ（リスト8-8④のWriter）だけですが、新たに追加した場合、すべてのモデルでcreated_at、updated_atフィールドを共通定義するためモデルの基底クラスを作成しています。

　models.DateTimeFieldメソッドで引数auto_now_add=Trueを指定すると、モデルのオブジェクトがデータベースに新規追加される際に、デフォルトで新規追加時点の現在日時がフィールド（created_at）に格納されるようになります。

　models.DateTimeFieldメソッドでauto_now=Trueを指定すると、モデルのオブジェクトがデータベースに更新保存される際に、デフォルトで更新保存時の現在日時をフィールド（updated_at）に格納されるようになります。

　models.Modelを継承したデータベーステーブル用モデルのフィールド定義については、次のドキュメントを参照してください。

・**モデルフィールドリファレンス | Django documentation | Django**
　URL　https://docs.djangoproject.com/ja/1.11/ref/models/fields/

　リスト8-8②のように、モデルの基底クラスを作成する場合は、Metaクラスにおいてabstract = Trueを指定することになっています。

　リスト8-8③でMetaクラスのmanagedフィールドにFalseを指定することで、models.pyの内容からデータベーステーブルを作成・保存するコマンドpython manage.py migrationを実行しても、実際にデータベーステーブルが作成されないようにしています。また、この基底クラスが具体的なデータベーステーブルに紐付けられないように、この指定をしています。この指定はリスト8-8⑦でも同様です。

　リスト8-8④はaozora_bunkoデータベースにおいて、作家データを持つwriterテーブル用モデルの定義です。

　リスト8-8⑤のis_activeフィールドはこの作家データの有効・無効を表すためのフィールドです。それぞれTrueまたはFalseで指定されるため、models.BooleanFieldメソッドで定義しています。これらの値はデータベースに保存される際はそれぞれ1と0に置き換わります。

　リスト8-8⑥では、後述のpython manage.py runserverで開発サーバーを起動して、ブラウザでhttp://127.0.0.1:8000/admin/book/writer/を開くと、作家データの一覧画面で、モデルの__str__メソッドの結果が表示されます。その際にwriterテーブルのidとnameフィー

ドを表示するために定義しています。

リスト8-8⑦は、リスト8-8③で説明した通りです。

リスト8-8⑧では、このモデルをaozora_bunkoデータベースのwritersテーブルに紐付けています。

データベーステーブルを作成する

次のコマンドでは管理サイトDjango Adminへのログインに使われるユーザー情報や、ユーザーごとに設定可能な管理画面のアクセス権限などを保存するためのデータベーステーブルが作成されます（リスト8-9）。

```
(venv_django)$ python manage.py migrate

Operations to perform:
  Apply all migrations: admin, auth, contenttypes, sessions
Running migrations:
  Applying contenttypes.0001_initial... OK
  Applying auth.0001_initial... OK
  Applying admin.0001_initial... OK
  Applying admin.0002_logentry_remove_auto_add... OK
  Applying contenttypes.0002_remove_content_type_name... OK
  Applying auth.0002_alter_permission_name_max_length... OK
  Applying auth.0003_alter_user_email_max_length... OK
  Applying auth.0004_alter_user_username_opts... OK
  Applying auth.0005_alter_user_last_login_null... OK
  Applying auth.0006_require_contenttypes_0002... OK
  Applying auth.0007_alter_validators_add_error_messages... OK
  Applying auth.0008_alter_user_username_max_length... OK
  Applying sessions.0001_initial... OK
```

リスト8-9：管理サイト用データベースのテーブルが作成される様子

> **ATTENTION データベース作成時のモデルについて**
>
> データベース作成時に、models.pyに定義したclass内のclass Metaにおいて、managed = Trueが指定されているデータベースモデルがあると、自動的に定義に対応したテーブルが、データベース内に作成されるので注意してください。

管理サイト用のスーパーユーザーを作成する

次のように、管理サイト用のスーパーユーザー(MEMO参照)を作成します。

> **MEMO スーパーユーザー**
>
> 管理サイトDjango Adminの最上位の権限を持つユーザーがスーパーユーザーです。Django Adminの操作には最低一人のユーザー情報が必要で、その最初のユーザーとなります。また、Django Adminを複数のユーザーで使う場合、スーパーユーザーでログインした上で他のユーザーを作成します。

```
(venv_django)$ python manage.py createsuperuser

Username (leave blank to use 'peketamin'): peketamin     ← スーパーユーザー名
Email address: superuser@example.com     ← (任意のメールアドレスを入力)
Password: (任意に設定してください)
Password (again): (任意に設定してください)
Superuser created successfully.
```

スーパーユーザー名は任意なので、上記のリストにおいて、peketaminと書かれた箇所は適宜変更してください。

スクリプトを修正する

Django Adminでwritersテーブルを扱えるようにするために、aozora_bunko/book/admin.pyをリスト8-10のように修正します。

```
from django.contrib import admin

from book.models import Writer

admin.site.register(Writer)
```
リスト8-10：管理サイト用にWriterモデルを登録

admin.site.registerメソッドにwritersテーブル用データベーステーブルモデルWriterを登録し、Django Adminでwritersテーブルが管理できるようにしています。

python manage.py runserverで開発用サーバーを起動し、ブラウザでhttp://127.0.0.1:8000/admin/にアクセスします。

管理サイトにログインする

ログインする際は、先程作成したスーパーユーザーを使用します（図8-11①②）。

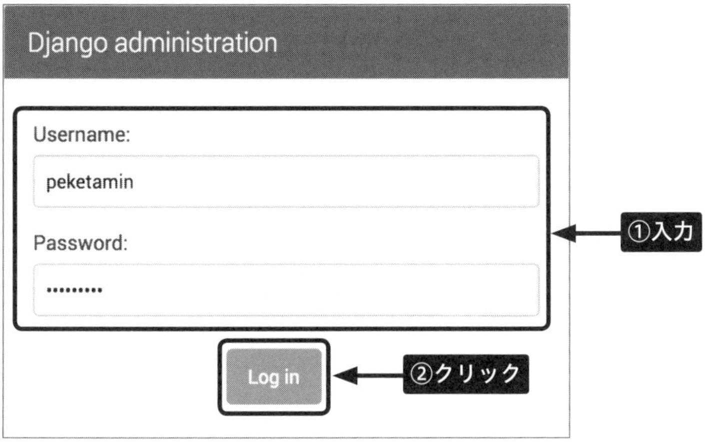

図8-11：Django Admin ログイン画面

ログイン後の画面は図8-12のようになります。

AUTHENTICATION AND AUTHORIZATIONのブロックでは、Django Adminのログインユーザー管理ができます。作成したDjango Adminを外部公開しない場合は特に設定不要です。

BOOKのブロックではaozora_bunko/book/models.pyで定義し、aozora_bunko/book/admin.pyのadmin.site.registerメソッドで登録したデータベーステーブルモデルに対応するデータベーステーブルの内容が管理できます。

Writersと書かれたリンクをクリックして作家データ一覧を見てみましょう。

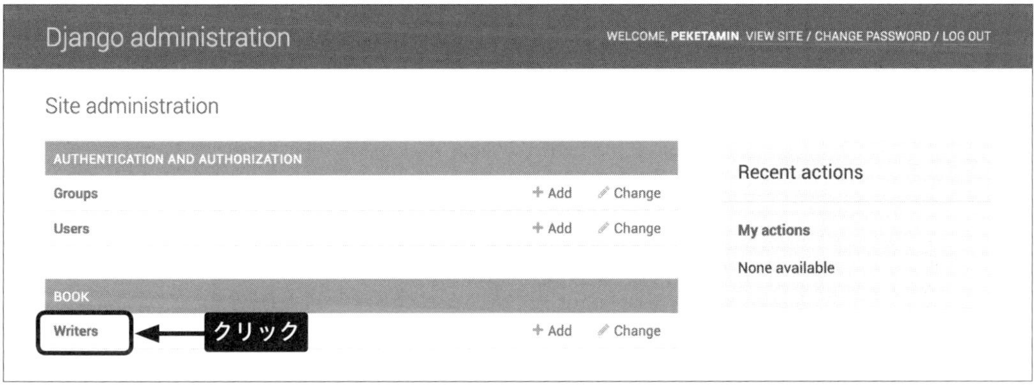

図8-12：Site administration 画面

するとWritersの画面が表示されます(図8-13)。「879:芥川 龍之介」と書かれたリンクをクリックします。

図8-13：作家データ一覧画面

該当データの編集画面が表示されます(図8-14)。Nameのテキストボックスで「芥川 龍之介(あくたがわ りゅうのすけ)」と入力して(図8-14①)、画面右下の[SAVE]ボタンをクリックします(図8-14②)。

図8-14：芥川 龍之介のデータ編集画面

芥川 龍之介の作家名が更新されているのがわかります(図8-15①)。右上の[ADD WRITER]ボタンをクリックします(図8-15②)。

図8-15：芥川 龍之介の作家名が更新されている作家一覧画面

作家の新規追加画面が表示されます。青空文庫の西田 幾多郎（URL http://www.aozora.gr.jp/index_pages/person182.html）のページに記載されている作家番号「182」と作家名を入力します（図8-16①）。画面ではIs active フィールドをクリックして、チェックマークを入れています（図8-16②）。入力したら右下の[SAVE]ボタンをクリックして保存しましょう（図8-16③）。なおここでは登録結果画面は割愛します。

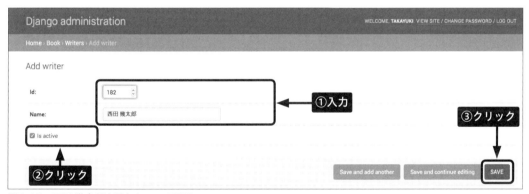

図8-16：西田 幾多郎を追加している画面

このようにDjango Adminを利用することで、データベーステーブルのデータの閲覧・作成・更新・削除がブラウザから行えます。

> **MEMO　オブジェクト一覧の表示に利用されるclass Writer**
>
> aozora_bunko/book/models.pyのclass Writerで、次のように定義したと思いますが、この定義はdjango-admin上でオブジェクト一覧の表示にも使われます。
>
> ```
> def __str__(self):
>     return "{}: {}".format(self.id, self.name)
> ```

04 通知機能を加える

システムの稼働状況をメールやチャットに通知するとシステムの運用がしやすくなります。エラーが起きた場合だけでなく、新たにデータが取得された場合などでも通知機能があればスマートフォンで通知を受け取り、データの変化の検知ができます。

通知機能を追加するには

新しくアイテムが保存された場合やシステムの稼働が止まるようなエラーがあった場合、何らかの形でシステム管理者への通知手段があるとよいでしょう。

通知機能があれば、毎回サーバーにログインして、安定稼働しているかどうかの確認をするために、ログとにらめっこする必要がなくなります。

基本的な通知手段としてメールがあります。メールサーバーをいちから構築するのはなかなか大変です。しかし、クラウド利用者であればクラウド側が提供するサービスを利用すると便利です。

メールで通知を送る

ここではmacOSのローカル上でメール通知するための方法を紹介します。

macOSにはデフォルトでpostfixメールサーバーがインストールされています。postfixは代表的なオープンソースのメールサーバーです。

・postfix
　URL http://www.postfix.org/

ここではpostfixとGmailを連携してメール通知を可能にします。Gmailアカウントがない場合は作成してください（MEMO参照）。

>
> **MEMO　Googleアカウント**
>
> Googleのアカウントは次のサイトで作成できます。
>
> ・Googleアカウント
> 　URL https://accounts.google.com/SignUp?hl=ja

セキュリティ上、Gmailアカウントは2段階認証が有効になっている前提とします。2段階認証が有効になっていない場合は非常に危険ですのでぜひ設定をしてください。

Googleアカウント管理ページを開く

Googleアカウント管理ページを開きます。

```
https://myaccount.google.com/?pli=1
```

Googleアカウントを設定する

次の手順で設定します。

1. ［ログインとセキュリティ］を開きます。
2. ［Googleへのログイン］で［パスワードとログイン方法］を表示します。
3. アプリパスワードをクリックして（図8-17 ①）、本人確認でパスワードを入力します。
4. ［アプリパスワード］画面の一番下の箇所で、［アプリを選択］から［その他］を選択して（図8-17 ②）、「macのpostfix」と入力しておきます（図8-17 ③）。
5. ［生成］ボタンをクリックします（図8-17 ④）。

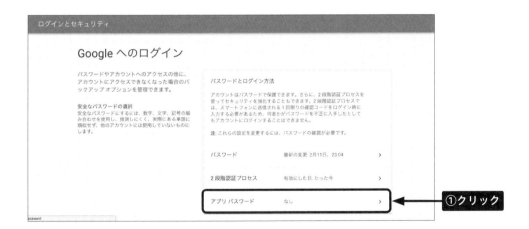

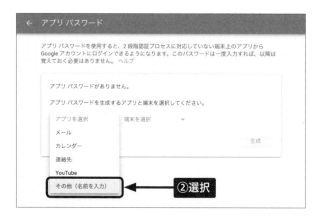

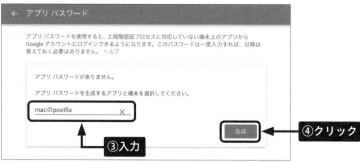

図8-17：Googleアカウントの設定

　手順1から5で設定すると、特定アプリ用のパスワードが生成され、画面に表示されますので、これをメモしておきます(図8-18)。

図8-18：Googleアカウントの設定

Gmailメールアカウントへの接続情報を設定する

postfixにGmailメールアカウントへの接続情報を設定します。次のコマンドを入力して、管理者権限でファイルを編集します。

```
$ sudo vim /etc/postfix/sasl_passwd
```

エディターで、次のように入力します。[i]キーで編集モードに切り替えられます。

```
[smtp.gmail.com]:587 my-account@gmail.com:PASSWORD
```
（my-account@gmail.com：自分のメールアカウント、PASSWORD：アプリ用パスワード）

my-account@gmail.comには自分のメールアカウント、PASSWORDには先程メモしたアプリ用パスワードを入れます。入力が終わったら[esc]キーで編集モードを抜けて、:wqと入力して、保存して終了します。

設定内容を反映する

次のコマンドでpostfixに反映させます。

```
$ sudo postmap /etc/postfix/sasl_passwd
```

総合的な設定をする

次のコマンドを実行してpostfixの総合的な設定をします。

```
$ sudo vim /etc/postfix/main.cf
```

main.cfの末尾にリスト8-11を記述します。[G]キーで末尾に移動できます。[i]キーで編集モードに入れます。編集が終わったら、[ESC]キーで編集モードを抜け、:wqと入力して、保存して終了します。

```
readme_directory = /usr/share/doc/postfix
inet_protocols = all
message_size_limit = 10485760
mailbox_size_limit = 0
biff = no
mynetworks = 127.0.0.0/8, [::1]/128
smtpd_client_restrictions = permit_mynetworks permit_sasl_authenticated permit
recipient_delimiter = +
tls_random_source = dev:/dev/urandom
smtpd_tls_ciphers = medium
inet_interfaces = loopback-only
```

```
# Gmail SMTP relay
relayhost = [smtp.gmail.com]:587

# Enable SASL authentication in the Postfix SMTP client.
smtpd_sasl_auth_enable = yes
smtp_sasl_auth_enable = yes
smtp_sasl_password_maps = hash:/etc/postfix/sasl_passwd
smtp_sasl_security_options =
smtp_sasl_mechanism_filter = AUTH LOGIN

# Enable Transport Layer Security (TLS), i.e. SSL.
smtp_use_tls = yes
smtp_tls_security_level = encrypt
```

リスト8-11：main.cf

main.cfの編集後、次のコマンドでmain.cfの文法をチェックします。

```
$ sudo postfix check
```

「postfix fatal:」から始まる文字が出力されていればエラーがあります。その場合、記述にミスがあるのでmain.cfの記述を見直してください。エラーがなければ次のコマンドでmain.cfの内容をpostfixに反映させます。

```
$ sudo postfix reload
```

postfixを起動してテストメールを送る

postfixを起動します。

```
$ sudo postfix start
```

テストメールを送信します。

```
$ mail my_user_name@gmail.com    ← 自分のGmailアドレスを入力します
Subject: テストです
届いていますでしょうか
```

入力が終わったら[Ctrl]+[D]キーを押すと送信されます。送信したらGmailでメールを確認しましょう。これでpostfixの設定は完了です。

Pythonからメールを送信する

それではPythonからメールを送信してみましょう。

スクリプトを作成する

sendmail_example.pyを作成して、リスト8-12のように記述します。

```
import smtplib

from email.message import EmailMessage

FROM = '自分のメールアドレスを入力してください'  ――①


def mail(to, subject, body=None):  ――②
    msg = EmailMessage()  ――③
    msg['To'] = to
    msg['Subject'] = subject  ――④
    msg['From'] = FROM
    if body is None:
        raise ValueError("本文が空です")  ――⑤
    else:
        msg.set_content(body)  ――⑥

    with smtplib.SMTP('localhost') as s:  ――⑦
        s.send_message(msg)  ――⑧


if __name__ == '__main__':
    mail('自分のメールアドレスを入力してください', "メール送信テストです", "このメールはPythonか
ら送信されました.")
```

リスト8-12：sendmail_example.py

リスト8-12は、Pythonを使ってメールを送信するサンプルコードです。

リスト8-12①で差出人のアドレスを指定します（自分のGmailアドレスを入力します）。

リスト8-12②でメール送信用の関数を定義します。引数to、subject、bodyにはそれぞれ宛先アドレス、件名、本文が渡される想定です。

リスト8-12③でメッセージ構築用オブジェクトmsgをEmailMessageメソッドで作成しています。

リスト8-12④で宛先アドレス、件名、差出人アドレスをそれぞれmsg['To']、msg['Subject']、msg['From'] に格納しています。

リスト8-12⑤で本文用引数bodyが未指定の場合、ValueError例外を発生させ処理を中断するようにしています。

リスト8-12⑥で本文用引数bodyが指定されている場合は、msg.set_contentメソッドで本文をメッセージ構築用オブジェクトmsgにセットしています。

リスト8-12⑦でsmtplib.SMTPメソッドによりローカルホストのメール送信エージェントpostfixに接続して、メッセージ送信用オブジェクトsを作成しています。もし後続の⑧の処理で例外エラーなどが発生して異常終了しても、ローカルホストのメール送信エージェントへの接続を閉じるように、with文を使っています。

リスト8-12⑧でs.send_messageメソッドにメッセージ構築用オブジェクトmsgを渡してメール送信処理をしています。

スクリプトを作成する

次のコマンドを実行して、メールの受信を確認してください。

```
$ python -m sendmail_example
```

Slackへ通知を送る

チャットサービスを利用するのも通知のための有用な手段です。ここではSlackを使ってみましょう。

・**Slack**
  URL https://slack.com/

Slackに外部から投稿するための主なAPIとして、Incoming WebHooksとWeb APIがあります。Web APIの場合、ファイルの添付などができますが、ここでは手軽に利用できるIncomming WebHooksを紹介します。

ここでの解説は次のサイトを参考に進めていきます。

・**App features：Incomming WebHooks**
  URL https://api.slack.com/incoming-webhooks

チームを作成する

Slackではチームという単位でチャットグループを管理しています。参加しているチームがない場合は、https://slack.com/get-startedにアクセスし、「Create a new workspace」をクリックしてチームを作成してください（図8-19）。

図8-19：アカウントの作成
URL https://slack.com/get-started

作成したら、URL https://my.slack.com/services/new/incoming-webhook/にアクセスします。ログインしていない場合はログインしてください。複数のチームに所属している場合は、通知に使うチームを選択してください（図8-20）。

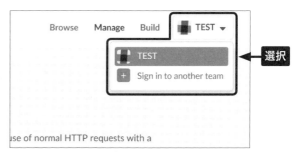

図8-20：チームの切り替え

> **MEMO　Slackでの新規チャンネルの作成**
>
> URL https://（作成したworkspace名）.slack.com にアクセスし、ログインします。ログイン後、左ナビゲーション内の Channels と書かれた右の［＋］（プラスマーク）をクリックして（図8-21①）、新規作成チャンネル作成画面に入ります。「Name」にチャンネル名を入力（例：pythoncrawler）して（図8-21②）、［Create Channel］ボタンをクリックして作成できます。
>
>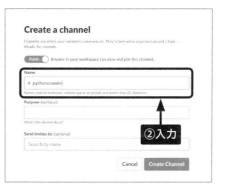
>
> 図8-21：［＋］（プラスマーク）をクリック（左）、「Name」にチャンネル名を入力（右）

画面下部の「Post to Channel」から通知に使うチャンネル（チャットルーム）を選択します（図8-22①）。チャンネルを選択したら、[Add Incomming WebHooks Integration]ボタンをクリックします（図8-22②）。変更したら[Save Settings]ボタンをクリックします。遷移した画面でWebhook URLが得られると思います。これをメモして（図8-23①）、[Save Settings]ボタンをクリックします（図8-23②）。

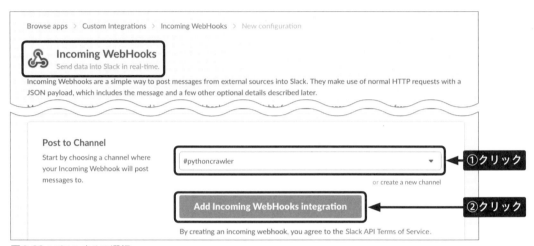

図8-22：チャンネルの選択

図8-23：Webhook URLの取得

テスト投稿をする

　メモしたWebhook URLを使い、次のcurlコマンドで、テスト投稿をしてみます。

```
$ curl -X POST -H 'Content-type: application/json' \
--data '{"text":"Slackへの投稿テストです。\nモバイルアプリを入れておくと通知確認に便利です。"}' \
https://hooks.slack.com/services/T00000000/B00000000/XXXXXXXXXXXXXXXXXXXXXXXX
```

図8-23のWebhook URLを入力

特定ユーザーにメンションする

特定のユーザーにメンション（MEMO参照）する場合は@ユーザー名を入れます。データに"link_names": 1を含む必要があります。

```
$ curl -X POST -H 'Content-type: application/json'
--data '{"text":"@ユーザー名 Slackへの投稿テストです.\nモバイアプリを入れておくと通知確認に便
利です.", "link_names": 1}' \
https://hooks.slack.com/services/T00000000/B00000000/XXXXXXXXXXXXXXXXXXXXXXXX
```

└ユーザー名　　　　　　　　　　　　図8-23のWebhook URLを入力

MEMO　メンション

「メンション」とは、@マークを付けたコメントのことです。

@ユーザー名を@hereに変えると、そのチャンネルに参加していて、その時にSlackを開いていユーザー全員に、@channelに変えると、そのチャンネルに参加しているユーザー全員にメッセージが送られます。

@channelの場合は、Slackを開いていないチャンネル参加ユーザーにもメッセージを送ることができます。

requestsをインストールする

それではPythonから送ってみましょう。まずpip installコマンドでrequestsをインストールしておきます。

```
$ pip install requests
```

スクリプトを作成する

slack_example.pyを作成して、リスト8-13のように記述します。

```python
import requests

WEBHOOK_URL = 'https://hooks.slack.com/services/XXXXXXXXX/XXXXXXXXX/
xxxxxxxxxxxxxxxxxxxxxxxx'                                                  ①


def notify_to_slack(text):                                                 ②
    data = {"text": text}                                                  ③
    r = requests.post(WEBHOOK_URL, json=data)                              ④
```

```
        r.raise_for_status()                                    ⑤


if __name__ == '__main__':
    notify_to_slack("@me pythonからの投稿テストです.")
```

リスト8-13：slack_example.py

　SlackのIncomming Webhooks用URLとrequestsライブラリを組み合わせてSlackにメッセージを送るコードです。

　リスト8-13①でSlackのIncomming Webhooks用URLを指定します。

　リスト8-13②でSlackへメッセージを送るための関数notify_to_slackを定義しています。引数にはメッセージ文字列を受け取る想定です。

　リスト8-13③でメッセージデータの辞書型変数dataを作成し、Slackに送信するメッセージをtextキーの値に指定しています。

　リスト8-13④でrequests.postメソッドにより、リスト8-13①で指定したIncomming Webhooks用URLに、リスト8-13③で作成したメッセージデータdataをPOSTしています。Incomming WebhooksへPOSTするデータをJSON文字列にするため、キーワード引数jsonで指定しています。

　リスト8-13⑤でIncomming Webhooks URLへPOSTした際のレスポンスが、異常ステータスであった場合に、異常内容がわかるように、r.raise_for_statusメソッドにより例外を発生させるようにしています。

Slackにメッセージを送る

　次のコマンドでSlackにメッセージを送信します。

```
$ python -m slack_example
```

　Slackを開きメッセージを確認してみましょう（図8-24）。

図8-24：Slackにメッセージが届いた様子（スマートフォンアプリ版Slack）

05 ユニットテストの作成

ユニットテストを作成することで、ライブラリを差し替えたりコードを修正した場合でも結果が変わらないことをチェックしやすくなり、堅牢な開発が可能となります。

ユニットテストについて

ユニットテストは「単体テスト」とも呼ばれ、プログラムを構成する関数やメソッドが正しく機能するかどうかを検証する仕組みです。

クローラーの開発では、Webからデータを取得し、データの解析、要素の抽出、抽出されたデータの加工といった処理を、それぞれパーツとして組み上げることになると思いますが、プログラムに変更を加えるたびに、変更箇所以外に不具合を生じさせるような影響がないかを、毎回、全部のプログラムを実際に動かして目で確認していると動作確認が大変です。

そこで、ここのパーツごとに検証結果をチェックするテストコードを作成し、テストを実行することで検証の手間を軽減させることができます。

テスト対象コードとテストコードの準備

テスト対象コードのサンプルとして、HTMLから<title>タグの内容をスクレイピングするscrape_title関数を用意し、そのテストコードを作成します。

ここではテストフレームワークとして pytestを使います。Pythonには標準のテストフレームワークとしてunittestモジュールがありますが、pytestを使うことで標準付属のテストフレームワークに比べてテストコードを簡潔に記述することができます。

- **pytest**
  URL https://github.com/pytest-dev/pytest

- **unittest**
  URL https://docs.python.jp/3/library/unittest.html

スクレイピングには BeautifulSoup を使います。
pytestとBeautifulSoupをpip installコマンドでインストールします。

```
$ pip install beautifulsoup4 pytest
```

テスト対象コードの作成

テスト対象のコードscraper.pyを作成して、リスト8-14のように記述します。これは、エラーを返すコードになります。

```python
from bs4 import BeautifulSoup


class ScraperException(Exception):  ――①
    """スクレイピング例外."""


def scrape_title(html):
    """<title>タグの内容を返す."""
    soup = BeautifulSoup(html, "html.parser")  ┐
    title_elm = soup.find('titel')             ┘ ②
    if title_elm is None:                      ┐
        raise ScraperException('titleタグが見つかりませんでした')  ┘ ③
    title = title_elm.text  ――④
    if not title:                              ┐
        raise ScraperException('titleタグの内容が空でした')  ┘ ⑤
    return title_elm.text
```

リスト8-14：scraper.py

引数htmlをBeautifulSoup関数でパースして、<title>タグ要素を抽出した上で、その内容を文字列で返す関数です。

リスト8-14①ではスクレイピング処理実行時に発生させる独自例外クラスScraperExceptionを定義しています。

リスト8-14②では引数htmlの内容をBeautifulSoup関数でパースし、findメソッドで<title>タグ要素の抽出を行っています。

リスト8-14③では、リスト8-14②のfindメソッドの実行で<title>タグが見つからず、結果がNoneになった場合、独自例外ScraperExceptionを発生させています。

リスト8-14④で、タイトルタグ要素からその内容をtextプロパティの参照により取得しています。

リスト8-14⑤では、リスト8-14④で取得した<title>タグの内容が空文字列だった場合、独自例外ScraperExceptionを発生させています。

テストコードの作成

scraper.pyに定義したscrape_title関数をテストするためのテストコードを作成します。テストコードtest_scraper.pyを作成し、リスト8-15のように記述します。

```
import pytest

from scraper import ScraperException, scrape_title ─────────①


def test_scraper_title():
    html = """<html>
<title>これはタイトルです</title>
<body><p>これは本文です</p></body>                    ②
</html>"""

    assert scrape_title(html) == "これはタイトルです"

    html_without_title = """<html>
<body><p>これは本文です</p></body>
</html>"""
                                                      ③
    with pytest.raises(ScraperException) as e:
        scrape_title(html_without_title)
        assert 'titleタグが見つかりませんでした' == e.value

    html_empty_title = """<html>
<title></title>
<body><p>これは本文です</p></body>
</html>"""
                                                      ④
    with pytest.raises(ScraperException) as e:
        scrape_title(html_empty_title)
        assert 'titleタグの内容が空でした' == e.value
```

リスト8-15：test_scraper.py

リスト8-15①で、scraper.pyに定義した独自例外ScraperExceptionと<title>タグのスクレイピング関数scrape_titleをインポートしています。

リスト8-15②では<title>タグを含むHTMLを変数htmlに格納し、scraper_title関数の引数に与えて、その返り値が"これはタイトルです"と等しいことを検証しています。検証には

assert文を使います。

リスト8-15③では、<title>タグを含まないHTMLを変数html_without_titleに格納しています。with文を使って、with pytest.raises(ScraperException)と記述することで、with文ブロック内でScraperException例外の発生を検証できます。その際に発生した例外は as 文により、変数eに格納されます。scrape_titleメソッドの引数に<title>タグを含まないHTMLが与えられているため例外が発生し、pytest.raisesメソッドによりその例外が独自例外ScraperExceptionであることが検証されます。assert文ではこの時、発生した独自例外のメッセージが'titleタグが見つかりませんでした'であることを検証しています。

リスト8-15④では、<title>タグを含むものの、その内容が空であるHTMLを変数html_empty_titleに格納しています。リスト8-15③と同じく、with文を使って独自例外ScraperExceptionが発生することを検証しています。

scrape_titleメソッドの引数に<title>タグの内容が空のHTMLが与えられているため例外が発生し、pytest.raisesメソッドにより、その例外が独自例外ScraperExceptionであることが検証されます。assert文ではこの時、発生した独自例外のメッセージが'titleタグの内容が空でした'であることを検証しています。

テストの実行と実行結果

pip installコマンドでpytestをインストールします。そして2行目のコマンドでテストコード test_scraper.pyを使ってテストを実行します。

```
$ pip install pytest
$ pytest ./test_scraper.py
```

実行結果はリスト8-16のようになります。

```
============================ test session starts =============================
platform darwin -- Python 3.6.1, pytest-3.2.2, py-1.4.34, pluggy-0.4.0
rootdir: /Users/peketamin/python, inifile:
collected 1 item

test_scraper.py F

================================== FAILURES ==================================
_____ test_scraper_title _____

    def test_scraper_title():
```

```
            html = """<html>
            <title>これはタイトルです</title>
            <body><p>これは本文です</p></body>
            </html>"""
>           assert scrape_title(html) == "これはタイトルです"　　　　　　　　　　　　─①

test_scraper.py:12:
_ _ _ _ _ _ _ _ _ _ _ _ _ _ _ _ _ _ _ _ _ _ _ _ _ _ _ _ _ _ _ _ _ _ _ _ _ _ _
_
html = '<html>\n    <title>これはタイトルです</title>\n    <body><p>これは本文です</
p></body>\n    </html>'

    def scrape_title(html):
        """<title>タグの内容を返す."""
        soup = BeautifulSoup(html, "html.parser")
        title_elm = soup.find('titel')
        if title_elm is None:
>           raise ScraperException('titleタグが見つかりませんでした')            ─┐
E           scraper.ScraperException: titleタグが見つかりませんでした           ─┴─②

scraper.py:13: ScraperException
========================= 1 failed in 0.06 seconds =============================
```

リスト8-16：テスト実行結果

　テスト実行の結果、FAILURESと書かれたブロックにエラー内容が出力されています。

　リスト8-16①では検証結果が正しくなかった箇所が表示されています。ここではassert文でscrape_title(html)の戻り値が"これはタイトルです"と等しいことを検証したのですが、実際は等しくなかったということになります。

　リスト8-16②ではこの時に発生したエラーと、エラー発生箇所が表示されています。リスト8-16①のscrape_title(html)の実行において、ScraperException('titleタグが見つかりませんでした') 例外が発生したことを意味します。

　実はscraper_title関数において、リスト8-14②で示す find メソッドの引数が正しくなかったためエラーが起き、検証失敗となったのでした。リスト8-14②のfindメソッドの引数を'titel' から 'title' に修正して、再度テストを実行します。

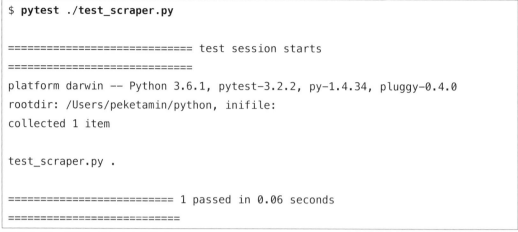

リスト8-17：修正後のテスト実行結果

　テスト実行の結果、FAILURESと書かれたブロックは表示されず、テストの実行による検証が成功しました。
　このように、テストコードを作成することで、1つ1つの機能の検証がプログラムによって行え、プログラムコードに手違いがあった場合でも、不具合箇所の特定がしやすくなります。

Chapter 9

目的別クローラー
&スクレイピング
開発手法

ここまではクローラーの開発において前提となる技術について紹介してきました。ここではそれらを背景に、実際にいくつか特定の目的に沿った、その実装について紹介します。

01 JavaScriptで描画されるページをスクレイピングする

Webサイトの中にはページ内容読み込みの待ち時間軽減や、スタンドアローンアプリケーションと同じような操作性の提供などを目的としてJavaScriptを用いてページを描画するサイトも増えてきました。そのようなサイトをスクレイピングするにはどのようなツールが利用できるかをここでは紹介します。

JavaScriptで描画されるページをスクレイピングするには

curl、wgetなどのHTTPユーティリティや、PythonのrequestsなどのHTTPライブラリは、機能も豊富で非常に便利ですが、単体ではJavaScriptを利用して描画されるページの内容までは取得できません。

そのような場合、「ヘッドレスブラウザ」と呼ばれるアプリケーションと連携することで、内部的にJavaScriptを実行して、構築されたページ内容からスクレイピングを行うことができます。

あまりデスクトップ機能をセットアップすることのないサーバー環境では、GUIを必要としないヘッドレスブラウザを使ってページのスクリーンショットを取得したり、またWebアプリケーションの自動テストなどにも使うことができます。有名なプロダクトとしては、PhantomJSがその代表でしたが、昨今、モバイルやデスクトップでシェアを伸ばしているブラウザであるGoogle Chrome、そしてFirefoxにもHeadlessモードが搭載され様々なプログラミング言語から利用できるようになってきています。

・**PhantomJS**
　URL http://phantomjs.org/

Chromeをインストールする

Chromeをインストールして動作を試してみましょう。

Chromeは公式サイトのパッケージからインストールできます（なおすでにインストール済みの方は、読み飛ばしていただいてかまいません）。

・**Chromeのダウンロードサイト**
　URL https://www.google.co.jp/chrome/browser/desktop/index.html

SeleniumとChromeDriverをセットアップする

Chromeのヘッドレスモードを Pythonから使うには、ブラウザの自動操作ツールである次のSeleniumとChromeDriverをセットアップします。

- **Selenium**
  URL http://www.seleniumhq.org/

- **ChromeDriver**
  URL https://sites.google.com/a/chromium.org/chromedriver/home

ChromeDriverは、次の公式サイトからダウンロードできます。なお本書執筆時点(2017年8月時点)のバージョンは2.32です。

- **ChromeDriverのダウンロードサイト（バージョン2.32）**
  URL https://chromedriver.storage.googleapis.com/index.html?path=2.32/

macOSの場合はchromedriver_mac64.zip(図9-1)をダウンロードします(64bit版Linuxの場合は chromedriver_linux64.zipをダウンロードします)。

Index of /2.32/

Name	Last modified	Size	ETag
Parent Directory		-	
chromedriver_linux32.zip	2017-09-01 18:23:42	3.91MB	cff992a0ed32b048c7c9673b2a664483
chromedriver_linux64.zip	2017-08-30 20:07:04	3.88MB	e01376ceef2330a1ca0eed76541a3282
chromedriver_mac64.zip	2017-08-30 21:27:51	4.97MB	926d81c59c2c1ef6012fe74b29d74457
chromedriver_win32.zip	2017-08-30 23:12:57	3.89MB	f99a119eb94dfe94dd9f41fe6a4970c7
notes.txt	2017-08-31 00:32:27	0.01MB	d675fa7eff239fb885abfc9d8af99084

図9-1：ChromeDriverのダウンロードページ

ダウンロードしたzipファイルをカレントディレクトリ直下にpython という名前でディレクトリを作成し、その中に解凍しておきます。SeleniumにはPythonバインディング(MEMO参照)があり、pip installコマンドでインストールできます。先にvenvで仮想環境を作成してから、Seleniumをインストールしましょう。(venv_selenium)は仮想環境が有効化されたことを表すプロンプトです。

```
$ python3.6 -m venv venv_selenium
$ source venv_selenium/bin/activate
(venv_selenium) $ pip install selenium
```

>
> **MEMO　Pythonバインディング**
>
> 言語バインディングとは、ライブラリやOSサービスのAPIが特定のプログラミング言語向けに提供されていることを指します。Seleniumは特定の言語のみに向けて提供されているのではなく、C#やJavaなど多くのプログラミング言語からの操作が可能です。あるツールに対して「Pythonバインディングがある」というのは、「Pythonからもそのツールを呼び出せるようにするためのライブラリが提供されている」という意味です。
> SeleniumのPythonバインディングについては、次のサイトで詳細を確認してください。
>
> ・Selenium with Python
> 　URL http://selenium-python.readthedocs.io/

Pythonの仮想環境とvenvについて

　pipでサードパーティーライブラリをインストールすると、インストールしたライブラリはsite-packagesディレクトリにセットアップされ、プログラム内部でインポートが可能になります。site-packagesディレクトリのパスは、次のコマンドで確認できます。

```
$ python3.6 -c "import site; print(site.getsitepackages()[0])"

/Library/Frameworks/Python.framework/Versions/3.6/lib/python3.6/site-packages
```

　公式サイトのインストーラーでPythonをインストールした場合は、上記のようにパスが表示されると思います。
　Pythonでプログラムを作成する際に必要になるサードパーティーライブラリはプログラムごとに異なる場合があります。
　また、複数のプログラムが同じサードパーティーライブラリを使う場合であっても、プログラムの内容により、必要となるサードパーティーライブラリのバージョンが異なる場合もあります。
　プログラムごとにsite-packagesディレクトリを切り替え、仮想的に環境を分けると、この問題を解決できます。
　仮想環境の作成にはPython 3.3から付属しているvenvを使うことができます。venvで仮想環境を作るコマンドは次のようになります。

```
$ python3.6 -m venv [仮想環境名]
```

　コマンドを実行するとカレントディレクトリに[仮想環境名]で指定した名前で仮想環境ディレクトリが作成されます。作成した仮想環境ディレクトリのbin/activateをsourceコマンドで読み込むことで作成した仮想環境を有効化できます。

```
$ source [仮想環境名]/bin/activate
```

有効化した仮想環境下で、pipコマンドでサードパーティーライブラリをインストールすると、インストールしたライブラリは[仮想環境名]/lib/python3.6/site-packages/にセットアップされます。

仮想環境を抜けるにはdeactivateコマンドを実行します。仮想環境が不要になった場合は、作成した仮想環境ディレクトリをrmコマンドで削除することで仮想環境の破棄が行えます。

```
$ rm -rf [仮想環境名]
```

JavaScriptで描画されているページをスクレイピングする

サンプルとして、JavaScriptでHTMLを描画するページをVue.jsを使って自作します。

Vue.jsはJavaScriptのフレームワークで、動的にHTMLを組み立て、表示することができます。

本書ではVue.jsのコードについては簡単な解説のみに留めるので、詳細は公式サイトを確認してください。

・Vue.js
URL https://jp.vuejs.org/

リスト9-1のコードを記述して、vue_sample.htmlというファイル名で保存します。

```
<meta charset="utf-8">
<script src="https://unpkg.com/vue"></script>

<div id="app">
  <h1>お気に入り映画ランキングTop3</h1>
  <ol>
    <li v-for="item in items">───────────①
      <span class="cinema_title">{{ item }}</span>───②
    </li>
  </ol>
</div>

<script>
new Vue({
  el: '#app',
  data: {
    items: [
      'AKIRA（監督：大友克洋）',
```

```
            '2001年宇宙の旅（監督：スタンリー・キューブリック)',
            'キツツキと雨（監督：沖田修一)',
        ]
    }
})
</script>
```

リスト9-1：vue_sample.html

　vue_sample.htmlは、お気に入りの映画をJavaScriptのオブジェクトとして定義し、<ol>、<li>タグで順番にブラウザ上に描画する内容になっています。

　リスト9-1①では、リスト9-1③で作成している映画データ配列itemsをv-forディレクティブでループさせ、1つずつitem変数に取り出しています。

　リスト9-1②では、取り出したitem変数をVue.jsのテンプレート構文(二重中括弧)を使って表示させています。

　リスト9-1③は、このページで使う変数itemsを定義しています。

　Python 3系で標準付属されているhttpモジュールを使って、簡単なHTTPサーバーを起動することができます。別のターミナルを開き、venvを有効にした後、次のコマンドでHTTPサーバーを起動し、vue_sample.htmlをブラウザで表示してみましょう。

```
$ source venv_selenium/bin/activate
(venv_selenium)$ python -m http.server &

Serving HTTP on 0.0.0.0 port 8000 (http://0.0.0.0:8000/) ...
```

　ターミナルにServing HTTP ...の文字が表示されたらブラウザで、http://0.0.0.0:8000/vue_sample.htmlを開きます。

お気に入り映画ランキングTop3

1. AKIRA (監督: 大友克洋)
2. ２００１年宇宙の旅 (監督: スタンリー・キューブリック)
3. キツツキと雨 (監督: 沖田修一)

図9-2：Vue.jsによってページ内容が描画された様子

リスト9-1の通り、vue_sample.htmlは図9-2の内容をVue.jsの機能で描画しているため、単純にHTML部分から作品名をスクレイピングしようとしても、作品名が表示されているはずの<span>タグの内容が{{ item }}という文字列として取得されるだけで、そこに実際の作品名は含まれていません。しかし、Seleniumを使うことでJavaScriptが内部的に実行され、<span>タグの内容がVue.jsにより描画され、作品名の入ったHTML要素として扱うことができます。

　Seleniumを使ったリスト9-2のコードを記述して、get_cinema_titles.pyと名前を付けて保存します。

```python
"""ChromeのヘッドレスモードでHuluの映画ランキングのタイトルをスクレイピングする."""
import logging
import time

from selenium import webdriver
from selenium.webdriver.chrome.options import Options


# ロガーのセットアップ
logger = logging.getLogger(__name__)
formatter = logging.Formatter(
    '[%(levelname)s] %(asctime)s %(name)s %(filename)s:%(lineno)d %(message)s'
)
handler = logging.StreamHandler()
handler.setFormatter(formatter)
logger.setLevel(logging.DEBUG)
logger.addHandler(handler)


# Chrome Driverの実行オプションを設定
chrome_options = Options()                                                    ①
chrome_options.add_argument("--headless")
chrome_options.binary_location = '/Applications/Google Chrome.app/Contents/MacOS/Google Chrome'

chrome_driver_path = ('/Users/peketamin/python/chromedriver')                 ②


if __name__ == '__main__':
    try:
```

```
        # Chromeをヘッドレスモードで呼び出す
        driver = webdriver.Chrome(chrome_driver_path, chrome_options=chrome_ ⏎
options)  ──────────────────────────────────────────────③

        # スクレイピング対象URLの指定
        target_url = "http://0.0.0.0:8000/vue_sample.html"
        # ヘッドレスモードのChromeでスクレイピング対象URLを開く
        driver.get(target_url)  ──────────────────────────④

        # 内部でAjaxを利用した処理がある場合、その処理が終わるのを待つため間隔を空ける
        time.sleep(2)  ───────────────────────────────────⑤

        # 映画タイトル要素をCSSセレクターを指定して抽出
        title_elms = driver.find_elements_by_css_selector(".cinema_title")  ──⑥

        # 抽出された要素ごとに、タグで挟まれたテキストを表示
        for i, t in enumerate(title_elms):  ──────────────⑦
            print(i+1, t.text)
    except Exception as e:
        # 例外エラー時はスタックトレースを表示する
        logger.exception(e)
    finally:
        # 例外エラーでプログラムが終了した後にChromeプロセスが残ってしまうのを防ぐ
        driver.close()  ──────────────────────────────────⑧
```

リスト9-2：get_cinema_titles.py

仮想環境のまま、get_cinema_titles.py を実行します。

```
(venv_selenium)$ python get_cinema_titles.py
```

実行結果は次のようになります。

```
127.0.0.1 - - [17/Sep/2017 19:14:59] "GET /vue_sample.html HTTP/1.1" 200 -
1 AKIRA （監督：大友克洋）
2 2001年宇宙の旅 （監督：スタンリー・キューブリック）
3 キツツキと雨 （監督：沖田修一）
```

127.0.0.1から始まる行は、PythonのHTTPサーバーによるHTTPリクエスト受付のログ表示です。実際のスクレイピング結果は、1 AKIRA ... から表示されています。

get_cinema_titles.pyについて

リスト9-2のget_cinema_titles.pyの説明をします。

リスト9-2①でChromeをヘッドレスモードで起動する際のオプションを指定しています。Chromeをヘッドレスモードで起動するには--headlessオプションが必要なので指定します。

chrome_options.binary_locationにChromeのアプリケーション実体のパスを入れておきます。

リスト9-2②でChromeを操作するためのChromeDriverのパスを指定しています。ここでは/Users/peketamin/python/chromedriverに配置した場合の例になっています。

リスト9-2③で、webdriver.Chromeメソッドにより、Chromeをヘッドレスモードで呼び出しています。引数にはChromeDriverのパスと、起動オプションを与えます。

リスト9-2④で、driver.getメソッドでヘッドレスモードのChromeで対象URLを開いています。ブラウザのアドレスバーにURLを入力して、ページを開いた場合と同様の処理を内部的に行います。

リスト9-2⑤では、内部的にAJAXリクエストがある場合に備えて、2秒間のスリープ処理を入れています。ここで扱うサンプルでは必要ありませんが、参考のため挿入しています。対象のサイトによってはこの値を増やして、スリープ間隔を伸ばしてください。

リスト9-2⑥では、driver.find_elements_by_css_selectorメソッドで、リスト9-1④で開いたページから、CSSセレクターで映画のタイトルをスクレイピングしています。映画タイトルは<span class="cinema_title">(映画タイトル)</span>に記述されているので、".cinema_title"と指定しています。

リスト9-2⑦では、リスト9-2⑥でスクレイピングした映画タイトルをループして、ターミナルに表示しています。スクレイピングした各要素の.text属性にタグで挟まれたテキスト(ここでは<span>と</span>の間の映画タイトル)が入っているので、それを順番を表す番号とともに表示しています。

リスト9-2⑧ではプログラムの後処理をしています。プログラムの実行中に例外エラーが起きて不正終了した場合、そのままだとヘッドレスモードで起動したChromeのプロセスが残ってしまうので、プログラム終了時には必ずヘッドレスモードのChromeプロセスもdriver.closeメソッドで終了させるようにしています。

Chromeのヘッドレスモードのコマンドライン実行について

　Chromeのヘッドレスモードは強力で、Pythonと連携しなくてもスクリーンショットの取得ができたりと、大変便利です。

　例えば、python.jpのスクリーンショットを撮るには次のコマンドを実行します。

```
$ /Applications/Google\ Chrome.app/Contents/MacOS/Google\ Chrome --headless
--screenshot http://www.python.jp/

[0904/050118.873170:INFO:headless_shell.cc(464)] Written to file screenshot.
png.
```

　その他、コマンドライン実行での詳細オプションは、次のページを参考にしてください。

- Learn How to Develop the Next Generation of Applications for the Web：ヘッドレスChrome ことはじめ
  URL https://developers.google.com/web/updates/2017/04/headless-chrome?hl=ja

02 ソーシャルブックマークで気になる話題を自動ブックマーク

あるサイトの新しい記事を定期的にチェックし、特定のAPIで処理させるプログラム、これもクローラーの一種と言えます。ここではAPIと連携するクローラーを作ってみます。

ホットエントリーを自動でブックマークするには

読者の方の中には、はてなブックマークを利用して、技術情報を収集している方も多いのではないでしょうか？

・はてなブックマーク
　URL http://b.hatena.ne.jp/

はてなブックマークで気になる単語がホットエントリーに出てきたら、自動的にブックマークする機能を作ってみましょう。

ブックマークするURLを決める

はてなブックマークはタグごとにフィードを生成しています。例えば、機械学習のタグが付いたブックマークは次のURLで取得できます。さらにその中でもブックマークユーザー数が100人以上のエントリーに限定するため、users=100パラメーターを追加しています。

```
http://b.hatena.ne.jp/search/tag?safe=on&q=機械学習&mode=rss&users=100
```

自動でブックマークする際に利用するもの

このURLをfeedparserでパースして、リンクを抽出し、抽出したURLをはてなブックマークREST APIでブックマークします。

・feedparser
　URL https://pythonhosted.org/feedparser/

・はてなブックマーク REST API
　URL http://developer.hatena.ne.jp/ja/documents/bookmark/apis/rest

はてなアカウントを作成する

はてなブックマークのAPIにはOAuth認証が使えます。OAuth認証の利用には、はてなアカウントが必要なので、アカウントがない場合は事前に作成しておいてください。はてなアカウントの作成はhttps://www.hatena.ne.jp/registerから行えます（図9-3）。

・はてなユーザー登録
URL https://www.hatena.ne.jp/register

図9-3：ユーザー登録画面

OAuth開発者向け設定ページでアプリケーションを登録する

アカウントを作成したら、次のOAuth開発者向け設定ページにアクセスして、新しいアプリケーションを作成します。なお、図と解説内のユーザーIDを適宜ご自分のユーザーIDに読み替えてください。

・OAuth開発者向け設定ページ
URL https://www.hatena.ne.jp/ユーザーID/config/auth/develop

［同意してアプリケーションを登録する］ボタンをクリックすると図9-4の画面が開きます。

「アプリケーションの名称」はわかりやすい名前にしておくとよいでしょう。ここでは「auto_hatebu」にしています（図9-4①②）。アプリケーションの登録画面で図9-4③にある、次の内容をメモをして控えておいてください。最後に［変更する］ボタンをクリックしてください（図9-4④）。

- OAuth Consumer Key
- OAuth Consumer Secret

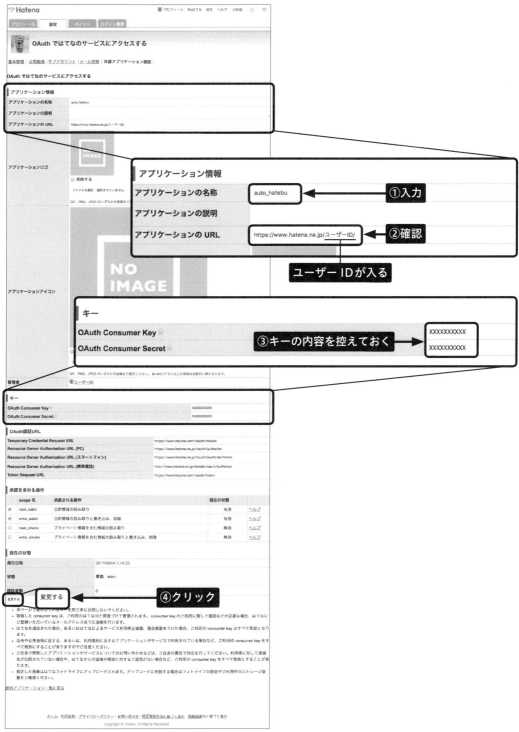

図9-4：アプリケーションの登録画面

アクセストークンとアクセストークンのシークレットキーを作成する

はてなブックマークAPIの利用にはこれに加え、アクセストークンとアクセストークンのシークレットキーが必要になります。取得の手続きは少々複雑ですが、次のサイトを参考にしてアクセストークン取得用の小さなWebアプリケーションを作ります。

・Hatena Developer Center:2.3. Access token を取得する
　URL http://developer.hatena.ne.jp/ja/documents/auth/apis/oauth/consumer

venvで仮想環境を作成する

venvで仮想環境を作成して、作業を開始しましょう。

```
$ python3.6 -m venv venv_auto_hatebu
$ source venv_auto_hatebu/bin/activate
```

requests_oauthlibをインストールする

はてなにおけるOAuth認証は、OAuth 1.0aに従っており、requests_oauthlibをインストールすることで、HTTPライブラリであるrequestsからもOAuthが使えます。API連携許可処理を経て、APIアクセストークンを得るに至るまでは、次の工程が必要です。

1. OAuth ConsumerキーとOAuth Consumer Secretを使ってリクエストトークン取得に必要な署名情報を作り、リクエストトークン取得用のURLにPOSTする
2. 返ってきたリクエストトークンを使って認証用URLにアクセスする
3. 認証用URLで許可ボタンをクリックし、払い出される検証キー（verifier）とリクエストトークンに加え、OAuth ConsumerキーとOAuth Consumer Secretを、アクセストークン取得用URLにPOSTする

上記の工程を手動で行うのは大変なので、一連の処理をスムーズに行えるようにローカルに小さなWebアプリケーションサーバーを作ります。

Webアプリケーションサーバーの作成のためにFlaskを、その際のURLの組み立てにfurlを使うためそれぞれインストールします。フィードをパースするため前述のfeedparserもここでインストールしておきます。

> **MEMO** **OAuthについて**
>
> OAuthとはAPIを提供しているサービスにおいて、サービス自体のログインアカウント情報（ID、パスワード）を秘匿したまま、安全にAPIの提供を可能にする技術です。もしログインアカウント情報をAPIの利用のために使った場合は、APIを不正に利用された場合、APIの利用側からログインユーザーの個人情報を参照できてしまいます。そのような好ましくない状況を避けるため、ログイン情報とは別にAPIへアクセスするためだけの鍵となるアクセストークンをサービス側から発行し、API利用側はアクセストークンを使ってAPIを利用することで、より安全にAPIの提供が行えます。
> OAuth1.0aの仕様の詳細は次のサイトを参照してください。
>
> ・The OAuth 1.0 Protocol draft-hammer-oauth-10
> URL https://openid-foundation-japan.github.io/draft-hammer-oauth-10.html

pipでインストールするライブラリ

pipでインストールするライブラリは、requests_oauthlib、Flask、furl、feedparserです。詳細は次のサイトで確認できます。

・**requests_oauthlib**
URL https://requests-oauthlib.readthedocs.io

・**Flask**
URL http://flask.pocoo.org/

・**furl**
URL https://github.com/gruns/furl

・**feedparser**
URL https://pypi.python.org/pypi/feedparser

次のpipコマンドでrequests_oauthlib、Flask、furl、feedparserの各ライブラリをインストールします。

```
(venv_auto_hatebu) $ pip install requests requests_oauthlib flask furl ⏎
feedparser
```

認証用URLへのアクセス用のリクエストトークンを取得する

インストールが終わったら、まず、認証用URLにアクセスするために必要な、リクエストトークンを取得します。具体的には、リスト9-3のコードを記述して、get_hatena_access_token.pyと名前を付けて保存します。

準備として、プログラム内でセッションデータ保存用のシークレットキーを使うため次のコマンドで作成しておきます（シークレットキーはユーザー情報などを格納する「セッション」と呼ばれるデータを内部的に暗号化するために使われる文字列です）。

```
$ python -c "import os; print(os.urandom(24))"
XXXXXXXXXXXXXXXXXXXXXXXXXXXXXXXXXXXXXXXXXXXXXXXXXXXXXXXXXXXX
```
　　　　　　　　　　　　　　　　　　　　　　　　　　　　シークレットキー

出力されたランダムな文字列がシークレットキーになります。

```
"""はてなAPIを利用するためのアクセストークンを取得する."""
import os

from flask import Flask, request, redirect, session
from furl import furl
from requests_oauthlib import OAuth1Session

app = Flask(__name__)
app.secret_key = XXXXXXXXXXXXXXXXXXXXXXXXXXXXXXXXXXXXXXXXXXXXXXXXXX↵
XXXXXXXXXXXX   # 作成しておいたシークレットキー

OAUTH_CONSUMER_KEY = '(OAuth Consumer Keyを入力します)'　　　　　　　　　　①
OAUTH_CONSUMER_SECRET = '(OAuth Consumer Secretを入力します)'

# リクエストトークン取得用URL
TEMPORARY_CREDENTIAL_REQUEST_URL = 'https://www.hatena.com/oauth/initiate'　②
# 認証用URL
RESOURCE_OWNER_AUTHORIZATION_URL = 'https://www.hatena.ne.jp/oauth/authorize'　③
# アクセストークン取得用URL
TOKEN_REQUEST_URL = 'https://www.hatena.com/oauth/token'　④

# 認証用URLでAPIアクセス許可を実行した後リダイレクトするURL
CALLBACK_URI = 'http://127.0.0.1:5000/callback_page'　⑤
SCOPE = {'scope': 'read_public,write_public'}　# 権限　⑥
```

```python
@app.route('/')                                                        ⑦
def index():
    """リクエストトークンを取得し認証URLにリダイレクトする."""
    # リクエストトークンの取得                                              ⑧
    oauth = OAuth1Session(OAUTH_CONSUMER_KEY, client_secret=OAUTH_CONSUMER_↵
SECRET, callback_uri=CALLBACK_URI)
    fetch_response = oauth.fetch_request_token(TEMPORARY_CREDENTIAL_REQUEST_↵
URL, data=SCOPE)

    # セッションに保存する                                                  ⑨
    session['request_token'] = fetch_response.get('oauth_token')
    session['request_token_secret'] = fetch_response.get('oauth_token_secret')

    # リクエストトークンを使い認証URLを組み立て、認証URLにリダイレクトする
    redirect_url = furl(RESOURCE_OWNER_AUTHORIZATION_URL)              ⑩
    redirect_url.args['oauth_token'] = session['request_token']
    return redirect(redirect_url.url)                                  ⑪


@app.route('/callback_page')
def callback_page():                                                   ⑫
    """verifierを得て、アクセストークンを取得・表示するためのコールバックページ."""
    # URLパラメーターoauth_verifierを参照してverifierを取得する
    verifier = request.args.get('oauth_verifier')                      ⑬
    # ここまでで得たリクエストトークンとverifierを使ってアクセストークンを取得する
    oauth = OAuth1Session(                                             ⑭
            OAUTH_CONSUMER_KEY,
            client_secret=OAUTH_CONSUMER_SECRET,
            resource_owner_key=session['request_token'],
            resource_owner_secret=session['request_token_secret'],
            verifier=verifier)

    access_tokens = oauth.fetch_access_token(TOKEN_REQUEST_URL)        ⑮
    access_token = access_tokens.get('oauth_token')
    access_secret = access_tokens.get('oauth_token_secret')
    return "アクセストークン: {}, アクセストークン・シークレットキー: {}".format(
            access_token, access_secret)                               ⑯
```

```
if __name__ == '__main__':
    app.run(debug=True) ─────────────────────────────────⑰
```

リスト9-3：get_hatena_access_token.py

get_hatena_access_token.pyについて

　リスト9-3①で、控えておいたOAuth Consumer KeyとOAuth Consumer Secretをセットします。

　リスト9-3②、③、④で、リクエストトークンの取得に使うURL、APIアクセス許可を実行するページのURL、アクセストークンの取得に使うURLをそれぞれセットします。

　リスト9-3⑤では、リスト9-3③のURLでAPIアクセス許可を実行した後に、検証キーが発行された後、URLパラメーターで検証キーを渡す先のURLをセットします。

　リスト9-3⑥では、ブックマークAPIへのアクセス権限を指定しています。read_publicは公開情報の読み取りに必要で、write_publicは公開情報の読み取り、書き込み、変更、削除に必要な権限です。

　リスト9-3⑦では、ローカルのWebアプリケーションサーバーで、トップページのURLパス（/）にアクセスした際に実行する関数を定義しています。URLパスの設定は@（デコレーター）を付けたapp.routeメソッドで行います。index関数を定義し、@app.routeメソッドでデコレートすることで、URLパスと、URLパスにアクセスした際に実行する関数を紐付けています。

　リスト9-3⑧で、OAuth1Session関数の第一引数でOAUTH_CONSUMER_KEYをclient_secretキーワード引数でOAUTH_CONSUMER_SECRET、callback_uriキーワード引数で認証URLでAPI連携許可実行後に得られる検証キーを渡すURLを与えて、OAuth認証情報を持ったオブジェクト（OAuthセッションオブジェクト）の作成をしています。

　OAuthセッションオブジェクトのfetch_request_tokenメソッドにリクエストトークン取得用URL（TEMPORARY_CREDENTIAL_REQUEST_URL）と、ブックマークAPIへのアクセス権限をキーワード引数dataで与えて実行すると、リクエストトークン取得用URLにOAuth認証情報とブックマークAPIへのアクセス権限情報をPOSTし、レスポンスがfetch_response変数に格納されます。

　リスト9-3⑨では、リスト9-3⑧で得られたレスポンスからリクエストトークンと、リクエストトークンのシークレットキーを取り出し、セッションオブジェクト（session）に保存しています。セッションオブジェクトに保存することで、後述するcallback_page関数内（リスト9-3⑫）でもリクエストトークンとリクエストトークンのシークレットキーを再利用できます。

　リスト9-3⑩ではfurl関数を使って、認証用URLにリクエストトークンをURLパラメーターとして追加したURLの組み立てを行います。furl関数で認証用URL（RESOURCE_OWNER_AUTHORIZATION_URL）を読み込み、furlオブジェクトredirect_urlを作成します。furlオブジェクトのargsプロパティにoauth_tokenをURLパラメーターキーとして、変数session['request_token']に格納されているリクエストトークンをセットすることで、RESOURCE_

OWNER_AUTHORIZATION_URL?oauth_token=リクエストトークンの形式でURLの組み立てをします。組み立てられたURLはfurlオブジェクトのurlプロパティで参照できます。

　リスト9-3⑪では、リスト9-3⑩で組み立てられた認証用URLにリダイレクトし、リダイレクト先のページを表示します。

　ここまでが、ローカルのWebアプリケーションサーバーのトップページ(/)にアクセスした際に実行される内容の定義です。

　認証用URLでAPI連携許可を実行した後は、さらにリスト9-3⑧のcallback_uri引数に指定したURLにリダイレクトされます。その際、リスト9-3⑫で定義したcallback_page関数が実行されます。認証URLでAPI連携許可を実行した後、リダイレクトされるURLにはURLパラメーターにoauth_verifierが付いてくるので、リスト9-3⑬でこの値を取得し、verifier変数に格納します。

　リスト9-3⑭では、ここまでで得られたリクエストトークン、リクエストトークンのシークレットキーと検証キーverifierを使ってOAuthセッションオブジェクトoauthを作成します。リクエストトークンと、リクエストトークンのシークレットキーはリスト9-3⑨で保存したsessionオブジェクトから取り出して再利用しています。

　リスト9-3⑮で、oauth.fetch_access_tokenメソッドにアクセストークン取得用URLであるTOKEN_REQUEST_URLを与えて実行すると、アクセストークンを含むレスポンスが得られます。

　リスト9-3⑯で、レスポンスから取り出したAPIへのアクセストークンとアクセストークンのシークレットキーを画面に表示します。

　リスト9-3⑰では debug=True を引数に与えたapp.runメソッドの実行によりFlaskをデバッグモードで起動しています。

スクリプトを実行する

　次のコマンドで、get_hatena_access_token.pyを実行して、ローカルでFlaskのWebアプリケーションを起動します(FlaskはChapter 8で紹介した軽量なWebアプリケーションフレームワークです)。

```
(venv_auto_hatebu)$ python get_hatena_access_token.py
 * Running on http://127.0.0.1:5000/ (Press CTRL+C to quit)
 * Restarting with stat
 * Debugger is active!
 * Debugger PIN: 282-511-778
```

ブラウザでローカルのWebアプリケーションにアクセスする

　次のURLをブラウザで開きます。

```
http://127.0.0.1:5000/
```

上記のURLを開くとすぐに、図9-5の画面にリダイレクトされ、APIの連携許可が求められます。

図9-5：外部アプリケーションと連携の承認画面

［許可する］ボタンをクリックすると（図9-5）、図9-6のように、はてなAPIを利用するためのアクセストークンが表示されますので、メモして控えておきます。

```
アクセストークン: XXXXXXXXXX==,アクセストークン・シークレットキー: XXXXXXXXXX=
```

図9-6：利用するアクセストークンが表示

はてなブックマークAPI経由でブックマークする

これでアクセストークンが得られました。試しに、はてなブックマークAPI経由で1つのURLをブックマークしてみます。

リスト9-4のコードを記述して、hatena_bookmark.pyと名前を付けて保存します。

```python
"""はてなブックマークAPIユーティリティー."""
import requests
from requests_oauthlib import OAuth1
```

```
OAUTH_CONSUMER_KEY = '(OAuth Consumer Keyを入力します)'  ─┐
OAUTH_CONSUMER_SECRET = '(OAuth Consumer Secretを入力します)'  │ ─①
ACCESS_TOKEN = 'アクセストークンを入力します'                    │
ACCESS_SECRET = 'アクセストークンのシークレットキーを入力します' ─┘

# ブックマークするURLをPOSTするAPIエンドポイント
BOOKMARK_ENDPOINT = 'http://api.b.hatena.ne.jp/1/my/bookmark' ──②
# はてなのAPIアクセスにはUser-Agentの指定が必須
HEADERS = {'User-Agent': 'auto_hatebu (自分のメールアドレスを入力してください)'} ──③

auth = OAuth1( ──────────────────────────────────────────④
        OAUTH_CONSUMER_KEY,
        OAUTH_CONSUMER_SECRET,
        ACCESS_TOKEN,
        ACCESS_SECRET,
        signature_type='auth_header')
# OAuth認証やヘッダー情報は毎回同じなのでセッションにしておく
s = requests.Session() ──────────────────────────────────⑤
s.auth = auth ───────────────────────────────────────────⑥
s.headers.update(HEADERS) ───────────────────────────────⑦

def bookmark_url(target_url): ───────────────────────────⑧
    """ブックマークを追加する."""
    return s.post(BOOKMARK_ENDPOINT, data={'url': target_url}) ──⑨


if __name__ == '__main__':
    r = bookmark_url('http://b.hatena.ne.jp/hotentry/it')
    print(r.text)
```

リスト9-4：hatena_bookmark.py

hatena_bookmark.pyについて

リスト9-4①では、OAuth Consumer KeyとOAuth Consumer Secretと、get_hatena_access_token.pyを使って得られたアクセストークンをセットしています。

リスト9-4②では、はてなブックマークAPIのドキュメント(URL http://developer.hatena.ne.jp/ja/documents/bookmark/apis/rest/bookmark#post_my_bookmark)に書かれている、ブックマーク追加用のURLをセットしています。

はてなのAPIアクセスにはUser-Agentが必須となっているため、リスト9-4③でセットしています。

　リスト9-4④で、OAuth1関数を使ってAPIアクセスに必要なOAuth認証オブジェクトを作っています。signature_type='auth_header'の指定は、APIへリクエストする際に、OAuthの認証情報をHTTPヘッダーに載せることを意味します。

　リスト9-4⑤では、はてなAPIへリクエストする際には、リスト9-4④で作成したOAuth認証情報を毎回使うため、使い回せるようにrequests.Sessionメソッドでリクエストセッションオブジェクトを作成しています。

　リスト9-4⑥でリクエストセッションオブジェクトの認証プロパティauthにリスト9-4④で作成したOAuth認証オブジェクトをセットしています。

　リスト9-4⑦では、リクエストセッションオブジェクトのリクエストヘッダープロパティs.headersにUser-Agentをセットしたリスト9-4③で作成した変数HEADERSを、updateメソッドによりマージしています。

　リスト9-4⑧では、ブックマーク実行用の関数bookmark_urlを定義しています。引数target_urlにはブックマーク対象のURLを入れる想定です。

　リスト9-4⑨ではリクエストセッションオブジェクトのpostメソッドで、はてなブックマーク追加用のURL（リスト9-4②）にブックマークURLをPOSTするようにしています。POSTするデータはdata引数で指定でき、辞書型変数で渡します。はてなブックマークAPIのドキュメント（**URL** http://developer.hatena.ne.jp/ja/documents/bookmark/apis/rest/bookmark#post_my_bookmark_parameter_url）で、ブックマークするURLをurlパラメーターキーで指定するよう指示があるので、辞書のキーをurlにして、値にtarget_urlを入れています。

APIから返却されるJSONをjqコマンドにパイプする

　次のコマンドで、hatena_bookmark.pyを実行し、APIから返却されるJSONをjqコマンドにパイプして見てみましょう。コマンドを実行すると次のような実行結果を確認できます。

```
(venv_auto_hatebu)$ python hatena_bookmark.py | jq .
{
  "favorites": [...],
  "comment_raw": "",
  "private": false,
  "eid": 11028692,
  "created_epoch": 1504476520,
  "tags": [],
  "permalink": "http://b.hatena.ne.jp/peketamin/20170904#bookmark-11028692",
  "comment": "",
  "created_datetime": "2017-09-04T07:08:40+09:00",
```

```
  "user": "peketamin"
}
```

実行結果を確認できたら、ブラウザで自分のブックマークページにアクセスして、実際にブックマークされているかどうかを確認しましょう(peketaminと書いてある箇所は自分のユーザーIDに変えてください)。

http://b.hatena.ne.jp/peketamin/bookmark　自分のユーザーIDを入れる

図9-7のように、はてなブックマークのテクノロジーカテゴリーの人気エントリーページがブックマークされていることを確認できます。

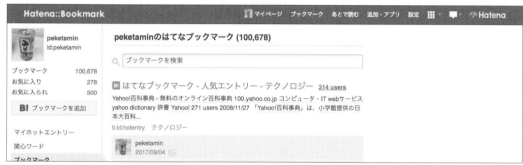

図9-7：実際にブックマークが追加されている様子

人気エントリーを自動的にブックマークする

ここまでに作成したブックマークユーティリティーモジュール(hatena_bookmark.py)と、feedparserを組み合わせて、はてなブックマークの機械学習タグが付いたエントリーの中で、ブックマークユーザーが100以上の人気エントリーを抽出して自動的にブックマークするスクリプトを作成します。

対象のフィードはリスト9-5のような内容になっています。

```
<?xml version="1.0" encoding="UTF-8"?>
<rdf:RDF
 xmlns:rdf="http://www.w3.org/1999/02/22-rdf-syntax-ns#"
 xmlns="http://purl.org/rss/1.0/"
 xmlns:content="http://purl.org/rss/1.0/modules/content/"
 xmlns:taxo="http://purl.org/rss/1.0/modules/taxonomy/"
 xmlns:opensearch="http://a9.com/-/spec/opensearchrss/1.0/"
 xmlns:dc="http://purl.org/dc/elements/1.1/"
 xmlns:hatena="http://www.hatena.ne.jp/info/xmlns#"
 xmlns:media="http://search.yahoo.com/mrss"
```

```xml
>
  <channel rdf:about="http://b.hatena.ne.jp/search/tag?safe=on&amp;sort=recent&amp;q=%E6%A9%9F%E6%A2%B0%E5%AD%A6%E7%BF%92&amp;users=100">
    <title>タグ「機械学習」を検索 - はてなブックマーク</title>
    <link>http://b.hatena.ne.jp/search/tag?safe=on&amp;sort=recent&amp;q=%E6%A9%9F%E6%A2%B0%E5%AD%A6%E7%BF%92&amp;users=100</link>
    <description>タグ「機械学習」を検索 - はてなブックマーク</description>

    <items>
      <rdf:Seq>
        <rdf:li rdf:resource="http://cocodrips.hateblo.jp/entry/2017/09/03/185130" />
        <rdf:li rdf:resource="https://www.slideshare.net/HirokiTeranishi1/ss-79363691" />
          (…中略…)
      </rdf:Seq>
    </items>
  </channel>
  <item rdf:about="http://cocodrips.hateblo.jp/entry/2017/09/03/185130">
    <title>Deep Learning Acceleration勉強会(# DLAccel)に参加してきたのでまとめ - ぴよぴよ.py</title>
    <link>http://cocodrips.hateblo.jp/entry/2017/09/03/185130</link>
    <description>2017 - 09 - 03 Deep Learning Acceleration勉強会(# DLAccel)に参加してきたのでまとめ 今日参加してきた Deep Learning Acceleration勉強会 - connpass が非常に面白かった．一度聞いただけでは全然理解できなかったので、後から読み返すように公開された資料や論文などをメモをまとめた。私自身は仕事で一度tensorfl...</description>
    <content:encoded>&lt;blockquote cite=&quot;http://cocodrips.hateblo.jp/entry/2017/09/03/185130&quot; title=&quot;Deep Learning Acceleration勉強会(# DLAccel)に参加してきたのでまとめ - ぴよぴよ.py&quot;&gt;&lt;cite&gt;&lt;img src=&quot;http://cdn-ak.favicon.st-hatena.com/?url=http%3A%2F%2Fcocodrips.hateblo.jp%2Fentry%2F2017%2F09%2F03%2F185130&quot; alt=&quot;&quot; /&gt;&lt;a href=&quot;http://cocodrips.hateblo.jp/entry/2017/09/03/185130&quot;&gt;Deep Learning Acceleration勉強会(# DLAccel)に参加してきたのでまとめ - ぴよぴよ.py&lt;/a&gt;&lt;/cite&gt;&lt;p&gt;&lt;a href=&quot;http://cocodrips.hateblo.jp/entry/2017/09/03/185130&quot;&gt;&lt;img src=&quot;http://cdn-ak.b.st-hatena.com/entryimage/344372414-1504435218.jpg&quot; alt=&quot;Deep Learning Acceleration勉強会(# DLAccel)に参加してきたのでまとめ - ぴよぴよ.py&quot; title=&quot;Deep Learning Acceleration勉強会(# DLAccel)に参加してきたのでまとめ - ぴよぴよ.py&quot; class=&quot;entry-image&quot; /&gt;&lt;/a&gt;&lt;/
```

```
p&gt;&lt;p&gt;2017 - 09 - 03 Deep Learning Acceleration勉強会(# DLAccel)に参加し
てきたのでまとめ  今日参加してきた Deep Learning Acceleration勉強会 - connpass が非常に面
白かった．一度聞いただけでは全然理解できなかったので、後から読み返すように公開された資料や論文などをメ
モをまとめた．私自身は仕事で一度tensorfl...&lt;/p&gt;&lt;p&gt;&lt;a href=&quot;http:
//b.hatena.ne.jp/entry/http://cocodrips.hateblo.jp/entry/2017/09/03/185130&
quot;&gt;&lt;img src=&quot;http://b.hatena.ne.jp/entry/image/http://cocodrips.
hateblo.jp/entry/2017/09/03/185130&quot; alt=&quot;はてなブックマーク - Deep
Learning Acceleration勉強会(# DLAccel)に参加してきたのでまとめ - ぴよぴよ.py&quot;
title=&quot;はてなブックマーク - Deep Learning Acceleration勉強会(# DLAccel)に参加して
きたのでまとめ - ぴよぴよ.py&quot; border=&quot;0&quot; style=&quot;border:
none&quot; /&gt;&lt;/a&gt; &lt;a href=&quot;http://b.hatena.ne.jp/append?
http://cocodrips.hateblo.jp/entry/2017/09/03/185130&quot;&gt;&lt;img src=
&quot;http://b.hatena.ne.jp/images/append.gif&quot; border=&quot;0&quot;
alt=&quot;はてなブックマークに追加&quot; title=&quot;はてなブックマークに追加&quot;
/&gt;&lt;/a&gt;&lt;/p&gt;&lt;/blockquote&gt;</content:encoded>
      <dc:date>2017-09-03T19:39:36+09:00</dc:date>
      <dc:subject>テクノロジー</dc:subject>
      <hatena:bookmarkcount>182</hatena:bookmarkcount>
    </item>
    <item rdf:about="https://www.slideshare.net/HirokiTeranishi1/ss-79363691">
      <title>ディープラーニングのフレームワークを使った自然言語処理研究の実装の知見</title>
      <link>https://www.slideshare.net/HirokiTeranishi1/ss-79363691</link>
      <description>ディープラーニングのフレームワークを使った自然言語処理研究の実装の知見  1.
ディープラーニングのフレームワークを 使った自然言語処理研究の実装の知見  寺西 裕紀 奈良先端科学技術
大学院大学 自然言語処理学研究室 2017年9月1日(金) 第15回SVM勉強会 2. • 自己紹介 • 機械学習は
難しい • 実装の工夫 – Logging – Application – Preprocessing ...</description>
      <content:encoded>&lt;blockquote cite=&quot;https://www.slideshare.net/
HirokiTeranishi1/ss-79363691&quot; title=&quot;ディープラーニングのフレームワークを使っ
た自然言語処理研究の実装の知見&quot;&gt;&lt;cite&gt;&lt;img src=&quot;http://cdn-ak.
favicon.st-hatena.com/?url=https%3A%2F%2Fwww.slideshare.net%
2FHirokiTeranishi1%2Fss-79363691&quot; alt=&quot;&quot; /&gt; &lt;a href=
&quot;https://www.slideshare.net/HirokiTeranishi1/ss-79363691&quot;&gt;ディー
プラーニングのフレームワークを使った自然言語処理研究の実装の知見&lt;/a&gt;&lt;/cite&gt;&lt;
p&gt;&lt;a href=&quot;https://www.slideshare.net/HirokiTeranishi1/ss-
79363691&quot;&gt;&lt;img src=&quot;http://cdn-ak.b.st-hatena.com/entryimage/
344318484-1504323632.jpg&quot; alt=&quot;ディープラーニングのフレームワークを使った自然言
語処理研究の実装の知見&quot; title=&quot;ディープラーニングのフレームワークを使った自然言語処理
研究の実装の知見&quot; class=&quot;entry-image&quot; /&gt;&lt;/a&gt;&lt;/p&gt;
&lt;p&gt;ディープラーニングのフレームワークを使った自然言語処理研究の実装の知見 1. ディープラーニ
```

```
ングのフレームワークを 使った自然言語処理研究の実装の知見 寺西 裕紀 奈良先端科学技術大学院大学 自
然言語処理学研究室 2017年9月1日（金）第15回SVM勉強会 2．・自己紹介 ・機械学習は難しい ・実
装の工夫 - Logging - Application - Preprocessing ...&lt;/p&gt;&lt;p&gt;&lt;a
href=&quot;http://b.hatena.ne.jp/entry/https://www.slideshare.net/
HirokiTeranishi1/ss-79363691&quot;&gt;&lt;img src=&quot;http://b.hatena.ne.
jp/entry/image/https://www.slideshare.net/HirokiTeranishi1/ss-79363691&quot;
alt=&quot;はてなブックマーク - ディープラーニングのフレームワークを使った自然言語処理研究の実装の知
見&quot; title=&quot;はてなブックマーク - ディープラーニングのフレームワークを使った自然言語処理
研究の実装の知見&quot; border=&quot;0&quot; style=&quot;border: none&quot; /&gt;
&lt;/a&gt; &lt;a href=&quot;http://b.hatena.ne.jp/append?https://www.
slideshare.net/HirokiTeranishi1/ss-79363691&quot;&gt;&lt;img src=&quot;http:
//b.hatena.ne.jp/images/append.gif&quot; border=&quot;0&quot; alt=&quot;はてな
ブックマークに追加&quot; title=&quot;はてなブックマークに追加&quot; /&gt;&lt;/a&gt;&lt;/
p&gt;&lt;/blockquote&gt;</content:encoded>
      <dc:date>2017-09-02T12:39:42+09:00</dc:date>
      <dc:subject>テクノロジー</dc:subject>
      <hatena:bookmarkcount>216</hatena:bookmarkcount>
    </item>
    (…中略…)
</rdf:RDF>
```

リスト9-5：はてなブックマークのフィードの内容

　はてなブックマークのフィードはRDF形式です。feedparserはRSSやAtom、RDFといったよく使われる形式のフィードをパースし、フィードの種別に依らず、統一的なオブジェクトのリストにして扱えるようにしてくれるライブラリです。一般的なフィードであれば要素名などを考慮しなくてもパースしてくれる非常に強力なフィードパースライブラリです。

　リスト9-6のコードを記述して、auto_hatebu.pyと名前を付けて保存します。

```
"""機械学習の人気エントリーを自動的にブックマークする."""
import datetime
import logging
import time

import feedparser
import requests

from hatena_bookmark import bookmark_url

# ロガーのセットアップ
```

```python
logger = logging.getLogger(__name__)
formatter = logging.Formatter(
    '[%(levelname)s] %(asctime)s %(name)s %(filename)s:%(lineno)d %(message)s'
)
handler = logging.StreamHandler()
handler.setFormatter(formatter)
logger.setLevel(logging.INFO)
logger.addHandler(handler)

# 機械学習タグの付いたブックマーク数が100以上のエントリーが得られるフィードURL
FEED_URL = 'http://b.hatena.ne.jp/search/tag?safe=on&q=%E6%A9%9F%E6%A2%B0%E5%AD%A6%E7%BF%92&mode=rss&users=100'  # ①
TIMEOUT = 10


def extract_links():
    """フィードからブックマークURLリストを抽出する."""
    # フィードの内容を取得する
    r = requests.get(FEED_URL, timeout=TIMEOUT)  # ②

    # フィードのXMLをfeedparserでパースする
    f = feedparser.parse(r.content)  # ③

    # 現在時刻から見て1日前の日付を計算する
    yesterday = datetime.datetime.utcnow().date() - datetime.timedelta(days=1)  # ④

    # ブックマーク対象URL格納用変数
    links = []  # ⑤

    # フィード内のエントリーを1件ずつ取り出す
    for entry in f.entries:  # ⑥
        # エントリーが登録された日時を取得し、datetime.datetime型に変換する
        entry_updated_date = datetime.datetime(  # ⑦
            *entry.updated_parsed[:6],
            tzinfo=datetime.timezone.utc
        )
        # 前日分のエントリーのリンクのみ抽出し、linksリストに追加する
        if entry_updated_date.date() == yesterday:  # ⑧
            links.append(entry.link)
```

```
        return links


if __name__ == '__main__':
    # ブックマーク対象のURLをはてなブックマークのフィードから取得する
    links = extract_links()                                              ─⑨

    # ブックマーク対象のURLを1件ずつ処理する
    for link in links:
        try:
            # はてなブックマークAPIを使ってブックマークする
            r = bookmark_url(link)                                       ─⑩

            # 連続したリクエストでAPIサーバーに負荷を与えないように間隔を空ける
            time.sleep(1)                                                ─⑪

            # ブックマークのリクエストでAPIから正常な応答がなかった場合、例外を発生させる
            r.raise_for_status()                                         ─⑫
        except requests.exceptions.RequestException as e:
            # APIリクエストにおいて例外が発生したらログに例外が起きたブックマーク対象のURLを出力する
            # 例外内容も出力する
            logger.error('requested url: {}, e:{}'.format(r.url, e))     ─⑬
        else:
            # 例外が起きなかった場合、ブックマークに成功したURLをログに出力する
            # はてなブックマーク上でのURLも出力する
            logger.info('bookmarked url: {}, permalink: {}'.format(r.url, ↵
r.json()['permalink']))                                                  ─⑭
```

リスト9-6：auto_hatebu.py

auto_hatebu.pyについて

　リスト9-6①で、クロールしたいフィードを指定しています。フィードのURLは、はてなブックマークのタグ検索結果ページのソースから発見できます。ブックマーク検索ページで「機械学習」で検索し、検索対象を「タグ」、「ブックマーク数」を「100 users」にします。

図9-8：機械学習タグの検索結果ページ（ブックマークユーザー 100 以上）のページを表示した画面
URL http://b.hatena.ne.jp/search/tag?safe=on&q=機械学習&users=100 を開いた画面

 MEMO　はてなブックマークのタグ検索URLのフォーマット

はてなブックマークのタグ検索URLのフォーマットは次のような形式になっています。

```
http://b.hatena.ne.jp/search/tag?safe=[セーフサーチ]&q=[検索したいタグ]&users=
[最低ブックマーク数]
```

セーフサーチ：onかoffを指定できます。onにすることで、アダルト判定されたエントリーなどが表示されなくなります。

ソースを開き、「rss」で検索すると次のようなHTMLタグが見つかります。

```
<link rel="alternate" type="application/rss+xml" title="RSS" href="/search/
tag?safe=on&amp;q=english&amp;users=100&amp;mode=rss" />
```

href属性に表示されているパスがフィードのパスです。HTMLでのリンクの記述においては、ドメイン名を含まないリンクはHTMLをホストしているドメイン上のリンクになるため、先頭にhttp://b.hatena.ne.jp/を付けることでフィードURLとなります。

リスト9-6②でrequests.getメソッドを使い、フィードの内容を取得します。

リスト9-6③では、リスト9-6②で得られたフィードの内容r.contentを、feedparser.parseメソッドに与えて、フィードのパースを行います。

リスト9-6④で現在時刻から見て前日の日付を計算しています。後でブックマーク対象のエントリーを選別するのに使います。datetime.datetime.utcnowメソッドでUTC時間で現在日時を取得した後、dateメソッドで時刻データを含まない日付オブジェクト（datetime.date型）に変換します。datetime.timedelta(days=1)メソッドで、1日分の経過時間オブジェクトが作れます。これらをマイナス演算子で演算することで、前日の日付を持った日付オブジェクトを作っています。

リスト9-6⑤でブックマーク対象のURLを格納する変数をリスト型で用意します。

リスト9-6⑥では、リスト9-6③で得られたパース結果から、f.entriesプロパティでエントリーリストを取得し、1件ずつ変数entryに入れてループ処理を行います。

リスト9-6⑦では、entry.updated_parsedプロパティに入っているエントリーの登録日時をdatetime.datetimeオブジェクトに変換しています。entry.updated_parsedプロパティはtime.struct_time型になっています。後続処理で日付を比較するのに使うため、datetime.datetime型に変換します。datetime.datetime型に変換することで、datetime.datetime型オブジェクト同士の比較演算が可能になります。

リスト9-6⑧では、リスト9-6⑦で得られたdatetime.datetime型オブジェクトのdateメソッドにより、エントリー登録日時を日付オブジェクトに変換し、前日の日付オブジェクトと比較しています。比較の結果、前日に登録されたエントリーのみを選別し、リスト変数linksに格納していきます。

リスト9-6⑨では、上記で作成したextract_links関数を呼び出し、前日にはてなブックマーク上に登録されたエントリーURLを取得します。

リスト9-6⑩で、hatena_bookmark.pyで作成したbookmark_url関数を呼び出し、引数にリスト9-6⑨で得られたブックマーク対象エントリーURLを、はてなブックマークAPIにPOSTしてブックマークしています。

このブックマーク処理はリスト9-6⑨で得られたエントリーURLの件数分ループするので、APIサーバーに負荷を与えないようにリスト9-6⑪で1秒間のスリープを入れています。

リスト9-6⑫では、APIサーバーにリクエストしたタイミングに、APIサーバーの応答が異常だった場合を考慮して、その際は例外を発生させるようにしています。

リスト9-6⑬ではAPIへのリクエストに失敗した場合に、リスト9-6⑫で発生する例外を補足し、例外が起きた際にブックマーク処理をしようとしたURLをログに出力しています。もし失敗したブックマークURLがあれば、後でログを見ることで、手動で失敗したブックマークを追加することができるようにするためです。

try節に対してelse節を使うことで、try節で例外が起きなかった場合の処理が記述できます。リスト9-6⑭では、例外が起きなかった場合に、ログにブックマークに成功したエントリー

URLを出力しています。

はてなブックマークでは、1日以内にブックマーク数が100を超える人気エントリーもありますが、ネット上で拡散されてブックマーク数が上がっていく時間を考慮して、エントリー日がクロールの前日であるエントリーのみに対象を絞っています。

このスクリプトをcronに登録して、毎日1回実行することで、前日分の人気エントリーを自動的にブックマークすることができます。

cronに登録するには、ターミナルで次のように入力します。

```
$ crontab -e
```

viが起動するので、[i]キーを押し、入力モードに切り替え、次のように入力します。

```
5 9 * * * /Users/peketamin/python/venv_auto_hatebu/bin/python /Users/peketamin/python/auto_hatebu.py
```

この例では毎日朝9時5分にauto_hatebu.pyを定期実行するようになっています。

上記の例の「/Users/peketamin/python」は仮想環境venv_auto_hatebuとauto_hatebu.pyを作成した親ディレクトリのパスに変えてください。

viでの編集が終わったら、[esc]キーで編集モードを抜け、:wqと入力して、crontabを保存・終了します。

なお、「機械学習」タグの付いたブックマーク数100以上の人気エントリーが前日にない場合は何もブックマークされないので、auto_hatebu.pyの変数FEED_URLの検索したいキーワードを変えて(例えば、次の例では twitter というタグになります)、動作確認をしてください(指定時刻が過ぎたら自アカウントのブックマークページを開いて、ブックマークの追加を確認してください)。

```
FEED_URL = 'http://b.hatena.ne.jp/search/tag?safe=on&q=twitter&mode=rss&users=300'
```

> **ATTENTION　Consumer Keyやアクセストークンの取り扱い**
>
> Oauthに使うConsumer Keyやアクセストークンは第三者に知られてしまうとAPIの不正利用につながるので、セキュリティ上、第三者には漏らさないようにしてください。

03 公的なオープンデータの利用

政府が公開しているオープンデータのスクレイピング方法を解説します。

オープンデータとは

　オープンデータとは、「特定のデータが、一切の著作権、特許などの制御メカニズムの制限なしで、すべての人が望むように利用、再掲載できるような形で入手できるべきである」という考え方で公開されているデータです。

　日本政府も公共データを公開してユーザーの活用を促進することで、行政の透明性・信頼性の向上、国民参加・官民協働の推進、経済の活性化・行政の効率化を進めようとしています。

　政府が公開しているデータを使いたい場合、データカタログサイト（図9-9）を使うとよいでしょう。

　データカタログサイトは、各府省庁の保有データをオープンデータとして利用できる場を作り、データの提供側・利用側双方にオープンデータのイメージをわかりやすく示すことを目的としたポータルサイトです。

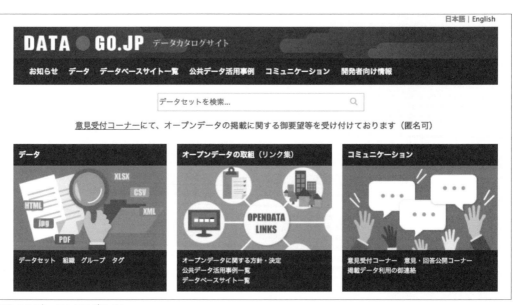

図9-9：データカタログサイト
`URL` http://www.data.go.jp/

公開されているデータの種類

公開されているデータにはHTML、JPEG、PDF、XLSX、CSV、XMLなどの形式があります。ほしい情報の形式は、スクレイピングしやすい形式のCSV、XMLとは限らないので、利用する際には注意が必要です。

検索フォームにファイルの形式を入力することで、その形式のデータを探すこともできます(図9-10)。

図9-10：CSVで検索する

公開されているGDPのデータをスクレイピングする

データの中身を確認する

ここでは公開されているGDPのデータをスクレイピングします。具体的には、次のページで公開されているCSVをスクレイピングします。

```
http://www.data.go.jp/data/dataset/cao_20170710_0005
```

対象とするCSVファイルは上記のページの一番上のリンク先である次のファイルとします。

```
http://www.esri.cao.go.jp/jp/sna/data/data_list/sokuhou/files/2016/qe164_2/__icsFiles/afieldfile/2017/03/07/gaku-mg1642.csv
```

まずはダウンロードしてCSVファイルの中身を確認しましょう(図9-11)。

	1	2	3	4	5	6	7	8	9	10	11	12	13	14	15
1	名目原系列														
2	Nominal, Original Series														
3		国内総生産(支出側)	民間最終消費支出			民間住宅	民間企業設備	民間在庫変動	政府最終消費	公的固定資本	公的在庫変動	財貨・サービス			
4				家計最終消費支出								純輸出	輸出	輸入	
5					除く持ち家の帰属家賃										
6		GDP(Expenditure Ap	PrivateConsu	Consumption	ExcludingImp	PrivateReside	Private Non-F	Changein Pri	GovernmentC	PublicInvestn	Changein Put	Goods & Services			
7												Net Exports	Exports	Imports	
8	1994/ 1- 3.	120,801.20	64,684.30	64,070.90	55,472.90	5,984.40	20,462.50	-2,480.90	17,358.40	12,191.50	-113.7	2,714.80	11,249.30	8,534.50	
9	4- 6.	122,065.70	65,352.00	64,086.30	55,385.50	6,320.70	17,401.70	820.6	20,182.00	9,672.20	31.8	2,284.60	10,981.70	8,697.10	
10	7- 9.	123,390.10	67,993.10	66,852.70	58,039.00	7,386.70	18,895.60	-430.3	16,696.60	10,588.90	114.1	2,145.50	11,235.30	9,089.80	
11	10-12.	135,280.70	70,412.20	68,775.90	59,841.90	6,956.10	18,777.90	1,902.10	21,137.10	13,371.50	325.1	2,398.60	11,690.60	9,292.00	
12	1995/ 1- 3.	121,646.20	65,922.50	65,274.80	56,270.30	6,275.50	20,914.10	-2,881.20	18,337.40	11,246.80	-46.4	1,877.60	11,245.40	9,367.80	
13	4- 6.	125,158.70	66,960.80	65,619.80	56,519.70	6,094.10	18,523.20	1,844.40	21,010.40	9,077.80	-31.6	1,679.50	10,665.00	8,985.60	
14	7- 9.	126,265.90	69,112.20	67,924.10	58,712.50	6,386.10	20,610.10	67.1	17,411.50	11,130.40	-9	1,557.50	11,667.40	10,110.00	
15	10-12.	139,471.00	72,169.50	70,475.20	61,173.00	6,438.60	20,402.50	2,601.30	21,976.20	14,321.30	197	1,364.50	12,406.30	11,041.90	
16	1996/ 1- 3.	125,811.00	67,613.20	66,904.80	57,529.60	6,306.60	21,947.70	-3,136.30	18,850.90	13,261.10	117.8	850	12,130.70	11,280.80	
17	4- 6.	128,901.90	68,534.80	67,159.70	57,661.20	6,693.20	19,186.00	2,507.80	21,742.30	10,060.20	-39.6	217.3	11,897.10	11,679.80	
18	7- 9.	128,498.40	70,211.80	69,001.40	59,383.90	7,528.40	21,440.00	-124.2	17,993.40	11,036.80	-8.8	421.1	12,390.40	11,969.30	
19	10-12	142,595.60	73,647.80	71,936.30	62,211.00	7,629.00	20,903.50	2,945.50	22,641.40	13,854.10	182.6	791.8	13,423.40	12,631.60	

図9-11：ダウンロードしたCSVの中身を確認する

CSV形式でありますが1行目がヘッダーとなり、2行目からデータが続くという形式ではないことに気が付くと思います。このように公開されているデータが扱いやすい形とは限らないことも公的なオープンデータを利用する際の注意点の1つです。また文字のエンコードがShift_JISであることが多い点も注意する必要があるでしょう。

データをスクレイピングする

Pythonには、CSVファイルを読み書きするためのモジュールが用意されています。なお、ダウンロードしたファイルはカレントディレクトリに置いてあると仮定します。

まずはファイルをオープンします。前述の通り、文字のエンコードがShift_JISのためエンコードを指定してオープンします(リスト9-7①)。

csvモジュールのreader関数を使って、readerオブジェクトを取得します(リスト9-7②)。

readerオブジェクトは1行ごとにリストで取得することができるので、コンソールに出力して確認してみます(リスト9-7③)。ヘッダーの行が明確になっていないため7行目までを省いてそれ以降のデータを出力しています。

```
import csv
from itertools import islice

# ファイルオブジェクトとしてCSVファイルを開く
with open('gaku-mg1642.csv', 'r', encoding='shift-jis') as csvFile: ―――①
    # readerオブジェクトを取得する
    dataReader = csv.reader(csvFile) ―――②

    # 1行ごとリストで取得することができるので8行目からコンソールに出力して確認する
    for row in islice(dataReader, 7, None): ―┐
        print(row) ―――――――――――――――――――――――――┘―③
```

リスト9-7：Chapter9_GDP.py

```
$ python Chapter9_GDP.py
['1994/ 1- 3.', '120,801.2 ', '64,684.3 ', '64,070.9 ', '55,472.9 ', '5,984.
4 ', '20,462.5 ', '-2,480.9 ', '17,358.4 ', '12,191.5 ', '-113.7 ', '2,714.8
 ', '11,249.3 ', '8,534.5 ', '', '1,222.1 ', '4,342.5 ', '3,120.4 ', '122,
023.4 ', '', '118,086.5 ', '88,650.3 ', '29,436.2 ', '', '38,638.3 ', '',
'123,395.8 ', '', '', '', '', '', '']
['4- 6.', '122,065.7 ', '65,352.0 ', '64,086.3 ', '55,385.5 ', '6,320.7 ',
'17,401.7 ', '820.6 ', '20,182.0 ', '9,672.2 ', '31.8 ', '2,284.6 ', '10,
981.7 ', '8,697.1 ', '', '1,210.9 ', '3,872.8 ', '2,661.9 ', '123,276.6 ',
'', '119,781.1 ', '89,895.1 ', '29,886.0 ', '', '33,394.7 ', '', '121,213.
3 ', '', '', '', '', '', '']
['7- 9.', '123,390.1 ', '67,993.1 ', '66,852.7 ', '58,039.0 ', '7,386.7 ',
'18,895.6 ', '-430.3 ', '16,696.6 ', '10,588.9 ', '114.1 ', '2,145.5 ',
'11,235.3 ', '9,089.8 ', '', '921.8 ', '3,959.1 ', '3,037.3 ', '124,311.9 ',
'', '121,244.6 ', '93,845.0 ', '27,399.5 ', '', '36,871.1 ', '', '123,706.
3 ', '', '', '', '', '', '']
['10-12.', '135,280.7 ', '70,412.2 ', '68,775.9 ', '59,841.9 ', '6,956.1 ',
'18,777.9 ', '1,902.1 ', '21,137.1 ', '13,371.5 ', '325.1 ', '2,398.6 ',
'11,690.6 ', '9,292.0 ', '', '900.6 ', '3,799.0 ', '2,898.4 ', '136,181.3 ',
'', '132,882.1 ', '98,048.3 ', '34,833.8 ', '', '39,105.5 ', '', '133,053.
4 ', '', '', '', '', '', '']
['1995/ 1- 3.', '121,646.2 ', '65,922.5 ', '65,274.8 ', '56,270.3 ', '6,275.
5 ', '20,914.1 ', '-2,881.2 ', '18,337.4 ', '11,246.8 ', '-46.4 ', '1,877.
6 ', '11,245.4 ', '9,367.8 ', '', '1,172.8 ', '4,658.9 ', '3,486.1 ', '122,
819.0 ', '', '119,768.6 ', '90,230.8 ', '29,537.8 ', '', '38,436.4 ', '',
'124,573.9 ', '', '', '', '', '', '']
['4- 6.', '125,158.7 ', '66,960.8 ', '65,619.8 ', '56,519.7 ', '6,094.1 ',
'18,523.2 ', '1,844.4 ', '21,010.4 ', '9,077.8 ', '-31.6 ', '1,679.5 ', '10,
665.0 ', '8,985.6 ', '', '1,034.4 ', '3,936.2 ', '2,901.8 ', '126,193.1 ',
'', '123,479.2 ', '93,422.6 ', '30,056.6 ', '', '33,695.2 ', '', '123,345.
8 ', '', '', '', '', '', '']
(…以下略…)
```

CSVからリストとして得ることができていることが確認できました。

2列目だけを抜き出す

さて、ここではGDPを得たいので、2列目だけを抜き出します。リスト9-7の③の部分をリスト9-8の当該部分のように修正します。

```python
import csv
from itertools import islice

# ファイルオブジェクトとしてCSVファイルを開く
with open('gaku-mg1642.csv', 'r', encoding='shift-jis') as csvFile:
    # readerオブジェクトを取得する
    dataReader = csv.reader(csvFile)

    # 1行ごとリストで取得することができるので8行目からコンソールに出力して確認する
    for row in islice(dataReader, 7, None):
        print(row[1])   # 2列目だけ出力するように修正する
```

リスト9-8：Chapter9_GDP.py

スクリプトを実行する

修正したら実行してみましょう。GDPの値を出力することができました。

```
$ python Chapter9_GDP.py
120,801.2
122,065.7
123,390.1
135,280.7
121,646.2
125,158.7
126,265.9
139,471.0
125,811.0
128,901.9
128,498.4
142,595.6
128,670.2
130,868.2
130,863.5
143,740.6
127,676.4
129,594.8
```

```
128,415.5
142,190.2
125,908.5
128,367.0
127,042.2
(…以下略…)
```

04 文化施設のイベントを通知する

文化施設のイベント情報などを収集する方法について解説します。

イベントのお知らせを収集する

　文化施設によってはイベントのお知らせをオープンデータやフィードとして提供している場合があります。ここでは金沢芸術創造財団が提供するWebAPI(JSONフォーマット)を例にイベント情報を収集してみましょう(図9-12)。

・オープンデータについて｜金沢芸術創造財団
　URL http://www.kanazawa-arts.or.jp/info/opendata

図9-12：金沢芸術創造財団オープンデータ提供ページ

　このページでは金沢芸術創造財団の管理する全施設のイベントをまとめたJSONが提供されています。

・全施設データ
　URL http://www.kanazawa-arts.or.jp/event-all.json

このURLで提供されるJSONをChapter 2で紹介したjqで整形して表示し、内容を確認します（リスト9-9）。

```
$ curl -Ss 'http://www.kanazawa-arts.or.jp/event-all.json' | jq
{
  "base_url": "http://www.kanazawa-arts.or.jp",
  "items": [
    {
      "group": "金沢市民芸術村",
      "date_from": "2017-09-16",
      "date_to": "2017-09-17",
      "dates": [
        "2017-09-16",
    "2017-09-17"
  ],
  "title": "ライオンズクラブ国際協会100周年記念事業　ダメ。ゼッタイ。",
  "link": "http://www.artvillage.gr.jp/event/3641",
  "description": "薬物乱用防止演劇教室 2017年9月16日(土) 第1回PM3:00～PM5:15 第2回PM7:00～ ⏎ PM9:00 17日(日) 第3回PM10:30～AM12:45 (開場は3回いずれ...",
  "images": [
    "/uploads/event/149975011291872700.jpg",
    "/uploads/event/149975011300583700.jpg"
  ]
    },
    {
      "group": "金沢市民芸術村",
      "date_from": "2017-09-16",
      "date_to": "2017-09-17",
      "dates": [
        "2017-09-16",
    "2017-09-17"
  ],
  "title": "～一流ミュージシャンによる～　わくわく！！ワークショップ",
  "link": "http://www.artvillage.gr.jp/event/3642",
  "description": "【バンドクリニック】日時：9月16日(土)10:00～17:00 17日(日)9:00～11:30 LAZZの本 ⏎ 場アメリカ、バークリー音楽大学よりグレッグ・ホプキ...",
  "images": [
    "/uploads/event/149975114739272300.jpg",
```

```
    "/uploads/event/149975114747369900.jpg"
   ]
  },
  (中略)
  {
   "group": "金沢湯涌創作の森",
   "date_from": "2017-03-01",
   "date_to": "2018-03-31",
   "dates": [
    "2017-03-01",
    "2018-03-31"
   ],
   "title": "初心者向け「織」入門講座B",
   "link": "http://www.sousaku-mori.gr.jp/event/2568",
   "description": "2日間の綾織りコース（通年開催）入門講座Aの平織りをマスターされた方のためのレベルアッ↲
プ講座です。天然染料で染めた糸を使用し、綾織りでの...",
   "images": [
    "/uploads/event/145101091194345300.jpg"
   ]
  }
 ]
}
```

リスト9-9：全施設のイベント情報

　全施設のイベント情報JSONでは、開催中または開催予定のイベントが随時更新されています。このJSONを毎日クロールして、パースしたイベント情報をデータベースに保存します。

　パースしたイベント情報がデータベースにまだ保存されていなければ、そのイベントを新着イベントとして検知することができます。

venvで仮想環境を作成する

　venvで仮想環境を作成して、作業を開始しましょう。

```
$ python3.6 -m venv venv_kanazawa_art
$ source venv_kanazawa_art/bin/activate
```

　イベント情報をデータベースに保存するのに使うモジュールを作成します。データベースにはPython 3に標準で付属しているSqliteを使います。データベース操作ライブラリにはChapter 7で紹介したpeeweeを使います。HTTPライブラリにはrequestsを使います。pip installコマンドでpeeweeとrequestsをインストールします。

```
(venv_kanazawa_art) $ pip install peewee requests
```

データベース操作用のモジュールの作成

リスト9-10のコードをkanazawa_art_db.pyというファイル名でカレントディレクトリに保存します。

```
import datetime
from hashlib import sha256

import peewee

# Sqliteデータベースファイルの作成
db = peewee.SqliteDatabase('kanazawa_art_events.db') ────────────①


class Event(peewee.Model): ──────────────────────────────────────②
    """イベント情報用テーブルモデル."""
    name = peewee.CharField() ───┐
    url = peewee.CharField()
    description = peewee.CharField()
    date_from = peewee.DateTimeField()                          ③
    date_to = peewee.DateTimeField() ───┘
    url_hash = peewee.CharField(unique=True) ────────────────────④

    # 無指定の場合、現在日時が入るようにする
    created_at = peewee.DateTimeField(default=datetime.datetime.now) ─⑤
    updated_at = peewee.DateTimeField() ─────────────────────────⑥

    def save(self, *args, **kwargs): ────────────────────────────⑦
        # イベントの保存時の日時を入れる
        self.updated_at = datetime.datetime.now() ───────────────⑧
        # self.urlからハッシュを計算し、self.url_hashに入れる
        self.url_hash = sha256(self.url.encode()).hexdigest() ───⑨
        super().save(*args, **kwargs) ───────────────────────────⑩

    @classmethod
    def exists(cls, url): ───────────────────────────────────────⑪
        """同じイベントがすでにデータベースに保存されているかの確認用メソッド."""
        url_hash = sha256(url.encode()).hexdigest() ─────────────⑫
```

```python
        return cls.select().where(cls.url_hash == url_hash).exists()  ─⑬

    class Meta:
        database = db  ─────────────────────────────────────────────────⑭


if __name__ == '__main__':
    # コマンド実行時の引数でイベントデータベーステーブルの作成と削除ができるようにする
    import argparse  ─────────────────────────────────────────────────────⑮
    parser = argparse.ArgumentParser()  ──────────────────────────────────⑯
    # イベントテーブル作成用コマンド引数の追加
    parser.add_argument('--create-table', action='store_true')  ─┐
    # イベントテーブル削除用コマンド引数の追加                      ├⑰
    parser.add_argument('--drop-table', action='store_true')  ───┘
    args = parser.parse_args()  ──────────────────────────────────────────⑱

    # --create-tableがコマンド引数に指定された場合
    if args.create_table:  ──────────────────────────┐
        # イベント格納用テーブルを作成してコマンドを終了する │
        Event.create_table()                              ├⑲
        parser.exit('Event 用テーブルを作成しました.')     │
    # --drop-tableがコマンド引数に指定された場合          │
    if args.drop_table:  ─────────────────────────────┐
        # イベント格納用テーブルを削除してコマンドを終了する │
        Event.drop_table()                                ├⑳
        parser.exit('Event 用テーブルを削除しました.')     │

    # コマンド引数がない場合はメッセージを表示して終了する
    parser.exit('何もしませんでした.')  ────────────────────────────────────㉑
```

リスト9-10：kanazawa_art_db.py

▎kanazawa_art_db.pyについて①：データベースとデータベースオブジェクト

リスト9-10①のように、イベントデータの保存用にkanazawa_art_events.dbというファイル名でSqliteデータベースファイルを作成します。

リスト9-10②のpeewee.Modelクラスを継承して、イベント情報をオブジェクトとして格納するためのEventクラスを作成します。

リスト9-10③のnameフィールドはイベント名の格納に使います。urlフィールドはイベントのリンクURLを格納するために使います。descriptionフィールドはイベントの概要文を格納す

るために使います。これらはすべて文字列のため、peewee.CharFieldメソッドで定義します。peewee.CharFieldメソッドで定義されたフィールドは、Sqliteデータベース内ではvarchar型の値として保存されます。

イベントの開催期間はdate_fromとdate_toフィールドに格納します。これらは日時データなので、peewee.DateTimeFieldメソッドで定義します。

リスト9-10④のurl_hashフィールドには、イベントのリンクURLをハッシュ化した文字列を格納します。peewee.CharFieldメソッドでunique=Trueを指定することで、このフィールドに同じハッシュ文字列が入らないように制約をかけ、また、このフィールドに対してインデックスの作成を指示します。

インデックスは、クロールで得られたイベント情報をデータベースに保存する前に、すでにデータベースに同じイベントが存在しないかを確認する際の検索フィールドとして使うために設けています。もしリンクURLが長大なURLであった場合でも、sha256関数でハッシュ化すれば64文字に収まるため長大なURLがリンクURLであってもインデックスが可能です。

リスト9-10⑤のcreated_atフィールドには、イベントオブジェクトがデータベースに保存された時にその作成日時を格納します。peewee.DateTimeFieldメソッドで、default=datetime.datetime.nowを指定することで、保存時の現在日時がデフォルトで格納されます。datetime.datetime.now()ではないことに注意してください。()が付いていると、このモジュールがインポートされた時点での日時が生成され、その日時がデフォルトで使われることになってしまいます。イベントオブジェクト保存時にその都度、現在時刻を計算させるため、()を付けず、datetime.datetime.nowメソッド名として指定しています。

リスト9-10⑥のupdated_atフィールドはイベントオブジェクトに更新があった場合に、更新日時を格納するために用意しています。このプログラムでは新着イベントの検知のみが目的のため使いませんが、予備として定義しています。

リスト9-10⑦のpeewee.Modelクラスのsaveメソッドをオーバーライドし、イベントオブジェクト保存時の処理を追加しています。

リスト9-10⑧のdatetime.datetime.nowメソッドにより、保存時に現在日時を取得して、updated_atフィールドにも格納するようにしています。

リスト9-10⑨でurlフィールドからハッシュ文字列を生成して、url_hashフィールドに格納します。ハッシュの計算を行うsha256関数の引数はバイナリ型のため、self.urlをencodeメソッドでバイナリ型に変換しています。hexdigestメソッドでハッシュ文字列を取得しています。

リスト9-10⑪で同じイベントがすでにデータベースに保存されているかの確認用メソッドexistsをクラスメソッドとして定義しています。クラスメソッドの定義には@classmethodデコレーターを付けます。cls引数には自身のクラス名であるEventが格納されます。url引数はイベントのリンクURLを渡すことを想定しており、すでに同じリンクURLがデータベース内に存在するかの検索に使います。

リスト9-10⑫では、url引数からリスト9-10⑨と同じ方法でハッシュ文字列を取得して、

url_hash変数に格納します。

リスト9-10⑬では、peewee.Modelに実装されている検索クエリを実行して、url_hashをデータベースから検索しています。url_hash変数の値を持つレコードがすでに存在していればTrue、なければFalseが返されます。cls.select().where(cls.url_hash == url_hash).exists()はEvent.select().where(Event.url_hash == url_hash).exists()と同義です。

リスト9-10⑭では、このクラスが使用するデータベースを、リスト9-10①で作成したデータベースオブジェクトに紐付けています。

kanazawa_art_db.pyについて②：コマンド引数の処理と関連する処理の実行

ここからは、このプログラムをコマンド実行する際に、コマンドに引数を付けられるようにするためのコードと、コマンド引数に応じてどのような処理を実行するのかについて解説します。

イベント保存用テーブルの作成は次のコマンドで行えるようにします。

```
$ python kanazawa_art_db.py --create-table
```

また、イベント保存用テーブルの削除は次のコマンドで行えるようにします。

```
$ python kanazawa_art_db.py --drop-table
```

このようなコマンドを実装することで、Sqlite用にテーブル作成用のSQLを用意しなくても、Eventクラスに定義した内容でテーブルの作成と削除が行えます。

リスト9-10⑮では、このプログラムをコマンド実行する際に、コマンド引数を付けられるようにするため、コマンド引数のパーサーであるargparseモジュールをインポートしています。

リスト9-10⑯では、argparse.ArgumentParserメソッドでコマンド引数のパーサーオブジェクトを作成します。

リスト9-10⑰のparser.add_argumentメソッドで、コマンド実行時に指定可能なコマンド引数の定義をしています。--create-tableと--drop-tableをコマンド引数として指定できるようにしています。それぞれ、リスト9-10⑲で後述のargs.create_tableプロパティとargs.drop_tableプロパティに対応します。action='store_true'の指定で、このコマンド引数が指定されていた場合は、コマンド引数に応じて、args.create_tableプロパティかargs.drop_tableプロパティにTrueが格納されます。コマンド引数が指定されていない場合はデフォルトでFalseが格納されます。

リスト9-10⑱のparser.parse_argsメソッドで、コマンド実行時の引数をargsオブジェクトに格納します。

リスト9-10⑲のように、コマンド実行時に、コマンド引数として--create-table引数が指定されていれば、リスト9-10⑱の処理で、args.create_tableプロパティにはTrueが入ります。その際、Event.create_tableメソッドを実行し、イベント保存用テーブルを作成します。テーブル作成後はparser.exitメソッドにより、メッセージをターミナルに表示して、コマンドを終

了させます。

リスト9-10⑳のコマンド実行時に、コマンド引数として--drop-table引数が指定されていれば、リスト9-10⑱の処理で、args.drop_tableプロパティにはTrueが入ります。その際、Event.drop_tableメソッドを実行し、イベント保存用テーブルを削除します。テーブル作成後はparser.exitメソッドにより、メッセージをターミナルに表示して、コマンドを終了させます。

リスト9-10㉑のコマンド実行時にコマンド引数が何も与えられていない場合は、テーブルの作成・削除は行わず、特に何もしなかった旨のメッセージをターミナルに表示して、コマンドを終了させます。

イベント保存用テーブルを作成する

kanazawa_art_db.pyが作成できたら、次のコマンドでイベント保存用テーブルをSqliteデータベースファイルkanazawa_art_events.db内に作成します。

```
(venv_kanazawa_art) $ python kanazawa_art_db.py --create-table
```

クローラープログラムを作成する

クロールするプログラムを作成します。リスト9-11のコードをkanazawa_art_events_crawler.pyというファイル名でカレントディレクトリに保存します。

```
import datetime

import requests

from kanazawa_art_db import Event ─────────────────────────────── ①

# イベント情報JSON提供URL
EVENTS_URL = 'http://www.kanazawa-arts.or.jp/event-all.json' ──── ②
# Slack Webhook API 用 URL
SLACK_WEBHOOK_URL = 'https://hooks.slack.com/services/T00000000/B00000000/ ↵
XXXXXXXXXXXXXXXXXXXXXXXX'                                     ─── ③
                        Slack Webhook API用

TIMEOUT = 10


def notify_to_slack(text): ─────────────────────────────────────── ④
    """Slack通知用."""
```

```
        data = {"text": text, "link_names": 1}                          ─⑤
        requests.post(SLACK_WEBHOOK_URL, json=data)                     ─⑥


def parse_date(date_str):                          ─┐
    if not date_str:                                │
        return None                                 ├─⑦
    return datetime.datetime.strptime(date_str, '%Y-%m-%d')  ─┘


def format_date(date):                             ─┐
    if not date:                                    │
        return "不明"                               ├─⑧
    return date.strftime('%Y年%m月%d日')            ─┘


def crawl_kanazawa_art_events():                                        ─⑨
    """イベントをクロール."""

    # イベント情報のJSONを取得
    r = requests.get(EVENTS_URL, timeout=TIMEOUT)                       ─⑩

    # JSONをPythonの辞書型に変換する
    events = r.json()                                                   ─⑪

    # 新着イベント格納用リスト
    new_events = []                                                     ─⑫
    for event in events['items']:                                       ─⑬
        # イベントのリンクを抽出
        link = event.get('link', '')                                    ─⑭

        # イベントの名前を抽出
        name = event.get('title', '')                                   ─⑮

        # イベントの概要文を抽出
        description = event.get('description')                          ─⑯

        # イベントの開催期間を抽出
```

```python
    date_from = event.get('date_from')
    date_to = event.get('date_to')

    # イベントオブジェクトの作成
    event = Event(
        name=name,
        url=link,
        description=description,
        date_from=parse_date(date_from),
        date_to=parse_date(date_to),
    )

    # データベースに同じイベントがあるかを確認
    if not Event.exists(link):     # なければ
        event.save()       # データベースに保存
        new_events.append(event)

# 新着イベントがなければ終了
if not new_events:
    return

# 新着イベントがあれば、メッセージを作りSlackに通知する
# メッセージヘッダー
message_header = "@channel 新着イベントがありました.\n"

# イベント情報メッセージ格納用
messages = []

# 新着イベントリストからイベントメッセージを作成
for event in new_events:
    message = "*{}*\n{}\n{}\n開催期間: {} ～ {}".format(
        event.name,
        event.url,
        event.description,
        format_date(event.date_from),
        format_date(event.date_to),
    )
    messages.append(message)
```

```
    # メッセージを一つにまとめる
    full_message = message_header + "\n".join(messages) ─────────── ㉖
    notify_to_slack(full_message) ──────────────────────────────── ㉗


if __name__ == '__main__':
    crawl_kanazawa_art_events()
```

リスト9-11：kanazawa_art_events_crawler.py

kanazawa_art_events_crawler.pyについて①：クローラーの基本部分

　リスト9-11①では、kanazawa_art_db.pyからEventクラスをインポートしています。Eventクラスはクロールで得られたイベント情報の格納と、すでにデータベースにイベント情報が保存されているかのチェック、そしてイベント情報をデータベースに保存するために使います。

　リスト9-11②では、イベント情報のJSONが提供されているURLを指定しています。

　リスト9-11③は、Chapter 8で紹介したSlackのIncoming Webhooks（図8-23を参照）を使ってSlackに通知するためのURLです。

　リスト9-11④では、Slack通知に使うためのnotify_to_slack関数を定義しています。text引数にはSlackに通知するメッセージを指定することを想定しています。

　リスト9-11⑤では、Incoming Webhooks URLにPOSTするデータを作成します。textパラメーターにはメッセージ文字列を指定します。メンション文字列（@channel）を有効にするため、link_namesパラメーターに1（有効状態）を指定しています。

　リスト9-11⑥のrequests.postメソッドでIncoming Webhooks URLにデータをPOSTします。Incoming Webhooks URLではJSON文字列としてデータを受け付けるため、キーワード引数jsonでdataを渡すことで、内部的に辞書型のdata変数をJSON文字列に変換してPOSTしています。

　リスト9-11⑦では、イベント情報JSONに含まれる日付文字列（例：2017-09-13）をdatetime.datetime型に変換するparse_date関数を定義しています。イベント情報JSON内のdate_from、date_toキーの値を扱う想定です。これらの値はデータベース中で日時型（datetime型）で保存することを想定しているため、単純な文字列から日時情報を扱うための型であるdatetime.datetimeへの変換を行っています。

　リスト9-11⑧では、datetime.datetime型の引数dateから日時を表す文字列をY年m月d日の形式で返すformat_date関数を定義しています。この関数はSlackに送信するメッセージの組み立てで使うことを想定しています。

　リスト9-11⑨はcrawl_kanazawa_art_eventsクロール関数の定義です。

　リスト9-11⑩のrequests.getメソッドでイベント情報を持つJSONを取得します。

　リスト9-11⑪では、リスト9-11⑩で取得したレスポンスオブジェクトのjsonメソッドで、

取得したJSON文字列をPythonの辞書型に変換しています。

リスト9-11⑫は、新着イベント情報を、リスト9-11①のEventクラスのオブジェクトとして追加するためのリスト変数です。

リスト9-11⑬ではリスト9-11⑪で得られたイベント情報JSONから、各イベントのリストをitemsキーを指定して取り出しています。取り出した各イベントアイテムをループ処理でevent変数に格納しています。

リスト9-11⑭では、辞書型のイベントアイテムeventからgetメソッドで、linkキーを指定し、イベント情報が掲載されたリンクURLを取得しています。

リスト9-11⑮では、辞書型のイベントアイテムeventからgetメソッドで、titleキーを指定し、イベント名を取得しています。

リスト9-11⑯では、辞書型のイベントアイテムeventからgetメソッドで、descriptionキーを指定し、イベントの概要分を取得しています。

リスト9-11⑰では、イベントの開催期間を取得しています。辞書型のイベントアイテムeventからgetメソッドで、開始日時、終了日時をそれぞれ、date_fromキー、date_toキーを指定して取り出しています。

リスト9-11⑱では、ここまでで得られたイベント名、イベントリンクURL、概要文、開催期間をリスト9-11①でインポートしたEventクラスに渡してイベントオブジェクトeventを作成しています。この際、開催期間についてはリスト9-11⑦で作成したparse_date関数によりdatetime.datetime型に変換しています。

リスト9-11⑲のEvent.existsメソッドにイベントリンクURLを渡して、すでにデータベースに同じイベントリンクURLを持ったデータが存在していないことを確認しています。

リスト9-11⑳では、データベースから同じイベントリンクURLを持ったデータが存在していなければ、event.saveメソッドでイベント情報をデータベースに保存します。これが新着イベント情報となります。

リスト9-11㉑ではリスト9-11⑫で作成した新着イベント格納用リスト変数に、新着イベント情報を持ったイベントオブジェクトを追加します。

リスト9-11㉒ではリスト9-11⑫で作成した新着イベント格納用リスト変数が空リストであれば、ここで何もせず関数の実行を終了するようにしています。新着イベントがなければSlackで通知しないためです。

kanazawa_art_events_crawler.pyについて②：Slack通知用のメッセージの取得方法

ここからは新着イベント情報を持ったイベントオブジェクトのリストを元に、Slack通知用のメッセージを組み立てていきます。

リスト9-11㉓で、メッセージの冒頭文を作成しています。新着イベントがあった場合に、メンション通知を行うために@channelを含めています。

リスト9-11㉔は、新着イベント情報を持ったイベントオブジェクトからイベントごとにメッセージを作成し、作成したメッセージを格納するためのリスト変数です。

リスト9-11㉕では、リスト9-11㉑で追加された新着イベントオブジェクトリストをループし、各イベントオブジェクトからメッセージを組み立てています。組み立てたメッセージはリスト9-11㉔の新着イベント情報メッセージ格納用リストに追加します。

リスト9-11㉖では、"\n".joinメソッドで、新着イベント情報メッセージリストに格納されている文字列を改行コードで結合し、メッセージヘッダーと結合して、メッセージの全文を作成しています。

リスト9-11㉗ではリスト9-11④で定義したnotify_to_slack関数にメッセージの全文を渡してSlackに新着イベントメッセージを通知しています。

クロールを実行する

kanazawa_art_events_crawler.pyが作成できたら次のコマンドでクロールを実行します。

```
(venv_kanazawa_art) $ python kanazawa_art_events_crawler.py
```

クロールの実行後、新着イベントがあれば、Slackに通知がきます（図9-13）。

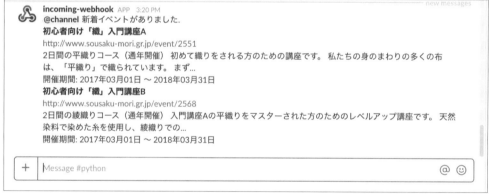

図9-13：Slackに新着イベントの通知が届いた様子

05 Tumblrのダッシュボードを クロールして全文検索可能にする

Tumblrというマイクロブログサービスをクロールする手法を解説します。

Tumblrとは

　Tumblrは米国のYahoo!が運営するマイクロブログサービスです。目立った使われ方として、毎日、インターネット上の様々なコンテンツからの引用が投稿されており、投稿者をフォローしていれば、それらは「ダッシュボード」というメイン画面上で閲覧できます。有名人の格言・名言がダッシュボードに流れてくることも多く、時には思わず唸らせるような投稿に出会うことも少なからずあります。

・**Tumblr**
　URL https://www.tumblr.com/

　Tumblrは楽しいコンテンツを豊富に持った自由度の高い素晴らしいサービスですが、追加してほしい機能もあります。それは検索機能です。「あの時読んだ見事な投稿をもう一度読みたい」と思い検索してみると、検索結果に少数の投稿しか見つからないことがあり、検索機能の弱さを物足りなく思うことがあります。図9-14は「ブレイクスルー」というキーワードで検索した結果です。この時、検索結果に表示されたのは5件でした。専門用語というほどでもないキーワードの検索結果としては、少なすぎる印象があります。

　本来はサービス側に検索機能の強化をしてもらえれば一番よいのですが、なかなか実現されないこともあり、独自にその仕組みを作ることにします。機能としては、自分のダッシュボード(図9-15)に流れてくる投稿だけになりますが、それらを全文検索可能にする方法を説明します。

図9-14：「ブレイクスルー」での検索結果

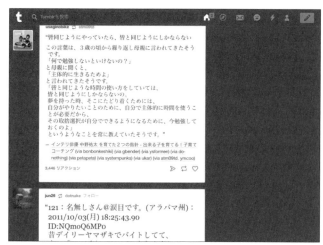

図9-15：Tumblrのダッシュボード画面

Tumblrのアカウントを作成する

Tumblr APIの利用にはユーザーアカウントの登録が必要なので、アカウントがない場合は、アカウントを作成しておきます。アカウントの作成は Tumblr のトップページ（URL https://www.tumblr.com/）から行えます。

人気ユーザーをフォローする

アカウントの作成ができたら、次のような人気のユーザーをフォローしておくとよいでしょう。

- otsune: http://otsune.tumblr.com/
- yaruo: http://yaruo.tumblr.com/
- ibi-s: http://ibi-s.tumblr.com/
- petapeta: http://petapeta.tumblr.com/
- katoyuu: http://katoyuu.tumblr.com/
- gkojax: http://gkojax.tumblr.com/

venvで仮想環境を作成する

作業を開始する前にvenvで仮想環境を作成しておきます。

```
$ python3.6 -m venv venv_tumblr_search
$ source venv_tumblr_search/bin/activate
```

Web APIを利用する

Tumblrでは公式にWeb APIが提供されています。連携アプリケーションを登録し、リクエストトークンを取得することでAPIの利用が可能になります。

・**Tumblr API ドキュメントページ**
　URL https://www.tumblr.com/docs/en/api/v2

Tumblr API 連携アプリケーションを登録する

Tumblr API連携アプリケーションの登録ページにアクセスします(図9-16)。図9-16で[＋アプリを登録する]ボタンをクリックします。

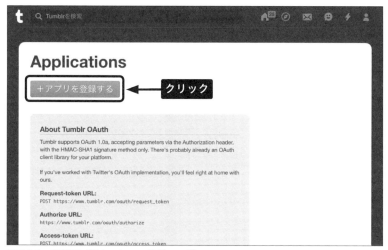

図9-16：連携アプリケーション登録ページ
URL https://www.tumblr.com/oauth/apps

アプリケーションの登録画面に進みます(図9-17)。

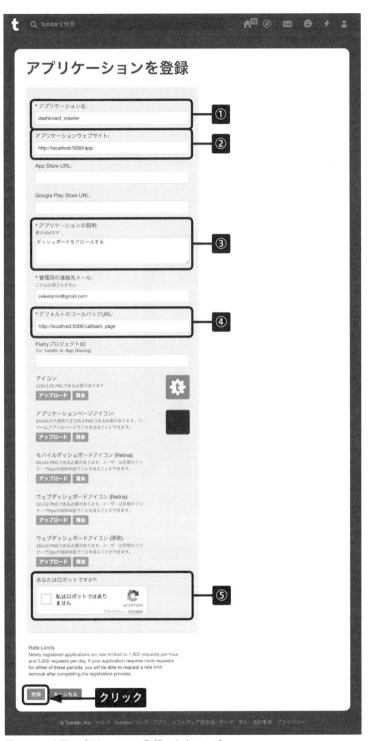

図9-17：連携アプリケーション登録の入力ページ

図9-17の入力が必須の要素を次のように入力します(表9-1①〜⑤)。

項目	入力例(⑤は状態例)
①アプリケーション名	dashboard_crawler
②アプリケーションウェブサイト	http://localhost:5000/app
③アプリケーションの説明	ダッシュボードをクロールする
④デフォルトのコールバックURL	http://localhost:5000/callback_page
⑤あなたはロボットですか？	□マークをクリックしてチェックマークが表示されるまで待つ

表9-1：入力が必須の要素

上記の入力ができたら、[登録]ボタンをクリックします。[登録]ボタンをクリックした後の画面は図9-18のようになります。「Explore API」という文字列にリンクが張られており、このリンクをクリックします。

図9-18：連携アプリケーション登録後のページ

図9-19の画面が表示されます。[許可]ボタンをクリックすると、Ruby、PHP、JavaScript、Java、Python、Objective-CでのAPI利用コードのサンプルが表示されます。

図9-19：連携アプリケーション認証ページ

コードサンプルを利用する

　[PYTHON]をクリックして(図9-20①)、右のサイドメニューから「Dashboard」をクリックすると(図9-20②)、図9-20③のような画面が表示されます。

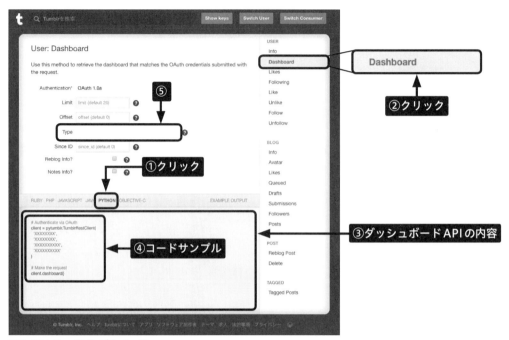

図9-20：コードサンプルページ

　図9-20④のコードサンプルには実際にAPIへのリクエストに使用可能なトークンがすべて表示されています。これをそのまま利用します。コードサンプルではAPIを利用するためのライブラリとしてpytumblrが使われています。

・pytumblr
URL https://github.com/tumblr/pytumblr

　しかしながら、公式に提供されているpytumblrは、一部Python 3に対応していないことから、ここでは、次のコマンドでPython 3の対応版をインストールします。

```
(venv_tumblr_search) $ pip install https://github.com/dianakhuang/pytumblr/
archive/diana/python-3-support.zip
```

　図9-20⑤上半分のフォームで「Type」を「text」にすると、ダッシュボードに流れるテキストタイプのポストをAPIから取得できるコードが得られます。

　コードサンプルページで得られたコードをリスト9-12のように修正して、dashboard_

crawler.pyと名前を付け、カレントディレクトリに保存します。

```python
"""Tumblrダッシュボードをクロールする."""
import json

import pytumblr

# OAuth認証を使ったAPIクライアントオブジェクトを作成する
client = pytumblr.TumblrRestClient(
    # 下記にコードサンプルからコピーしてきたトークンを貼り付けてください
    'XXXXXXXXXX',       ←
    'XXXXXXXXXX',       ←   図9-20のコードを入力する
    'XXXXXXXXXX',       ←
    'XXXXXXXXXX'        ←
)


def get_dashboard_posts():
    """ダッシュボードの投稿を取得する."""
    return client.dashboard(type='text')


if __name__ == '__main__':
    dashboard_posts = get_dashboard_posts()
    print(json.dumps(dashboard_posts, ensure_ascii=False))
```

リスト9-12：dashboard_crawler.py

コードを実行する

リスト9-12のスクリプトを実行すると、JSON形式でレスポンスが得られるので、jqコマンドにパイプして整形表示してみましょう。

```
(venv_tumblr_search) $ python dashboard_crawler.py | jq .
```

結果はリスト9-13のようになります。

```json
{
  "posts": [
    {
      "type": "text",
      "blog_name": "usaginobike",
```

```
        "id": 165038241924,
        "post_url": "http://usaginobike.tumblr.com/post/165038241924",
        "slug": "私は石の上に座っている人なのかまたは私は横たわる石でその上に彼−石が座っているのか
ユング",
        "date": "2017-09-06 07:35:57 GMT",
        "timestamp": 1504683357,
        "state": "published",
        "format": "html",
        "reblog_key": "KrU8Ruop",
        "tags": [],
        "short_url": "https://tmblr.co/Z6AYXy2Pj2xY4",
        "summary": "「私は石の上に座っている人なのか、または私は横たわる石で、その上に彼(=石)が座って
いるのか」(ユング、幼少時代の遊び)",
        "is_blocks_post_format": true,
        "recommended_source": null,
        "recommended_color": null,
        "followed": true,
        "liked": false,
        "note_count": 1,
        "title": "「私は石の上に座っている人なのか、または私は横たわる石で、その上に彼(=石)が座ってい
るのか」(ユング、幼少時代の遊び)",
        "body": "<p><a href=\"http://balance-meter.tumblr.com/post/165033256686/
%E7%A7%81%E3%81%AF%E7%9F%B3%E3%81%AE%E4%B8%8A%E3%81%AB%E5%BA%A7%E3%81%A3%E3%
81%A6%E3%81%84%E3%82%8B%E4%BA%BA%E3%81%AA%E3%81%AE%E3%81%8B%E3%81%BE%E3%81%
9F%E3%81%AF%E7%A7%81%E3%81%AF%E6%A8%AA%E3%81%9F%E3%82%8F%E3%82%8B%E7%9F%B3%
E3%81%A7%E3%81%9D%E3%81%AE%E4%B8%8A%E3%81%AB%E5%BD%BC-%E7%9F%B3%E3%81%8C%E5%
BA%A7%E3%81%A3%E3%81%A6%E3%81%84%E3%82%8B%E3%81%AE%E3%81%8B%E3%83%A6%E3%83%
B3%E3%82%B0\" class=\"tumblr_blog\">balance-meter</a>:</p>\n\n<blockquote><p>
— ブレイクスルーな言葉 (@breakthrough_jp) from Twitter: <a href=\"http://twitter.
com/breakthrough_jp\">http://twitter.com/breakthrough_jp</a><br/>\n———————————
——————<br/>\nEdited by 空心 web: <a href=\"http://cooshin.com\">http://
cooshin.com</a> / facebook: <a href=\"http://facebook.com/cooshin\">http://
facebook.com/cooshin</a></p></blockquote>",
        "reblog": {
          "comment": "",
```

```
        "tree_html": "<p><a href=\"http://balance-meter.tumblr.com/post/1650
33256686/%E7%A7%81%E3%81%AF%E7%9F%B3%E3%81%AE%E4%B8%8A%E3%81%AB%E5%BA%A7%E3%
81%A3%E3%81%A6%E3%81%84%E3%82%8B%E4%BA%BA%E3%81%AA%E3%81%AE%E3%81%8B%E3%81%
BE%E3%81%9F%E3%81%AF%E7%A7%81%E3%81%AF%E6%A8%AA%E3%81%9F%E3%82%8F%E3%82%8B%
E7%9F%B3%E3%81%A7%E3%81%9D%E3%81%AE%E4%B8%8A%E3%81%AB%E5%BD%BC-%E7%9F%B3%E3%
81%8C%E5%BA%A7%E3%81%A3%E3%81%A6%E3%81%84%E3%82%8B%E3%81%AE%E3%81%8B%E3%83%
A6%E3%83%B3%E3%82%B0\" class=\"tumblr_blog\">balance-meter</a>:</p>
<blockquote><p>— ブレイクスルーな言葉 (@breakthrough_jp) from Twitter: <a href=
\"http://twitter.com/breakthrough_jp\">http://twitter.com/breakthrough_jp</
a><br>\n――――――――――――――――――<br>\nEdited by 空心 web: <a href=\"http://
cooshin.com\">http://cooshin.com</a> / facebook: <a href=\"http://facebook.
com/cooshin\">http://facebook.com/cooshin</a></p></blockquote>"
    },
    "trail": [
(…中略…)
    ]
}
```

リスト9-13：JSON形式のレスポンス

次のTumblr APIのドキュメントを参照すると、post_urlフィールドに投稿文章のURLが、bodyフィールドに投稿文章の本体が入っていることがわかります。

・**Tumblr API のドキュメント**
　`URL` https://www.tumblr.com/docs/en/api/v2#m-posts-responses

これでTumblrのダッシュボードに流れる投稿をAPIから取得できるようになりました。次は全文検索エンジンを準備します（ここで作成したdashboard_crawler.pyは次の、全文検索エンジンプログラムと組み合わせて使います）。

全文検索エンジンWhooshを利用する

Whooshは、Python製の全文検索エンジンです。

・**Whoosh**
　`URL` https://bitbucket.org/mchaput/whoosh/wiki/Home

pip installコマンドでWhooshをインストールします。

```
(venv_tumblr_search) $ pip install Whoosh
```

全文検索とは

全文検索とは、複数の文書から特定の文字列(キーワード)を検索することです。grepコマンドのように複数の文章ファイルから逐次的に一致する文字列を探索する方法もありますが、検索対象の文書が多くなると、検索にかかる時間も長くなってしまいます。

これに対して、文章から索引(インデックス)を作成しておき、索引に対して検索をすることで、検索にかかる時間を短縮する方法があり、Whooshはこちらに対応しています。

「インデックスを作成する」とは、「どのキーワードがどの文章に含まれているか」という索引を構築することです。検索対象となる文章を、単語や文字の断片に分解し、分解された文字列を索引として、その文字列を含む文章との対応付けを行うことです。

インデックス手法について

検索インデックス作成において、索引となる文字列の抽出方法には、代表的なものとして2種類あります。それは、形態素解析とNグラム法です。

形態素解析

形態素(言語で意味を持つ最小単位)に分割する手法です。英語であれば、文章をスペースで区切ることで最小単位に分割できますが、日本語の場合は、品詞(名詞、動詞など)や単語などの情報を持った「辞書」と呼ばれるデータを使って文章を解析し、形態素に分割する必要があります。日本語の文とその形態素の例を示します。

すもももももももものうち

この日本語の文を形態素に分解すると表9-2のようになります。

単語	品詞
すもも	名詞
も	助詞
もも	名詞
も	助詞
もも	名詞
の	助詞
うち	名詞

表9-2:形態素解析

形態素解析ツールとしては、Mecabが有名です。

- Mecab
  URL http://taku910.github.io/mecab/

Mecabで使える辞書データとしてはmecab-ipadic-NEologdがよく知られています。

- mecab-ipadic-NEologd
  URL https://github.com/neologd/mecab-ipadic-neologd/

Nグラム法

文章をN文字ごとに分割する方法です。「本日は晴天なり」を2文字ごとに分割（2グラム）すると、「本日」「日は」「は晴」「晴天」「天な」「なり」となります。インデックスの量は増えてしまいますが、文章の分解に辞書を用意する必要がありません。

Nグラム法を利用する

ここでは導入の手軽さからNグラム法でインデックスを作成します。

文章からHTMLタグを除去する

インデックス対象の文章がHTMLでマークアップされている場合を想定します。HTMLタグそれ自体は検索対象にすることがなく、このままだと検索の邪魔になってしまうので、取り除きます。文章からHTMLタグを取り除くためにw3libライブラリをインストールしておきます。

- w3lib
  URL https://github.com/scrapy/w3lib

pip installコマンドでw3libライブラリをインストールします。

```
(venv_tumblr_search) $ pip install w3lib
```

Whooshのインデックス保存用ディレクトリを作成する

リスト9-14の内容を、whoosh_lib.pyというファイル名でカレントディレクトリに保存します。

```
import os

from whoosh import index
from whoosh.fields import Schema, ID, TEXT, NGRAM
```

```
# インデックスデータを保存するディレクトリの指定
INDEX_DIR = "indexdir"

# インデックス用スキーマの定義
schema = Schema(　──────────────────────────────①
    # インデックスのユニークなIDとして投稿データのURLを使う
    post_url=ID(unique=True, stored=True),　──────────②
    # 本文をNグラム法でインデックス化する
    body=NGRAM(stored=True),　────────────────────③
)


def get_or_create_index():　───────────────────────④
    # インデックス用ディレクトリがなければ作成する
    if not os.path.exists(INDEX_DIR):
        os.mkdir(INDEX_DIR)
        # インデックス用ファイルの作成
        ix = index.create_in(INDEX_DIR, schema)
        return ix

    # すでにインデックスディレクトリがあれば
    # 既存のインデックスファイルを開く
    ix = index.open_dir(INDEX_DIR)
    return ix
```

リスト9-14：whoosh_lib.py

whoosh_lib.pyについて

　whoosh_lib.pyは、Tumblr APIから取得した投稿データのインデックスを目的としたライブラリです。

　投稿データはインデックス作成のための「インデックスオブジェクト」としてWhooshに登録していきます。

　リスト9-14①でインデックスオブジェクトのスキーマ（構造）を定義しています。ここでは投稿URLを格納するpost_urlと、投稿文章本体を格納するbodyをスキーマに持たせています。

　インデックスオブジェクトを一意に特定するためにはIDフィールドタイプを使い、リスト9-14②で定義しています。unique=Trueの指定は、このフィールドの値はインデックス全体の中で重複することがないことを意味します。stored=Trueの指定は、投稿URLをインデックス

オブジェクトに保存することを意味します。

　リスト9-14③で投稿文章をNグラム法でインデックスするように指定しています。stored=Trueで投稿文章自体もインデックスオブジェクトに保存するようにしています。

　リスト9-14④でインデックスデータを保存するディレクトリの用意をしています。ディレクトリがなければディレクトリを作成し、その後、インデックス格納用ファイルをindex.create_inメソッドで作成し、インデックス操作用ハンドラーを変数ixに入れて返しています。この処理でインデック格納用ファイルが作成されている場合を考慮して、すでにディレクトリが存在している場合は、既存のインデックス格納用ファイルをindex.open_dirメソッドで開き、インデックス操作用ハンドラーを変数ixに入れて返しています。

Tumblr API から取得した投稿データを Whoosh にインデクシングする

　インデクシングとはインデックス作成のことです。whoosh_indexer.pyというファイル名でカレントディレクトリにリスト9-15のコードを保存します。

```
import os
import sys
import time

import w3lib.html

from dashboard_crawler import get_dashboard_posts ─────────①

from whoosh_lib import get_or_create_index ─────────②


if __name__ == '__main__':
    # インデックスハンドラーの取得
    ix = get_or_create_index()

    # インデックス書き込み用writerオブジェクトの作成
    writer = ix.writer() ─────────③

    # ダッシュボードの投稿を取得する
    dashboard_posts = get_dashboard_posts() ─────────④

    # 投稿データのインデクシングを行う
    for post in dashboard_posts['posts']: ─────────⑤
        writer.update_document( ─────────⑥
```

```
            post_url=post['post_url'],
            # インデックス対象の文章からHTMLタグを取り除く
            body=w3lib.html.remove_tags(post['body']),  ──────⑦
        )

    # インデックス書き込みのコミット
    writer.commit()  ──────⑧
```
リスト9-15：whoosh_indexer.py

whoosh_indexer.pyについて

リスト9-15①でdashboard_crawler.pyから、Tumblr APIでダッシュボードの投稿を取得するためのget_dashboard_posts関数をインポートしています。

リスト9-15②でwhoosh_lib.pyからインデックスハンドラー取得用のget_or_create_index関数をインポートしています。

リスト9-15③でインデックスハンドラーのwriterメソッドを呼び出して、インデックス書き込みに使うwriterオブジェクトを作成しています。

リスト9-15④では、リスト9-15①でインポートしたget_dashboard_posts関数を実行して、Tumblr APIからダッシュボードの投稿を取得します。取得したデータをdashboard_posts変数に格納しています。

リスト9-15⑤のdashboard_posts変数はPythonの辞書型になっていて、postsキー直下に、リスト型のデータとして各投稿データが格納されているので、これをループして、post変数に入れて取り出します。

リスト9-15⑥でpost変数に格納されている投稿URLと投稿文章から、リスト9-15③で作成したwriterオブジェクトのupdate_documentメソッドで、インデックスの書き込み準備を行います。update_documentメソッドは、スキーマに一意のIDフィールドがある場合、すでにインデックスされているデータは上書き準備、そうでない場合は新規書き込み準備を行います。

リスト9-15⑦で、投稿文書データpost['body']をスキーマのbodyフィールドに割り当てていますが、この際、投稿文書データに含まれているHTMLタグをw3libライブラリのw3lib.html.remove_tagsメソッドを使って取り除いています。

リスト9-15⑧では、writerオブジェクトのcommitメソッドで、リスト9-15⑥で準備されたインデックス書き込みデータを、インデックスファイルに反映する処理を行っています。これがないと最終的な投稿文章のインデックス作成は行われないので忘れないようにしてください。

次のコマンドでwhoosh_indexer.pyを実行すると、実際にTumblr APIからダッシュボードの投稿データをインデクシング(索引の作成)できます。

```
(venv_tumblr_search) $ python whoosh_indexer.py
```

インデックスからの検索の実行

インデクシングのコマンド実行が完了したら、ターミナルでキーワードを入力して、検索を実行できるプログラムを作成します。リスト9-16のコードをwhoosh_searcher.pyというファイル名で保存します。

```
import sys

from whoosh_lib import get_or_create_index ──────────────────────────①
from whoosh.qparser import QueryParser


if __name__ == '__main__':
    # インデックスの取得
    ix = get_or_create_index() ─────────────────────────────────────②

    # 検索キーワードの入力プロンプトを表示し、keyword変数へ取り込む
    keyword = input("検索キーワードを入力してください: ") ────────────③

    # bodyフィールドを対象にkeywordの文字列で検索する
    with ix.searcher() as searcher: ────────────────────────────────④
        # キーワードから、スキーマのbodyへの検索クエリオブジェクトを作成
        query = QueryParser("body", ix.schema).parse(keyword) ──────⑤
        # 検索実行
        results = searcher.search(query) ───────────────────────────⑥
        if not results: ────────────────────────────────────────────⑦
            print('検索結果が見つかりませんでした')
            sys.exit(0)
        print('検索結果が見つかりました')
        for i, r in enumerate(results): ────────────────────────────⑧
            print("{}: post_url: {}".format(i + 1, r['post_url']))
```

リスト9-16：whoosh_searcher.py

whoosh_searcher.pyについて

リスト9-16①で、whoosh_lib.pyに定義したget_or_create_index関数をインポートしています。リスト9-16②でインポートしたget_or_create_index関数を呼び出してインデックスハンドラーを取得しています。

リスト9-16③では組込み関数inputを使いターミナルに入力プロンプトを表示して、キーワードの入力ができるようにしています。入力されたキーワードはkeyword変数に格納されます。

リスト9-16④でインデックスハンドラーのsearcherメソッドを呼び出して、検索処理を扱うsearcherオブジェクトを作成しています。

リスト9-16⑤で入力されたキーワードから検索クエリ用オブジェクトを作成しています。QueryParser関数で、スキーマのbodyフィールドを対象に、この検索クエリを作っています。

リスト9-16⑥でsearcherオブジェクトのsearchメソッドの引数にリスト9-16⑤で作成したクエリオブジェクトを与えて、検索処理を実行します。検索結果はresults変数に格納されます。

リスト9-16⑥で検索結果が見つからなかった場合の処理をリスト9-16⑦でしています。ターミナルにメッセージを表示し、このプログラムを終了します。

リスト9-16⑧で、見つかった検索結果をresults変数から1件ずつ取り出し、キーワードが含まれている投稿のURLを表示しています。

次のコマンドで、whoosh_searcher.pyを実行して、検索結果を表示します。ここではキーワードに「若いとき」と入力しています。

```
(venv_tumblr_search) $ python whoosh_searcher.py

検索キーワードを入力してください: 若いとき
検索結果が見つかりました
1: post_url: http://petapeta.tumblr.com/post/165059003043/しかしこの歳になると若い
ときはわからなかったことがよくわかるすなわちrblgは縁がすべてである事
2: post_url: https://jun26.tumblr.com/post/165062546979/petapetaしかしこの歳にな
ると若いときはわからなかったことがよくわかるすなわちrblgは縁
3: post_url: http://atm09td.tumblr.com/post/165059859916/petapetaしかしこの歳に
なると若いときはわからなかったことがよくわかるすなわちrblgは縁
4: post_url: https://kazzxz.tumblr.com/post/165065304035/petapeta-しかしこの歳に
なると若いときはわからなかったことがよくわかるすなわちrblg
```

フォローしているユーザーと、インデキシング実行時にダッシュボードに流れていたポストによって、検索結果は異なります。ダッシュボードを確認して、インデキシングを実行した時間に投稿されていたポストに含まれる単語を検索してみてください。

以上が、Tumblr APIからダッシュボードの投稿を取得し、Whooshでインデキシングし、検索を実行するまでの流れです。

> **ATTENTION　Consumer Keyやアクセストークンの取り扱い（再掲）**
>
> Oauthに使うConsumer KeyやアクセストークンはAPIの不正利用につながるので、セキュリティ上、第三者には漏らさないようにしてください。

Appendix

クローラー＆スクレイピングに役立つライブラリ

プロセス管理ツールであるSupervisor、開発の手助けとなる統合開発環境、クローラー＆スクレイピングに役立つPythonのライブラリを紹介します。

01 プロセス管理にSupervisorを使う

プロセス管理ツールであるSupervisorを使い、クローラープログラムを常時起動させてみましょう。

Supervisorについて

SupervisorはPython製のプロセス管理ツールです。プロセスの常駐化、起動、停止、再起動が手軽に行えます。

Supervisor自体も常駐化(デーモン化)することにより、プロセス管理機能を提供します。

Supervisorは、本書執筆時点(2017年9月)ではPython 3系に対応していないので、pip installコマンドではなくbrew installコマンドでインストールします。

```
$ brew install supervisor
```

brew installコマンドでインストールされたSupervisorではデフォルトで'/usr/local/etc/supervisor.d/*.iniの設定を管理対象として読み込むようになっています。設定の記述はiniファイル形式で行います。

次のコマンドでディレクトリを作成しておきます。

```
$ mkdir -p /usr/local/etc/supervisor.d
```

supervisorの起動は次のコマンドで行います。

```
$ supervisord -c /usr/local/etc/supervisord.ini
```

Supervisorで扱うプログラムの準備

次のコマンドで、python/crawler_with_celery_sampleChapterディレクトリを作成して、そのディレクトリ直下にChapter 5で紹介したcrawler_with_celery_sample.py、my_logging.py、settings.pyを配置します。

```
$ mkdir ~/python/crawler_with_celery_sample
```

加えて、次のコマンドを実行して、venvを作成しておきます。

```
$ cd ~/python/crawler_with_celery_sample
$ python3.6 -m venv venv_crawler_with_celery_sample
```

```
$ source venv_crawler_with_celery_sample/bin/activate
```

crawler_with_celery_sample.pyに必要なライブラリをpip installコマンドでインストールします。

```
(venv_crawler_with_celery_sample) $ pip install celery redis pydub colorlog ⏎
requests
```

```
(venv_crawler_with_celery_sample) $ brew install redis ffmpeg
```

次のコマンドでRedisを起動しておきます(すでに起動している場合は、コマンドの実行は不要です)。

```
(venv_crawler_with_celery_sample) $ brew services start redis
```

Supervisorで扱うプロセスの設定を行う

Celery用ワーカープログラムの設定サンプルは次のURLにあります。これを参考にします。

- **celery/extra/supervisord/celeryd.conf**
  URL https://github.com/celery/celery/blob/master/extra/supervisord/celeryd.conf

上記のURLに掲載されている設定サンプルを参考にして、次のリストAP-1を作成し、/usr/local/etc/supervisor.d/crawler_with_celery_sample.iniというファイル名で保存します。

> **MEMO ディレクトリの移動**
>
> Finderで絶対パス「/usr/local/etc/supervisor.d/」を表示させる場合、[commnad]+[shift]+[G]キーを押すと入力画面が表示されるので、そこにパスを入力すると移動できます。

```
[program:crawler_with_celery_sample_download]
directory=/Users/peketamin/python/crawler_with_celery_sample
command=/Users/peketamin/python/crawler_with_celery_sample/venv_crawler_with_ ⏎
celery_sample/bin/celery -A crawler_with_celery_sample worker -Q download -c 2 ⏎
-l warning -n download@%%h
autostart=true
autorestart=true
startsecs=10
numprocs=1
```

```
stopwaitsecs=600
stopasgroup=false
killasgroup=false
user=peketamin
stdout_logfile=/Users/peketamin/python/crawler_with_celery_sample/worker_
download_stdout.log
stderr_logfile=/Users/peketamin/python/crawler_with_celery_sample/worker_
download_stderr.log
environment=PATH="/Users/peketamin/python/crawler_with_celery_sample/venv_
crawler_with_celery_sample/bin:/usr/local/bin:%(ENV_PATH)s"

[program:crawler_with_celery_sample_media]
directory=/Users/peketamin/python/crawler_with_celery_sample
command=/Users/peketamin/python/crawler_with_celery_sample/venv_crawler_with_
celery_sample/bin/celery -A crawler_with_celery_sample worker -Q media -c 2 -l
warning -n media@%%h
autostart=true
autorestart=true
startsecs=10
numprocs=1
stopwaitsecs=600
stopasgroup=false
killasgroup=false
user=peketamin
stdout_logfile=/Users/peketamin/python/crawler_with_celery_sample/worker_
media_stdout.log
stderr_logfile=/Users/peketamin/python/crawler_with_celery_sample/worker_
media_stderr.log
environment=PATH="/Users/peketamin/python/crawler_with_celery_sample/venv_
crawler_with_celery_sample/bin:/usr/local/bin:%(ENV_PATH)s"
```

リストAP-1：crawler_with_celery_sample.ini

各項目は次のようになっています。

directory…Supervisorでプロセスの実行時に切り替えるディレクトリを指定します。

command…Supervisorで起動するプログラムを完全なパスで指定します。

autostart…Supervisorのサービスプロセス自身（デーモン）の起動に合わせて自動的に管理プロセスも起動するかどうかの指定です。

startsecs…この値で指定した秒数よりcommandで指定したプロセスが早く終了した場合、Supervisorのサービスプロセスからは起動失敗とみなされます。

numprocs…commandで指定したプロセスをいくつ起動するかを指定します。commandで指定したCeleryワーカーを1つ起動すれば、後はcommandで指定した起動オプション -c 2の指定により内部的にCeleryワーカーの子プロセスを2つ起動するようになっているので、ここでは1を指定しています。

stopwaitsecs…プロセスの終了コマンドを実行した場合、ここで指定した秒数が経過してもプロセスが終了しなければ、強制的に終了する処理が実行されます。

killasgroup…この値がtrueの場合、プロセスの終了コマンドを実行すると、commandで指定したプロセスの子プロセスにも終了処理を行います。

user…ここでプロセスの実行ユーザーを指定します。

stdout_logfile…commandで指定したプロセスが標準出力に出力する内容を、ここで指定したファイルに書き出します。

stderr_logfile…commandで指定したプロセスが標準エラー出力に出力する内容を、ここで指定したファイルに書き出します。

environment…ここで環境変数を指定します。ここでは仮想環境 /Users/peketamin/python/crawler_with_celery_sample/venv_crawler_with_celery_sample にインストールされたceleryコマンドと、/usr/local/binにインストールされているffmpegコマンドを有効にするため、それぞれのパスを既存の環境変数PATHに追加しています。

%(ENV_PATH)sは既存の環境変数PATHの参照を意味します。Supervisorの設定ファイルでは%(ENV_環境変数名)sの形式で、環境変数の参照ができます。

ファイルが作成できたら、次のコマンドで設定を反映します。

```
(venv_crawler_with_celery_sample) $ supervisorctl -c /usr/local/etc/
supervisord.ini reload
```

supervisorctlのreloadオプションで設定の反映が行われた後、設定ファイルのautostart = trueの指定により、自動的にプロセスが起動します。

10秒ほど待ってから次のコマンドでCeleryワーカーの起動状態を確認してみましょう。

```
(venv_crawler_with_celery_sample) $ supervisorctl -c /usr/local/etc/
supervisord.ini status

crawler_with_celery_sample_download    RUNNING    pid 76467, uptime 0:00:11
crawler_with_celery_sample_media       RUNNING    pid 76466, uptime 0:00:11
```

Supervisorの全プロセスの停止は次のコマンドで行えます。

```
(venv_crawler_with_celery_sample) $ supervisorctl -c /usr/local/etc/
supervisord.ini stop all
```

stop allの部分をstop crawler_with_celery_sample_downloadまたはstop crawler_with_celery_sample_mediaに変えることで、プロセスごとに停止が行えます。

Supervisorのデーモン自体の終了コマンドは次のようになります。

```
$ supervisorctl -c  /usr/local/etc/supervisord.ini shutdown
```

supervisorctlコマンドの詳細は次の公式ドキュメントを参照してください。

・**Running supervisorctl**
URL http://supervisord.org/running.html#running-supervisorctl

また、設定項目の詳細は次の公式ドキュメントを参照してください。

・**Configuration File**
URL http://supervisord.org/configuration.html

02 PyCharmを利用する

データ分析の現場で利用する方も増えてきているPyCharm（統合開発環境）の利用方法を解説します。

PyCharmとインストール

PyCharmとはJavaの開発環境IntelliJ IDEAで有名なJetBrains社が開発した統合開発環境で、IntelliJ IDEAゆずりの強力な機能を有しています。PyCharmには無償版と有償版がありますが、普通の開発であれば無償版で十分すぎるほどの機能が備わっています。

・JetBrains公式ページ
URL https://www.jetbrains.com/

PyCharmはWindows、macOS、Linux向けに用意されており、次のダウンロードページからダウンロードできます。

・PyCharmのダウンロードページ
URL https://www.jetbrains.com/pycharm/download/

Professionalが有償版で、Communityが無償版です。Professionalも無料トライアルがあるので、一度試してみるとよいでしょう（図AP-1）。PyCharmをダウンロードしたら、(macOSの場合は)ディスクイメージをマウントして「Application」フォルダにコピーするだけでインストール完了です（図AP-2）。

図AP-1：PyCharmのダウンロードページ

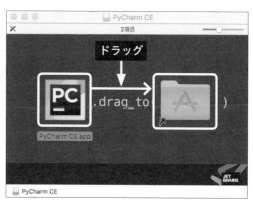

図AP-2：ダウンロードしたPyCharmのディスクイメージ

プロジェクトを作成する

　PyCharmでは、「プロジェクト」という単位でプロジェクトを管理します。起動時（図AP-3の画面までいくつかに「設定のインポート」→「プライバシーポリシーへの同意」→「設定の初期時設定」の画面が表示されますが、本書では割愛します）に[Welcome to PyCharm Community Edition]ウィンドウが開くので、「Create New Project」をクリックします（図AP-3）。

図AP-3：[Welcome to PyCharm Community Edition]ウィンドウ

　「Create New Project」をクリックすると、プロジェクトを保存するフォルダとInterpreter（使用するPython）を選択するウィンドウが表示されます。
　macOSにインストールしたPythonはもちろんのこと、Pyenvや、Venvでインストールしたパイソンも選択できます（図AP-4）。

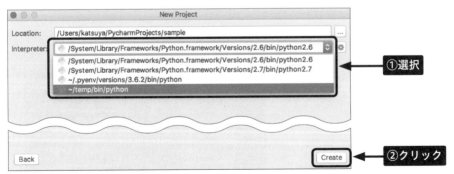

図AP-4：プロジェクトの初期設定画面

　プロジェクトを作成すると（ここでは「sample」という名前で作成しています）、[エディター]ウィンドウが表示されます（図AP-5）。

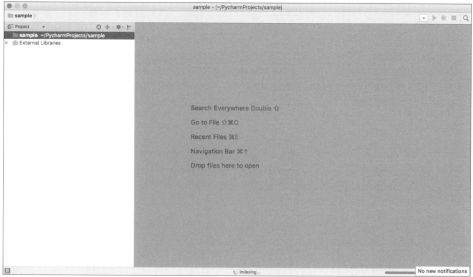

図AP-5：[エディター]ウィンドウ

便利な機能

PyCharmには便利な機能が豊富にありますが、ここでいくつか紹介します。

コードの自動整形

標準的なコーディングスタイルに従ったフォーマットに自動的に整形する機能があります。

メニューから[File]→[New]を選択して、新規Fileを作成します。ここでは「hello.py」としました。次のコードを記述してください。

```
array = [[1 , 2,3],
        [4,5, 6],
        [7,8,9]]
```

メニューから[Code]→[Reformat Code]を選択するか(図AP-6①②)、[Option]+[command]+[L]キーを押すと、コードの整形を行ってくれます(図AP-7)。

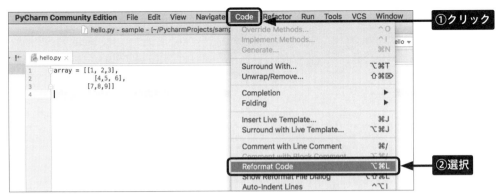

図AP-6：自動整形の実行

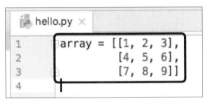

図AP-7：自動整形後

virtualenv管理

プロジェクトの新規作成時にvirtualenv(venv)で作成した環境を選択することができましたが、プロジェクト作成後に変更することも可能です。

メニューから[PyCharm]→[Preferences]を選択します。[Preferences]ウィンドウで、[Project(プロジェクト名：ここでは「sample」)]→[Project Interpreter]を選択すると(AP-8①)、既存のvirtualenv環境の指定や新規作成を行うことができます(図AP-8②)。

どのライブラリがインストールされているかも確認できるので、複数の環境を切り替えて使っている場合にとても便利な機能です。

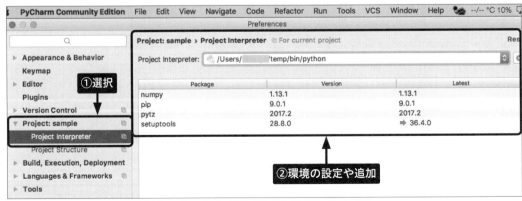

図AP-8：環境の指定

タイプヒンティング

関数名に合わせて[option]+[enter]キーを押すと、コンテキストメニューが表示されるので、[Specify return type in docstring]を選択します(図AP-9)。

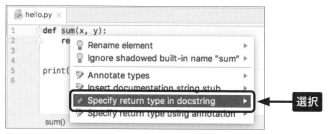

図AP-9：Specify return type in docstringを選択

戻り値のタイプヒンティングの雛形が作成されます。合わせて引数のタイプヒンティングを明記することも可能です。戻り値は「 :rtype: 」で指定して、引数は「 :param 型 名前:」または「:type 引数名: 型」で指定します(図AP-10)。

図AP-10：タイプヒンティング

PyCharmの設定をカスタマイズする

PyCharm自体のメモリ設定

PyCharmはJavaで動作しているため、メモリが豊富に積まれているマシンで動かす場合は、ヒープサイズを増やすと、快適に動作させことができます。

メニューから[Help]→[Edit Custom VM Options]を選択します(図AP-11①②)。

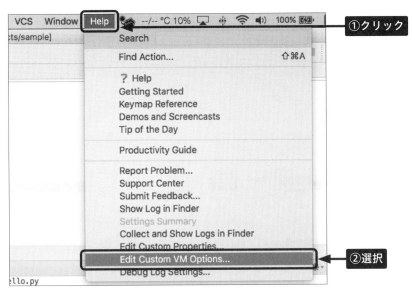

図AP-11：Edit Custom VM Optionsの選択

もし一度も実行していなかった場合、図AP-12のウィンドウが表示される場合があるので、[Yes]ボタンをクリックして、設定ファイルを作成します。

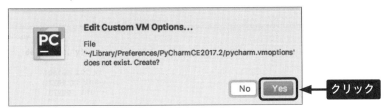

図AP-12：設定ファイルの作成

リストAP-2の設定ファイルで、Javaで使用するメモリのサイズ（ヒープサイズ）を設定できます。

```
-Djava.net.preferIPv4Stack=true
-XX:+HeapDumpOnOutOfMemoryError
-XX:-OmitStackTraceInFastThrow
-Xverify:none

-XX:ErrorFile=$USER_HOME/java_error_in_pycharm_%p.log
-XX:HeapDumpPath=$USER_HOME/java_error_in_pycharm.hprof
-Xbootclasspath/a:../lib/boot.jar
```

リストAP-2：デフォルトのpycharm.vmoptions

　PyCharmのバージョンによって内容は多少異なるかもしれませんが「-Xmx」が最大のメモリサイズです。750mは750MBを示しており、この値を大きくすることで快適に動作させることが可能になります。マシンの搭載されているメモリサイズによって、最適な値は変わるので何度か変えてみるとよいでしょう。

エディタ表示

　エディタの表示は、メニューから[PyCharm]→[Preferences]を選択します。[Preferences]ウィンドウで[Editor]→[General]→[Appearance]を選択し(図AP-13①②③)、変更できます。例えば空白を表示する場合、「Show whitespaces」にチェックを入れるとよいでしょう(図AP-13④)。

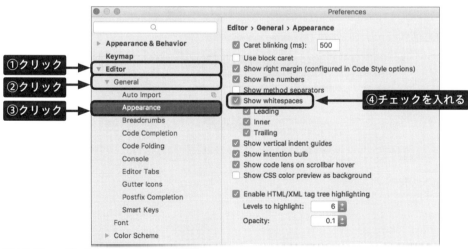

図AP-13：エディタの表示設定

PEP8違反の警告レベル

PyCharmはPython標準コーディング規約であるPEP8違反の警告を出してくれますが、警告レベルが低いので1段上げて、「Warning」にするのがよいでしょう。

メニューから[PyCharm]→[Preferences]を選択して[Preferences]ウィンドウを開きます。[Editor]→[Inspections]を選択します（図AP-14①②）。

右の一覧の中から[Python]をクリックして[PEP8 coding style violation]を選択します（図AP-14③）。

[Apply]ボタンをクリックして適用します。「Week Warning」を「Warning」に上げます（図AP-14④）。

[PEP8 coding style violation]の下の[PEP 8 naming convention violation]（図AP-14⑤）のレベルも一緒に上げておくとよいでしょう。

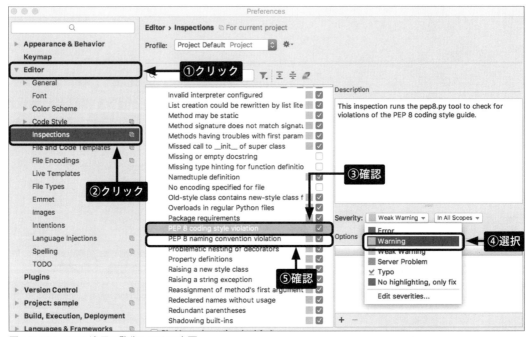

図AP-14：PEP8違反の警告レベルの変更

03 NumPyとSciPyを利用する

ここまでPythonのライブラリを利用しましたが、他にも便利なライブラリがあるのでいくつか紹介します。

NumPyとは

NumPyとは大規模な多次元配列や行列のサポート、これらを操作するための大規模な高水準の数学関数を提供する数値計算ライブラリです。Pythonでニューラルネットワークを実装する際にも使われることがあります。

NumPyのインストール

他のライブラリ同様にpip installコマンドでインストールします。

```
$ pip install numpy
```

インストールしたら次のコマンドでインタラクティブシェルを利用できる環境にしておきます。

```
$ python
```

配列を作る

NumPyではndarrayクラスが最も重要なクラスとなります。このクラスは名前の通り、N次元の配列を扱うためのクラスです。1次元の場合はベクトル、2次元の場合は行列に、3次元以上の場合はテンソルに相当します。

array関数で配列(ndarrayクラス)を作ることができます。

```
>>> import numpy
>>> arr = numpy.array([1,2,3])
>>> print(arr)
[1 2 3]
```

多次元配列も同じように作ることができます。

```
>>> arr = numpy.array([[1,2,3], [4,5,6], [7,8,9]])
>>> print(arr)
[[1 2 3]
 [4 5 6]
 [7 8 9]]
```

次元数や各次元の要素数 (行数, 列数) はそれぞれndim、shapeで取得することができます。

```
>>> arr.ndim
2
>>> arr.shape
(3, 3)
```

配列要素のデータ型は、numpy.dtypeというオブジェクトで扱われ、論理型、符号付き整数型、符号無し整数型、浮動小数点型、複素数型があります。詳細は次の公式ドキュメントを参照してください。

・**Scipy公式ドキュメント（Data types）**
　URL https://docs.scipy.org/doc/numpy/user/basics.types.html

array関数で配列を作成する際にdtypeを指定することでデータ型を指定します。例えばint32型の配列を作りたい時は次のように指定します。

```
>>> arr = numpy.array([1,2,3], dtype=numpy.int32)
>>> arr
array([1, 2, 3], dtype=int32)
```

単位行列を作る

単位行列を作るidentity関数も用意されています。引数で行列の大きさを指定します。

```
>>> arr = numpy.identity(5)
>>> print(arr)
[[ 1.  0.  0.  0.  0.]
 [ 0.  1.  0.  0.  0.]
 [ 0.  0.  1.  0.  0.]
 [ 0.  0.  0.  1.  0.]
 [ 0.  0.  0.  0.  1.]]
```

配列の計算をする

配列をスカラー倍したり、配列同士の計算を行うことができます。

```
>>> arr = numpy.array([[1,2,3],[4,5,6]])
>>> arr * 5
array([[ 5, 10, 15],
       [20, 25, 30]])
```

```
>>> arr1 = numpy.array([1,2,3])
>>> arr2 = numpy.array([[4,5,6],[7,8,9]])
>>> arr1 + arr2
array([[ 5,  7,  9],
       [ 8, 10, 12]])
```

統計関数を利用する

NumPyは数値計算ライブラリなので、表AP-1のような基礎的な統計処理用の関数も用意されています。

関数名	内容
amax()	最大値
amin()	最小値
ptp()	値の範囲
mean()	算術平均
median()	中央値
std()	標準偏差
var()	分散

表AP-1：NumPyの統計処理用の関数の一部

これらの関数を使ってみましょう。

```
>>> arr = numpy.array([10,100,300,500,1000])
>>> numpy.amax(arr)
1000
>>> numpy.amin(arr)
10
>>> numpy.ptp(arr)
990
```

```
>>> numpy.mean(arr)
382.0
>>> numpy.median(arr)
300.0
>>> numpy.std(arr)
352.27262170086397
>>> numpy.var(arr)
124096.0
```

SciPyとは

より高度な統計処理を行いたい場合は、SciPyというライブラリを使うことも検討するとよいでしょう。

SciPyは、高度な科学計算を行うためのライブラリです。配列や行列の演算は前述のNumPyでもできますが、SciPyは信号処理や直交距離回帰、統計などの処理もできる強力なライブラリです。

SciPyをインストールする

pip installコマンドでscipyをインストールします。NumPyも必要になるので、インストールしていなければ合わせてインストールしておいてください。

```
$ pip install scipy
```

行列演算を行う

SciPyはいくつかのサブモジュールに分かれており、行列演算を行うには線形代数の機能をもつlinalgモジュールを使います。行列を表現するのにNumPyも使うためNumPyがインストールされていない場合は一緒にインストールされます。

```
>>> from scipy import linalg
>>> import numpy
```

inv関数で逆行列を求めます。

```
>>> arr = numpy.array([[1,2],[3,4]])
>>> inv_array = linalg.inv(arr)
>>> print(inv_array)
[[-2.   1. ]
 [ 1.5 -0.5]]
```

det関数で行列式を求めます。

```
>>> arr = numpy.array([[1,2],[3,4]])
>>> det = linalg.det(arr)
>>> print(det)
-2.0
```

積分を行う

積分はintegrateモジュールを使います。

```
>>> from scipy import integrate
```

quad関数で積分を求めることができます。書式は次の通りです。

```
結果, 誤差 = integrate.quad(関数, 積分区間の始まり, 積分区間の終わり)
```

例として積分を求めてみましょう。ここでは、3x + 5を計算する関数を作成して、積分を求めてみます。

```
>>> def func(x):
...     return 3*x + 5
...
>>> res, err = integrate.quad(func, 0, 10)
>>> print(res)
200.0
>>> print(err)
2.220446049250313e-12
```

他にも高度な科学計算を行うことができるので、興味がある人は公式ドキュメントを参照するとよいでしょう。

・公式ドキュメント
　URL https://docs.scipy.org/doc/scipy/reference/

INDEX

A/B/C

.bash_profile	069
Bottle	250
CDATAセクション	235, 242
Celery	150, 151
Chromeデベロッパーツール	223
complex	076
cron	290
cssselect	089
CSSセレクター	092
CSV	063, 182

D/E/F

Django	265
Django Admin	316
Django ORM	172
Django REST Framework	265
ER図	252
feedgen	243
feedparser	099, 359
FFmpeg	151
filmテーブル	273
Flask	250, 359
flask-admin	307
Flask-RESTful	258
float	076
furl	359

G/H/I

Googleアカウント	328
grep	028
Homebrew	105
HTML/XML 解析	052
HTMLソース	094
int	076

J/K/L

Janome	283
JavaScript	346
Jinja2	250
JSON	063, 178
Jupyter	284
logging	136
loggingモジュール	128
lxml	089

M/N/O

Many-to-Many	212
MySQL	105, 165
MySQL Workbench	252
mysqlclient	108, 172
N+1 問題	177
NTP	059
NumPy	425
Nグラム法	405
Orator	172

P/Q/R

peewee	307
Pickle	204
Pillow	284
pip	086
postfix	328
PostgreSQL	165
print関数	121
PyCharm	417
Pydub	151
Pyenv	069
Python	066
Python 3	068
raw 文字列	279
Redis	150
rel="nofollow"	014
Requests	089
requests_oauthlib	359
RFC	183
robots.txt	014
robotsメタタグ	014
Routers	280
RSS	099
RSS 2.0	104

S/T/U

safari	030
sakila database	251
SciPy	425, 428
Scrapy	186, 221
sed	028
settings.py	205
Slack	041, 334
Spider	189, 207
SQLAlchemy	172
Supervisor	412
treeコマンド	024
TSV	063
Tumblr	395
UNIXコマンド	026
URL	064
URL ディスパッチャ	279
URL 構造	042
URL 正規化	054
UTC	059

V/W/X/Y/Z

venv	348
Vue.js	349
watch	297
Web API	047
Webサイト	014
Webページ	089
Wget	016

Wikipedia	046
with 文	125
word_cloud	283
XML	044, 167
XPath	092

あ

青空文庫	164
アクセス制限	014
アノテーション	083
イベントを通知	382
インタラクティブシェル	073
インデックス手法	404
インデント	081
オープンデータ	376

か

仮想環境	348
カレントディレクトリ	074
関数	083
キー	179
競合	162
クラス	083, 084
繰り返し	082
クローラー	012, 016, 040
クローリング	012
形態素解析	404
検索	077
検索サービス	015
構造化データ	164
コマンドラインシェル	026

さ

再帰的にダウンロード	021
サイトマップ	042, 044
シェル	114
自作プログラム	221
辞書形式	132
周期的な実行	290
状態管理	162
新着の検知	062
数値型	076
数値文字参照	235
スクレイピング	012, 013
正規表現	030
制御構文	081
整数	076
設計の勘所	050
全文検索	404
ソーシャルブックマーク	355

た

タグクラウド	283
多重起動	301
タスクキュー	148
タプル	080
中間データ	057
著作権	015
通知機能	328
ツリー構造（ページ）	042
定時的な実行	290
データ構造	079
データストレージ	055
データベース	106, 211
データベースインデックス	064
デバッグ	218
特定の拡張子	022

な

名前空間	232
認証用 URL	360

は

パース	052
バックグラウンド	299
バッチ	057
はてなブックマーク	355
バリュー	179
引数 **kwargs	261
引数 *args	261
標準 XML モジュール	236
フィード	228
フォールバック	052
複素数	076
浮動小数点数	076
分割	078
並列処理	142
並列ダウンロード	144
ヘッドレスモード	354

ま

マークアップ記号	234
メール	328
メタ文字	030
文字コード	052
文字実体参照	235
モジュール	083
文字列	077

や

ユーザー	106
ユニットテスト	339

ら

ライブラリ	067, 086
リスト	079
利用規約	015
リンク	207
ログ	196
ログ出力ライブラリ	138

わ

ワーカー	155

著者プロフィール

加藤勝也（かとう・かつや）

株式会社Gunosy所属。新卒で入った某家電メーカーでカメラなどの組込みソフトウェア開発に従事する傍ら、個人ではiPhone/Androidの黎明期からアプリ開発を行う。気が付いたら組込み屋からモバイルエンジニアに転身。個人ではCrossBridge名義で活動中（https://crossbridge.biz）。

横山裕季（よこやま・ゆうき）

株式会社Gunosy所属。石川県金沢市でレントゲン現像機の保守作業員として従事していた折、友人に誘われて上京しプログラマーとして転職。その後、検索エンジン会社、Webメディア会社勤務を経て、ニュースアプリケーションの開発・運用を行う現職へ。好きなものはTumblrと電気グルーヴ。

装丁・本文デザイン ●―● 大下賢一郎
装丁写真 ●――――● 石井正孝/アフロ
DTP ●――――――● BUCH⁺
編集協力 ●―――――● 村上俊一、佐藤弘文

Pythonによるクローラー&スクレイピング入門
設計・開発から収集データの解析・運用まで

2017年10月23日　初版第1刷発行
2018年 4 月10日　初版第2刷発行

著者 ●―――――――● 加藤勝也（かとう・かつや）、横山裕季（よこやま・ゆうき）
発行人 ●――――――● 佐々木幹夫
発行所 ●――――――● 株式会社翔泳社（http://www.shoeisha.co.jp）
印刷・製本 ●―――――● 日経印刷株式会社

©2017 KATSUYA KATO, YUKI YOKOYAMA

＊本書は著作権法上の保護を受けています。本書の一部または全部について（ソフトウェアおよびプログラムを含む）、株式会社翔泳社から文書による許諾を得ずに、いかなる方法においても無断で複写、複製することは禁じられています。
＊本書へのお問い合わせについては、002ページに記載の内容をお読みください。
＊落丁・乱丁はお取り替えいたします。03-5362-3705までご連絡ください。

ISBN978-4-7981-4912-7
Printed in Japan